果樹園芸学

金浜耕基 編

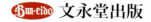
文永堂出版

表紙デザイン：中山康子（株式会社ワイクリエイティブ）

まえがき

　果樹園芸は，健康で豊かな食生活を送るうえでなくてはならない食品の１つとなっている果実を生産する産業であり，食品栄養学的観点からだけでなく，味覚や視覚などの五感を通して満足感を満たすことが求められている嗜好性食品としての果実を生産する産業でもある．したがって，わが国の果樹園芸においては，安全安心を第一としながら，糖度，酸度，甘渋，香りなどの内部品質についてだけでなく，形，色，模様，大きさなどの外観についても最高品質の果実を生産しなければならないという責務を帯びている．

　今日，わが国において生産されている主要な果樹は，ニホンナシとカキとクリを除くと，わが国とは環境条件の大きく異なる海外の多様な地域を原産地としていることから，温暖多雨で病害虫が多く，酸性土壌のわが国において栽培するうえでは，大きな困難を初めから抱えているのである．そのような状況にあっても，国際化によってほぼ完全に自由化されていることから，海外の広大な栽培適地において生産された輸入品とも市場競争をしなければならないという厳しい立場に置かれている．したがって，わが国の果樹生産者は，相対的に狭い経営面積の中で集約的に栽培して最高品質の果実を最大限収穫しなければならないので，それに応じた高度な知識と技術を持たなければならないのである．それを支える研究者や行政担当者には更に高度な知識と技術が求められるので，それに応えることができる優れた人材を育成するのがわが国の果樹園芸学に課せられている．このような背景の中で，本書がその一助になれば幸いである．

　大学などでは，限られた講義時間数の中で効率的な授業を行わなければならないので，本書では今日の市場流通の中で主要となっている種類に限って，原産と来歴，分類，形態，生理生態，および栽培管理方法などについて重点的に記述している．特に，本書は既刊『果樹園芸 第2版』（文永堂出版）を手本として編集したことから種類ごとに著すこととして，第１章では総論，第２〜７章では

市場において取扱い価額の大きい6種類を取り上げた．それに加えて，第8章と第9章においては，人気の高い特産果樹と熱帯果樹を数種類ずつ取り上げた．さらに，第10章においては，教科書であまり取り上げられることのなかった，わが国の果樹園芸（学）の発展に多大な貢献をした人々について紹介した．

　本書の執筆者は皆，果樹園芸学の専門家として長い年月多くの経験と実績を積み重ねてきた，わが国を代表する一流の研究者である．当編集者も，東北大学に着任した平成4年から今日まで継続して果樹園芸学の授業を担当してきたし，東北地方では産業として栽培されていない柑橘類についても，全国から集まって来ている学生を対象に，落葉果樹と同等に講義してきたという経緯があるので，その間に蓄積した教育内容の要点を記述した次第である．

　文永堂出版（株）からは，これまでに『野菜園芸学』（2007），『園芸学』（2009），『観賞園芸学』（2013）を出版させて頂いたが，その都度いつも，教科書を執筆や編集できるチャンスはこれが最後と思って取り組み，乏しい能力を使い果たしてきたことが思い出される．したがって，数年前に文永堂出版（株）から上記の姉妹書として『果樹園芸学』の編集を依頼されたときは，優れた研究者が多数育っている中で，小生のような者が担当するには恐れ多いと思っていたので，軽く聞き流していた次第である．しかし，平成25年（2013）までに上記の3冊を出版し終えたことから，定年までの2年間集中して取り組めば『果樹園芸学』の編集もできるかもしれないと思われたので，本当にこれが最後の編集という思いで取り組むことにしたのである．本書では2〜4単位の授業で学ぶべき種類についてのみ記述したので，その他の種類や，さらに詳しい内容について学ぶ場合には，他の良書を参照して頂きたい．

　最後になりましたが，このような事情であったにもかかわらず，本書の編集を熱心に奨めて下さった文永堂出版（株）には心より厚く御礼申しあげる．さらに，目次の構成や表現の吟味にこだわりの多い編集者であったにもかかわらず，辛抱強く編集作業を支援して下さいました鈴木康弘氏には，重ね重ね心より厚く御礼申しあげる．

　　平成27年1月　　　　　　　　　　　　　　　編集者　金浜耕基

執 筆 者

編 集 者

金 浜 耕 基　東北大学名誉教授

執筆者（執筆順）

金 山 喜 則	東北大学大学院農学研究科
冨 永 茂 人	鹿児島大学名誉教授
阿 部 和 幸	農研機構果樹茶業研究部門 リンゴ研究領域
荒 川 　 修	弘前大学農学生命科学部
小 原 　 均	千葉大学環境健康フィールド科学センター
近 藤 　 悟	千葉大学大学院園芸学研究科
安田（高﨑）剛志	神戸大学大学院農学研究科
田 村 文 男	鳥取大学農学部
菅 谷 純 子	筑波大学生命環境系
板 村 裕 之	島根大学名誉教授
西 尾 聡 悟	農研機構果樹茶業研究部門 品種育成研究領域
薬師寺　博	農研機構果樹茶業研究部門 ブドウ・カキ研究領域
立 石 　 亮	日本大学生物資源科学部
井 上 弘 明	日本大学名誉教授
小 松 春 喜	東海大学名誉教授
佐 藤 景 子	農研機構果樹茶業研究部門 カンキツ研究領域
金 浜 耕 基	前掲
中 西 テ ツ	神戸大学名誉教授
小 森 貞 男	岩手大学農学部

目 次

第1章 総　　論 ……………………………………（金山喜則）… 1
　1．果樹と果実……………………………………………………………… 1
　　1）果樹園芸の特徴…………………………………………………… 1
　　2）果樹の種類と分類………………………………………………… 4
　2．市場統計と経済的に重要な品目…………………………………… 6
　　1）世界の果実と日本の果実………………………………………… 6
　　2）日本の果樹生産と輸出入………………………………………… 8
　3．育種と繁殖…………………………………………………………… 12
　　1）果樹における育種の特徴………………………………………… 12
　　2）育　種　方　法…………………………………………………… 14
　　3）バイオテクノロジーとゲノム科学の利用……………………… 16
　　4）繁　　　殖………………………………………………………… 19
　4．収穫後生理と出荷および貯蔵……………………………………… 21

第2章 柑　橘　類 ……………………………………（冨永茂人）…23
　1．種類と分類…………………………………………………………… 24
　　1）原産と来歴………………………………………………………… 24
　　2）柑橘類における品種分化の特徴………………………………… 25
　　3）主要柑橘類の原産地と品種分化………………………………… 26
　2．育種と繁殖…………………………………………………………… 31
　　1）柑橘類の育種の特徴……………………………………………… 31
　　2）主な穂木用品種の種類と特徴…………………………………… 32
　　3）台木の種類と特徴………………………………………………… 34
　3．形　　態……………………………………………………………… 36
　　1）葉と新梢の形態…………………………………………………… 36
　　2）花　芽　分　化…………………………………………………… 37
　　3）花　の　形　態…………………………………………………… 38

4）果実の形態……………………………………………………… 39
　　5）種子の形態……………………………………………………… 40
　4．生理生態的特性…………………………………………………… 41
　　1）生理的落花（果）と摘果…………………………………… 41
　　2）果実の発育……………………………………………………… 44
　　3）果実の成熟と可食成分………………………………………… 45
　5．栽培管理と環境制御……………………………………………… 47
　　1）栽　培　環　境………………………………………………… 47
　　2）栽　培　管　理………………………………………………… 50
　　3）整枝と剪定……………………………………………………… 53
　　4）収穫と貯蔵……………………………………………………… 55
　　5）ハウス栽培……………………………………………………… 56
　6．主な生理障害と病害虫…………………………………………… 57
　　1）生　理　障　害………………………………………………… 57
　　2）病　害　虫……………………………………………………… 58

第3章　リ　ン　ゴ……………………………（阿部和幸・荒川　修）…59
　1．種類と分類………………………………………………………… 59
　　1）自　然　分　類………………………………………………… 59
　　2）原産と来歴……………………………………………………… 60
　2．育種と繁殖………………………………………………………… 61
　　1）主な穂木用品種の種類と特徴………………………………… 61
　　2）台木の種類と特徴……………………………………………… 64
　　3）今日栽培されている主要品種の育成経過と特性…………… 66
　　4）リンゴの新品種育成方法……………………………………… 68
　3．形　　　　　態…………………………………………………… 70
　4．生理生態的特性…………………………………………………… 73
　　1）樹体の生理生態………………………………………………… 73
　　2）花の生理生態…………………………………………………… 75
　　3）果実の発育と成熟……………………………………………… 77
　5．栽培管理と環境制御……………………………………………… 81
　　1）整枝と剪定……………………………………………………… 81
　　2）開花と結実……………………………………………………… 83
　　3）土壌管理と施肥………………………………………………… 86

4）気象災害の回避　87
6．主な生理障害と病害虫　88
　　1）生理障害　88
　　2）病害虫　89

第4章　ブドウ　　　　　　　　　　　　（小原　均・近藤　悟）…91

1．種類と分類　91
　　1）原産地　91
　　2）西アジア種群からヨーロッパブドウの発生過程　92
　　3）北アメリカ種群からアメリカブドウの発生過程　93
　　4）東アジア種群の発達　94
　　5）マスカディニアブドウ種群からマスカダインブドウの発生　95
　　6）わが国におけるブドウ栽培の始まりと発展　95
2．育種と繁殖　96
　　1）原種の特徴　96
　　2）主な穂木用品種の種類と特徴　96
　　3）台木の種類と特徴　104
3．形態　105
　　1）分枝性と樹形　105
　　2）花序型と摘花　109
　　3）花と果実の形態および可食部位　110
4．生理生態的特性　111
　　1）休眠　111
　　2）栄養成長と幼若性　113
　　3）花芽の分化と発達　113
　　4）結果習性　113
　　5）開花と結実　114
　　6）果実の発育と成熟　115
　　7）収穫と貯蔵　116
　　8）果実の可食成分と機能性　116
5．栽培管理と環境制御　117
　　1）生育制御と環境制御　117
　　2）施設栽培　119
　　3）植物成長調整物質の利用　120

6．主な生理障害と病害虫⋯⋯⋯⋯⋯⋯⋯⋯⋯⋯⋯⋯⋯⋯⋯⋯⋯⋯⋯⋯⋯ 123
　　　1）生理障害⋯⋯⋯⋯⋯⋯⋯⋯⋯⋯⋯⋯⋯⋯⋯⋯⋯⋯⋯⋯⋯⋯⋯⋯⋯⋯ 123
　　　2）ウイルス病⋯⋯⋯⋯⋯⋯⋯⋯⋯⋯⋯⋯⋯⋯⋯⋯⋯⋯⋯⋯⋯⋯⋯⋯⋯ 124
　　　3）糸状菌による病害⋯⋯⋯⋯⋯⋯⋯⋯⋯⋯⋯⋯⋯⋯⋯⋯⋯⋯⋯⋯⋯⋯ 124
　　　4）害　　　虫⋯⋯⋯⋯⋯⋯⋯⋯⋯⋯⋯⋯⋯⋯⋯⋯⋯⋯⋯⋯⋯⋯⋯⋯⋯ 124

第5章　ナ　　　シ⋯⋯⋯⋯⋯⋯⋯⋯⋯⋯（安田（高﨑）剛志・田村文男）⋯ 125

　1．種類と分類⋯⋯⋯⋯⋯⋯⋯⋯⋯⋯⋯⋯⋯⋯⋯⋯⋯⋯⋯⋯⋯⋯⋯⋯⋯⋯⋯ 125
　　　1）原　産　地⋯⋯⋯⋯⋯⋯⋯⋯⋯⋯⋯⋯⋯⋯⋯⋯⋯⋯⋯⋯⋯⋯⋯⋯⋯ 125
　　　2）来　　　歴⋯⋯⋯⋯⋯⋯⋯⋯⋯⋯⋯⋯⋯⋯⋯⋯⋯⋯⋯⋯⋯⋯⋯⋯⋯ 127
　2．育種と繁殖⋯⋯⋯⋯⋯⋯⋯⋯⋯⋯⋯⋯⋯⋯⋯⋯⋯⋯⋯⋯⋯⋯⋯⋯⋯⋯⋯ 128
　　　1）品種の成立と分類⋯⋯⋯⋯⋯⋯⋯⋯⋯⋯⋯⋯⋯⋯⋯⋯⋯⋯⋯⋯⋯⋯ 128
　　　2）主な穂木用品種の種類と特徴⋯⋯⋯⋯⋯⋯⋯⋯⋯⋯⋯⋯⋯⋯⋯⋯⋯ 130
　　　3）台木の種類と特徴⋯⋯⋯⋯⋯⋯⋯⋯⋯⋯⋯⋯⋯⋯⋯⋯⋯⋯⋯⋯⋯⋯ 132
　3．形　　　態⋯⋯⋯⋯⋯⋯⋯⋯⋯⋯⋯⋯⋯⋯⋯⋯⋯⋯⋯⋯⋯⋯⋯⋯⋯⋯⋯ 134
　　　1）分枝性と樹形⋯⋯⋯⋯⋯⋯⋯⋯⋯⋯⋯⋯⋯⋯⋯⋯⋯⋯⋯⋯⋯⋯⋯⋯ 134
　　　2）花序型と花の形態⋯⋯⋯⋯⋯⋯⋯⋯⋯⋯⋯⋯⋯⋯⋯⋯⋯⋯⋯⋯⋯⋯ 136
　　　3）果実の形態⋯⋯⋯⋯⋯⋯⋯⋯⋯⋯⋯⋯⋯⋯⋯⋯⋯⋯⋯⋯⋯⋯⋯⋯⋯ 136
　4．生理生態的特性⋯⋯⋯⋯⋯⋯⋯⋯⋯⋯⋯⋯⋯⋯⋯⋯⋯⋯⋯⋯⋯⋯⋯⋯⋯ 137
　　　1）休　　　眠⋯⋯⋯⋯⋯⋯⋯⋯⋯⋯⋯⋯⋯⋯⋯⋯⋯⋯⋯⋯⋯⋯⋯⋯⋯ 137
　　　2）栄養成長と幼若性⋯⋯⋯⋯⋯⋯⋯⋯⋯⋯⋯⋯⋯⋯⋯⋯⋯⋯⋯⋯⋯⋯ 139
　　　3）花芽の分化と発達⋯⋯⋯⋯⋯⋯⋯⋯⋯⋯⋯⋯⋯⋯⋯⋯⋯⋯⋯⋯⋯⋯ 139
　　　4）開花と結実⋯⋯⋯⋯⋯⋯⋯⋯⋯⋯⋯⋯⋯⋯⋯⋯⋯⋯⋯⋯⋯⋯⋯⋯⋯ 142
　　　5）果実の発育と成熟⋯⋯⋯⋯⋯⋯⋯⋯⋯⋯⋯⋯⋯⋯⋯⋯⋯⋯⋯⋯⋯⋯ 147
　　　6）収穫と貯蔵⋯⋯⋯⋯⋯⋯⋯⋯⋯⋯⋯⋯⋯⋯⋯⋯⋯⋯⋯⋯⋯⋯⋯⋯⋯ 151
　　　7）果実の可食成分と機能性⋯⋯⋯⋯⋯⋯⋯⋯⋯⋯⋯⋯⋯⋯⋯⋯⋯⋯⋯ 152
　5．栽培管理と環境制御⋯⋯⋯⋯⋯⋯⋯⋯⋯⋯⋯⋯⋯⋯⋯⋯⋯⋯⋯⋯⋯⋯⋯ 153
　　　1）整枝と剪定⋯⋯⋯⋯⋯⋯⋯⋯⋯⋯⋯⋯⋯⋯⋯⋯⋯⋯⋯⋯⋯⋯⋯⋯⋯ 153
　　　2）生育制御と環境制御⋯⋯⋯⋯⋯⋯⋯⋯⋯⋯⋯⋯⋯⋯⋯⋯⋯⋯⋯⋯⋯ 155
　　　3）植物成長調整物質の利用⋯⋯⋯⋯⋯⋯⋯⋯⋯⋯⋯⋯⋯⋯⋯⋯⋯⋯⋯ 156
　6．主な生理障害と病害虫⋯⋯⋯⋯⋯⋯⋯⋯⋯⋯⋯⋯⋯⋯⋯⋯⋯⋯⋯⋯⋯⋯ 156
　　　1）生理障害⋯⋯⋯⋯⋯⋯⋯⋯⋯⋯⋯⋯⋯⋯⋯⋯⋯⋯⋯⋯⋯⋯⋯⋯⋯⋯ 156
　　　2）病　　　害⋯⋯⋯⋯⋯⋯⋯⋯⋯⋯⋯⋯⋯⋯⋯⋯⋯⋯⋯⋯⋯⋯⋯⋯⋯ 157
　　　3）害　　　虫⋯⋯⋯⋯⋯⋯⋯⋯⋯⋯⋯⋯⋯⋯⋯⋯⋯⋯⋯⋯⋯⋯⋯⋯⋯ 158

第6章　核　果　類 ……………………………………（菅谷純子）… 159

1. モ　　モ …………………………………………………………………… 159
   1）種類と分類 ……………………………………………………………… 159
   2）育種と繁殖 ……………………………………………………………… 160
   3）形　　態 ………………………………………………………………… 165
   4）生理生態的特性 ………………………………………………………… 167
   5）栽培管理と環境制御 …………………………………………………… 172
   6）主な生理障害と病害虫 ………………………………………………… 173
2. オ ウ ト ウ ………………………………………………………………… 175
   1）種類と分類 ……………………………………………………………… 175
   2）育種と繁殖 ……………………………………………………………… 176
   3）形　　態 ………………………………………………………………… 178
   4）生理生態的特性 ………………………………………………………… 179
   5）栽培管理と環境制御 …………………………………………………… 182
   6）主な生理障害と病害虫 ………………………………………………… 184

第7章　カ　　キ ……………………………………………（板村裕之）… 185

1. 種類と分類 ………………………………………………………………… 185
   1）自 然 分 類 ……………………………………………………………… 185
   2）カキ属植物の分布 ……………………………………………………… 186
   3）カキの甘渋による分類 ………………………………………………… 186
   4）甘ガキと渋ガキの品種分布 …………………………………………… 187
2. 育種と繁殖 ………………………………………………………………… 188
   1）甘渋の遺伝様式 ………………………………………………………… 188
   2）中国の完全甘ガキの遺伝様式 ………………………………………… 188
   3）完全甘ガキ品種作出の育種戦略 ……………………………………… 189
   4）主な穂木用品種の種類と特徴 ………………………………………… 190
   5）台木の種類と特徴 ……………………………………………………… 193
3. 形　　態 …………………………………………………………………… 194
   1）花 の 形 態 ……………………………………………………………… 194
   2）カキの雌雄性を決定する遺伝子 ……………………………………… 195
   3）果実の形態 ……………………………………………………………… 196
4. 生理生態的特性 …………………………………………………………… 197
   1）休眠と樹体の耐凍性 …………………………………………………… 197

2）結果習性……………………………………198
　　3）花芽の分化と発達…………………………198
　　4）結　　実……………………………………199
　　5）果実の発育…………………………………202
　　6）果実の脱渋メカニズム……………………211
　5．栽培管理と環境制御…………………………215
　　1）整枝と剪定…………………………………215
　　2）促 成 栽 培…………………………………216
　　3）根域制限栽培………………………………217
　　4）ジョイント接ぎ木栽培……………………217
　6．主な生理障害と病害虫………………………218
　　1）生 理 障 害…………………………………218
　　2）病　害　虫…………………………………218

第8章　特産果樹……………………………………219
　1．ク　　　リ………………………（西尾聡悟・金山喜則）…219
　　1）種類と分類…………………………………219
　　2）育種と繁殖…………………………………220
　　3）形　　　態…………………………………222
　　4）生理生態的特性……………………………223
　　5）栽培管理と病害虫の防除…………………224
　2．イチジク……………………………………………（薬師寺博）…226
　　1）種類と分類…………………………………226
　　2）育種と繁殖…………………………………228
　　3）形　　　態…………………………………229
　　4）生理生態的特性……………………………230
　　5）栽培管理と病害虫の防除…………………231
　3．キウイフルーツ………………………（立石　亮・井上弘明）…232
　　1）種類と分類…………………………………232
　　2）育種と繁殖…………………………………233
　　3）形　　　態…………………………………234
　　4）生理生態的特性……………………………235
　　5）栽培管理と病害虫の防除…………………236
　4．ベリー類………………………………………………（小松春喜）…238

1）ブルーベリー……………………………………………………………238
　　2）キイチゴ…………………………………………………………………242
　　3）スグリ類…………………………………………………………………245

第9章　熱帯果樹……………………………………（立石　亮・井上弘明）…247
1．わが国で栽培されている主な種類………………………………………………247
　　1）マンゴー…………………………………………………………………247
　　2）アボカド…………………………………………………………………250
　　3）パイナップル……………………………………………………………254
　　4）アセロラ…………………………………………………………………257
　　5）パパイア…………………………………………………………………259
　　6）パッションフルーツ……………………………………………………262
　　7）その他の熱帯・亜熱帯果樹……………………………………………265
2．主な輸入果実………………………………………………………………………266

第10章　果樹園芸学の発展に多大な貢献をした人々……………………………267
1．園芸という文字と主要果樹の名称の語源について研究した辻村常助
　　　………………………………………………………………（金浜耕基）…267
2．柑橘類の分類学的研究において大きな業績を残した田中長三郎
　　　………………………………………………………………（冨永茂人）…275
3．リンゴなどの研究で大きな業績を残した恩田鉄弥
　　　………………………………………………（佐藤景子・金浜耕基）…278
4．ブドウの画期的新品種を育成した川上善兵衛と大井上康
　　　………………………………………………（近藤　悟・小原　均）…283
5．ニホンナシの'二十世紀'を発見した松戸覚之助　………（田村文男）…287
6．モモの'白桃'などを発見した大久保重五郎　……………（菅谷純子）…289
7．庄内柿'平核無'の生産に大きく貢献した酒井調良　……（板村裕之）…291
8．前田正名と福羽逸人によるオリーブの導入と普及
　　　………………………………………（安田（高﨑）剛志・中西テツ）…295
9．佐野常民と田中芳男をとりまく人々………………（小森貞男・金浜耕基）…297
10．森鷗外と福羽逸人をとりまく人々　………………………（金浜耕基）…302

参 考 図 書………………………………………………………………………305
索　　　引…………………………………………………………………………307

第1章

総　論

1. 果樹と果実

1）果樹園芸の特徴

　果樹園芸学は，野菜園芸学，観賞園芸学と並ぶ園芸学の3つの柱の1つである．野菜園芸学と観賞園芸学では主に一・二年草（annual, biennial plant）を扱うのに対して，果樹園芸学では主に木本植物（woody plant）を扱う．木本性ではないが多年草（herbaceous perennial）であるパイナップルやバナナは果樹園芸に属する．一方，多年草であるイチゴは欧米では果樹園芸に属する場合もあるが，日本では毎年苗を更新して一年草のように利用することから，野菜園芸学で学ぶ．

　果樹園芸で生産される果実は，日常生活では果物として食されるものがほとんどである．果物として認識されるものとしては，野菜園芸学で学ぶが農林水産省の流通段階における分類では果実的野菜と呼ばれるイチゴやメロンやスイカと共通している．果実の食品としての一般的な特徴としては，水分が多くて軟らかく，カロリーは低いものの甘さに富む点があげられる．食品には，エネルギー源としての1次機能，嗜好性に関わる2次機能，生体機能の調節や生活習慣病などの予防に関わる3次機能があるが，果実は2次，3次機能において重要な食品である（表1-1）．近年では3次機能に関わる物質を単に機能性成分と呼ぶことが多く，機能性の評価が進むにつれて，果実の健康増進における重要性が増している．また，味や香り，外観に関わる2次機能も消費を左右する要因である．果実の機能性に関わる成分の1例を表1-1に示したが，表に示していない果実にも各種の成分が一定量含まれており，機能性成分の摂取源として重要である．

　果樹園芸においても，園芸の一般的な特徴である集約的な栽培が行われる．そ

表 1-1 果実の機能性（3 次機能）に関わる成分

成分	含量の多い果実（生鮮）	備考
β-カロテン	アンズ，ビワ，プルーン，マンゴー，柑橘類，カキ	ヒトの体内でビタミン A に変換されるプロビタミン A.
ビタミン B 群	アボカド，キウイフルーツ，クリ，バナナ，マンゴー，モモ	ビタミン B_6 かナイアシンのいずれかが多いもの．
ビタミン C	カキ，柑橘類，キウイフルーツ，パパイア	抗酸化作用，加熱によって失われるので，果実からの摂取が有効．
カリウム	アボカド，ウメ，キウイフルーツ，クリ，バナナ	ナトリウムの排泄の促進．
食物繊維	アボカド，ウメ，カキ，柑橘類，キウイフルーツ，クリ	水溶性と不溶性を含む．生活習慣病の予防．

（文部科学省：『食品成分データベース』より作成）

の中でも，整枝および剪定，人工受粉，摘果，袋がけなどのきめ細かな作業は，1 つ 1 つの果実の品質や外観を重視する日本の果樹生産における基本的な技術である．甘くておいしいだけでなく，外観が優れた果実が高い評価を受けるのは，日本人の美意識に基づいた市場のニーズを反映している．一方，日常的に果実を多く消費する欧米諸国と比較すると，嗜好品あるは贈答品としての特徴が比較的強い日本では，1 人当たりの果実の消費量が少ないという課題もある．嗜好品や贈答品としての競争相手には，他の果実とともに，ジュース類やお菓子類も含まれる．したがって，日本においては，日常的な果実の消費を推進して潜在的な需要を掘り起こす必要があり，健康増進への貢献に対する理解とともに，「くだもの 200g 運動」のような取組みを通して，果実に関する食育を推進していくことが求められている．

一年草は，種子の発芽後，栄養成長を行い，生殖成長へと移行し，開花後に結実して枯死する．すなわち 1 年でライフサイクルが完結する．一方，果樹においては，長年にわたる成長と加齢のライフサイクルと，毎年繰り返される休眠，萌芽に始まる栄養成長，開花と結実，さらには芽の形成と落葉に至る季節的なサイクルがある．毎年繰り返されるサイクルについては一年草と似ているが，光合成産物を供給するソース（source）と，消費，貯蔵するシンク（sink）のバランスを考えると，果樹のライフサイクルは複雑である．すなわち，毎年繰り返されるサイクルにおいて，果樹は，前年に樹体に貯蔵された栄養分を利用して萌芽し，栄養成長と生殖成長を行うが，萌芽当初はシンクであった未熟葉が成葉になると，

果実，枝，幹，根へ光合成産物を供給するソースにかわる．枝，幹，根へ供給された光合成産物は貯蔵されて翌年の萌芽に利用される．

整枝（training）および剪定（pruning），摘果（fruit thinning）などの作業は，この毎年繰り返されるサイクルにおけるソースとシンクのバランスを理解して行う必要がある．そのため，果樹の生産においては1個の果実を生産するために必要な葉数（葉果比）が重要視される．例えば徒長枝は，シンクである未熟葉を絶えず展開するが果実を生産しないので，適切な樹体管理が必要である．さらに，果樹は毎年の安定生産の障害となる隔年結果（biennial bearing）を示す場合がある．隔年結果の原因の1つは樹体の貯蔵養分の不足にあることから，やはりソースとシンクのバランスを考えた樹体管理が重要となる．整枝および剪定においては，花芽の着き方を理解して行う必要がある（表 1-2）．

加齢を伴う長年にわたるライフサイクルについては，実生苗と接ぎ木苗で異なる．実生苗は幼若性（☞ 3.1）果樹における育種の特徴）を示す時期があり，幼若期を経過してから成熟期に移行すると，開花，結実する．一方，接ぎ木苗においては，穂木が成熟期にある場合はすぐに開花しうるが，実際には，樹体がある程度成長したあとに経済的な果実の生産が可能となる．生産量の多い盛果期ののち，樹体が老齢化すると，果実の生産量が減少したり，病害による被害を受けやすくなったりする．このように，果樹は長年にわたるライフサイクルにおいて10年以上の長期間生産し続ける必要があることから，栽培適性や，市場価値を考慮した品目や品種の選択が重要である．また，多年の成長に伴って個体が大型化するため，収益性，栽培管理のしやすさ，健全な生育を考慮した栽植密度の設

表 1-2 花芽の種類と着生位置

花芽の着生位置（秋〜冬の枝の状態）	花芽の種類	
	純正花芽（花芽が発育したときに，枝葉が発達しない）	混合花芽（花芽が発育したときに，枝葉が発達する）
頂生花芽	ビワ	ナシ（短・中果枝），リンゴ（短・中果枝）
頂側生花芽	マンゴー	ナシ（中・長果枝），リンゴ（中・長果枝），アボカド
側生花芽	核果類，ブルーベリー*，スグリ	柑橘類*，ブドウ，カキ*，クリ*，イチジク，キウイフルーツ*，キイチゴ

* 自己剪定（shoot tip abortion）した新梢の先端部の数芽が花芽となることから，外見上は頂側生花芽に似ている．（水谷房雄ら，2002から抜粋して改変）

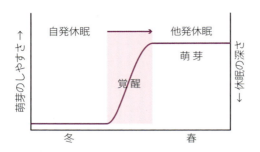

図 1-1 落葉果樹における休眠のモデル
適温で萌芽しない自発休眠と萌芽する他発休眠は，適温での萌芽のしやすさで区別できる．冬季の低温によって自発休眠が打破されて他発休眠に移行し，春の気温上昇によって萌芽する．

定や，栄養成長と生殖成長のバランスを考慮した整枝および剪定が必要となる．

　果樹生産における比較的新しい課題として，施設栽培や地球温暖化と休眠打破との関係があげられる．毎年の生産において，野菜や花卉では播種や苗の定植から栽培が始まるが，落葉果樹においては萌芽から生育が始まるので，休眠打破の調節が重要である（図 1-1）．果樹の休眠には種子の休眠と芽の休眠があり，前者は育種において考慮する必要があるが，一般栽培においては後者が重要である．芽の休眠は冬季の低温遭遇で打破されるが，早期の出荷を目的とした施設栽培における加温開始時期の前倒しや，地球温暖化の影響によって，休眠打破に必要な低温が得られず，萌芽や萌芽後の生育が揃わないという問題が生じている．

2）果樹の種類と分類

　果樹には，特産果樹も含めると多くの種類が含まれるが，本書では，わが国において生産量の多い果樹を中心に解説することとして，それらの自然分類を表に示した（表 1-3）．ギンナンを着けるイチョウは裸子植物亜門の植物であり，バナナとパイナップルは被子植物（亜門）の単子葉植物（綱）であるが，それ以外は被子植物（亜門）の双子葉類（綱）である．

　主要な果樹を含む科としては，バラ科がリンゴ，ナシ，核果類，ラズベリー，さらには本書で取り上げていないが特産果樹の1つであるビワを含んでいる．バラ科は，野菜ではイチゴ，花卉ではバラを含むなど，園芸学上きわめて重要な科である．植物学的にも，バラ科ナシ亜科のリンゴとナシ，サクラ亜科のモモとオウトウは，主要な光合成産物としてソルビトールを合成して転流糖として利用するという特徴を有しており，バラ科果樹として体系的な学習と研究を行うことができる．イチゴとバラはバラ亜科に属しており，主要な光合成産物がスクロー

表 1-3 主な果樹が含まれる分類項目

分類項目	科	主な果樹
植物（界）		
種子植物（門）		
裸子植物（亜門）	イチョウ（261.1）	イチョウ
被子植物（亜門）		
双子葉類（綱）	ブナ（28c23.2）	ニホングリ
	クワ（28c21.8）	イチジク
	クスノキ（28a4.6）	アボカド
	マタタビ（28c29.16）	キウイフルーツ
	バラ（28c21.1）サクラ亜科	核果類
	ナシ亜科	リンゴ，ナシ，ビワ
	バラ亜科	キイチゴ
	ミカン（28c27.7）	柑橘類
	ウルシ（28c27.3）	マンゴー，カシューナッツ
	ブドウ（28c12.1）	ブドウ
	パパイア（28c25.3）	パパイア
	ツツジ（28c29.21）	ブルーベリー
	カキノキ（28c29.10）	カキ
単子葉類（綱）	パイナップル（28b9.1）	パイナップル
	バショウ（28b11.1）	バナナ

「分類項目」は Engler の第二分類を示す．科の中の（　）は APG III の分類番号を示す．

スである点においてナシ亜科およびサクラ亜科の果樹と異なることから，亜科のレベルで比較するうえでも有効である．さらに，リンゴとナシは自家不和合性（☞ 3.2）育種方法）で偽果を形成するが，モモは自家和合性で真果を形成することや，ビワが常緑果樹であることなどは，バラ科果樹における多様性として興味深い．

　バラ科以外の本書で学ぶ果樹はそれぞれ異なる科に属するため，植物学的な特徴を体系的に学習することは難しいが，花や果実の形態に基づいて分類して理解するうえで有用である．果実とは狭義には子房が肥大したものであるが，広義には子房以外の花托や花序軸なども肥大したものである．前者は真果，後者は偽果と呼ばれるが，果樹の生産と流通のうえでは，いずれも果実として取り扱われることが多い．真果も偽果も，肥大，成熟のあとに色づき，甘くなり，芳香を放つことで，動物や鳥による摂食と種子の拡散を促していると考えられる．

　柑橘類やモモは真果を形成し，リンゴやナシは偽果を形成する．いずれも，1つの子房，ないしは1つの子房と付随する花托から1つの果実が形成される単果である．特殊な例として，1つの花が多数の離生した1心皮雌蕊を有し，心皮が着生している花托部分や1心皮雌蕊が肥大する集合果があげられ，バラ科バ

ラ亜科のラズベリーやイチゴがこれに属する．また，複数の花が1つの果実を形成しているように見える果実を複合果と呼び，イチジクやパイナップルがこれに属する．集合果も複合果も子房以外の部分を多く含むので偽果である．可食部は，真果においては主に子房壁に由来する果皮であるが，偽果においては主に花托（receptacle）に由来する果托（fruit receptacle）や果序軸である場合が多い．

その他，果実は，リンゴやナシのように果托を可食部とする仁果類（pome），モモのように内果皮が硬化して種子を包む核を形成し，柔らかい中果皮を可食部とする核果類（stone fruit），クリやクルミのように果皮が乾燥して硬くなるため内部の種子を食べる堅果（殻果，nut）に分類することもできる．

農林水産省の統計表において，果樹は堅果であるクリも含めて，経営や生産段階では果樹に，市場・流通段階では果実に分類されるものが多い．一方，野菜園芸学で学ぶ果菜類のうちで，市場・流通段階においてトマトやキュウリは野菜として扱われるが，メロンやイチゴは果実的野菜として果実と一緒に扱われるように，分類がかわることがある．果樹由来の果実は日常生活においても一様に果物として利用されており，果菜類のような混乱は少ない．

果樹は，リンゴ，ブドウ，ナシのように冬季に落葉して休眠する比較的低温耐性の強い落葉果樹（deciduous fruit tree）と，柑橘類や熱帯果樹のような常緑果樹（evergreen fruit tree）に分類することもできる．また，温帯果樹と熱帯・亜熱帯果樹という分類もあり，前者は落葉果樹，後者は常緑果樹であることが多い．このような分類は，栽培適地を選ぶうえで重要である．園芸学的な各果樹の栽培適地の北限や南限は，植物学的な北限や南限と必ずしも一致しない．例えば，甘ガキの脱渋やリンゴの着色は温度に影響されるので，経済栽培を行うための北限や南限が園芸学的に決められる．さらに，果樹では高木性と低木性という分類が行われることもある．

2．市場統計と経済的に重要な品目

1）世界の果実と日本の果実

世界で2011年（平成23年）に生産された果実の中で最も生産量が多かった

のはバナナ（1億714万t）で，次いでリンゴ（7,548万t），オレンジ（6,946万t），ブドウ（6,909万t）が多い（表1-4）．これらの生産量は他の果実との差が大きいことから，世界の4大果実であるといえる．次いで，マンゴー（3,895万t），ウンシュウミカンなどのミカン（2,603万t），ニホンナシやセイヨウナシなどのナシ（2,395万t），パイナップル（2,187万t）の生産量が多い．これらの世界的に重要な果実の中で日本の果樹生産における重要な品目は，リンゴ，

表1-4　世界における主な果実の生産国と生産量

	1. バナナ	(万t)	2. リンゴ	(万t)	3. オレンジ	(万t)
世界全体		10,714		7,548		6,946
1位	インド	2,967	中国	3,599	ブラジル	1,981
2位	中国	1,040	アメリカ	427	アメリカ	808
3位	フィリピン	917	インド	289	中国	584
日本の順位	126位	0.02	19位	66	52位	5
	4. ブドウ	(万t)	5. マンゴー（マンゴスチン，グァバを含む）	(万t)	6. ミカン^z	(万t)
世界全体		6,909		3,895		2,605
1位	中国	907	インド	1,519	中国	1,248
2位	イタリア	712	中国	435	スペイン	212
3位	アメリカ	676	タイ	260	ブラジル	100
日本の順位	41位	17	71位	0.2	4位	93
	7. ナシ^y	(万t)	8. パイナップル	(万t)	9. モモ^w	(万t)
世界全体		2,395		2,187		2,151
1位	中国	1,580	タイ	259	中国	1,150
2位	イタリア	93	ブラジル	237	イタリア	164
3位	アメリカ	88	コスタリカ	227	スペイン	134
日本の順位	10位	31	58位	1	18位	14
	10. レモン，ライム	(万t)	11. パパイア	(万t)	12. スモモ	(万t)
世界全体		1,518		1,158		1,100
1位	中国	230	インド	418	中国	585
2位	メキシコ	215	ブラジル	185	セルビア	58
3位	インド	211	インドネシア	96	ルーマニア	57
日本の順位	63位	1			37位	2
	13. グレープフルーツ	(万t)	14. アボカド	(万t)	15. カキ	(万t)
世界全体		789		449		432
1位	中国	353	メキシコ	126	中国	320
2位	アメリカ	115	チリ	37	韓国	39
3位	南アフリカ	42	ドミニカ	30	日本	21
日本の順位			3位	21		

品目名の前の数字は生産量の順位を示す．日本の順位が10位以内を赤で，20位以内を青で示す．
^{z}：ウンシュウミカン，マンダリン，クレメンティンなどを含む．^{y}：ニホンナシ，セイヨウナシ，チュウゴクナシを含む．^{w}：ネクタリンを含む．

（FAOSTAT, 2011）

ブドウ，ミカン，ナシ，モモの 5 つで，熱帯果樹・亜熱帯果樹を除くと，世界の果実の生産と日本の果実の生産には同じような傾向が見られる．世界の主要な果実の生産量は，主要な野菜であるトマト（1 億 5,802 万 t），スイカ（1 億 331 万 t），タマネギ（8,501 万 t），キャベツ（6,951 万 t）に匹敵する生産量であり，世界の 3 大穀物であるトウモロコシ（8 億 8,801 万 t），米（7 億 2,496 万 t），コムギ（6 億 9,949 万 t）の約 1/10 である．

世界の生産量については，国土が広い国，人口の多い国，栽培適地にある国で生産量が多い．国土が狭く，栽培適地が少ない日本の生産量が上位にある果実は，カキ（3 位），ミカン（4 位），ナシ（10 位），モモ（18 位），リンゴ（19 位）と，比較的順位が高い．露地栽培を基本とする果樹園芸において熱帯果樹の生産は日本では難しいため，日本の生産量の順位が低いのは当然のこととして，温帯果樹の生産量を見ると，国土が狭い日本としては健闘しているといえる．リンゴとミカンの単位面積当たり収量は，それぞれ 17.3t/ha と 20.5t/ha であり，いずれも世界の平均である 15.9t/ha と 11.6t/ha より高く，高品質栽培を行いつつ高い収量を上げていることが示されている．

2）日本の果樹生産と輸出入

日本の農業総産出額は平成 23 年（2011）において 8 兆 2,463 億円であり，昭和 61 年（1986）から平成 3 年（1991）にかけてピークを迎え，その後減少している（図 1-2）．平成 3 年以降の減少幅は平成 18 年（2006）から平成 23 年にかけては小さくなっている．果実の産出額は平成 3 年（1991）まで増加し続け，その後減少しているが，平成 13 年（2001）以降は横ばい状態である．農業総産出額に占める果実の産出額の割合は平成 3 年まで増加したあと横ばい状態であり，平成 23 年の割合は 9.0％である．果実に野菜と花卉を加えた園芸の総産出額の農業総産出額に占める割合は一貫して増加傾向にあり，平成 23 年には 39.0％に達しており，畜産（30.9％），米（22.4％）よりも高い．

日本の青果物卸売市場で平成 23 年において卸売数量が多かった果実は，果菜類とバナナを除くと，ミカン（68.4 万 t），リンゴ（50.2 万 t），ニホンナシ（18.5 万 t）で，卸売価額が大きかった果実はミカン（1,496 億円），リンゴ（1,199 億円），ブドウ（636 億円）である（表 1-5）．卸売数量と卸売価額のいずれかが 10 位

以内に含まれる果実（果菜類と，主に輸入される品目を除く）を列挙すると，ミカン，リンゴ，ブドウ，ニホンナシ，モモ，カキ，オウトウであることから，本書においてはこれらを主要な品目として解説している．それに次ぐ品目のイヨカ

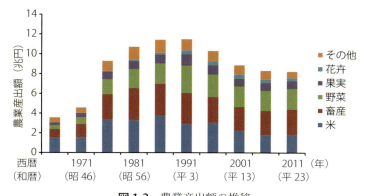

図 1-2　農業産出額の推移
（農林水産省：『生産農業所得統計』より作成）

表 1-5　全国の卸売市場で取り扱われた果実の卸売数量，価額，価格										
数量順 (万t)	品　目	平成 3年	平成 13年	平成 23年	価額順 (億円)	品　目	平成 3年	平成 13年	平成 23年	価格 (円/kg)
1	ミカン	129.2	115.0	68.4	1	ミカン	3,402	2,027	1,496	219
2	バナナ	87.7	78.3	57.0	2	リンゴ	2,460	1,661	1,199	239
3	リンゴ	80.7	67.5	50.2	3	バナナ	1,191	810	698	122
4	ニホンナシ	32.5	28.8	18.5	4	ブドウ	1,171	871	636	703
5	カ　キ	19.3	22.7	15.0	5	ニホンナシ	982	676	459	248
6	モ　モ	13.3	13.3	10.3	6	モ　モ	597	546	396	385
7	グレープフルーツ	22.6	20.6	10.2	7	カ　キ	573	430	364	243
8	オレンジ	8.1	11.6	9.3	8	オレンジ	276	213	149	161
9	ブドウ	18.1	14.2	9.0	9	グレープフルーツ	432	325	133	130
10	パイナップル	12.9	7.7	7.2	10	オウトウ	153	175	133	1,278
11	イヨカン	27.1	19.6	6.1	11	イヨカン	688	313	129	211
12	レモン	8.9	7.9	4.4	12	パイナップル	144	120	107	148
13	アマナツミカン	15.9	8.8	4.4	13	キウイフルーツ	125	80	85	400
14	ハッサク	9.9	5.7	3.1	14	スモモ	139	94	74	418
15	ウ　メ	3.9	4.4	2.3	15	レモン	278	195	74	168
16	キウイフルーツ	6.6	3.3	2.1	16	ウ　メ	128	114	74	323
17	スモモ	4.1	2.8	1.8	17	アマナツミカン	440	133	71	162
18	セイヨウナシ	0.9	2.0	1.6	18	ハッサク	215	93	60	192
19	オウトウ	0.8	1.1	1.0	19	セイヨウナシ	27	55	46	287
20	ク　リ	2.0	1.8	0.9	20	ク　リ	91	57	42	484
合　計		664.9	578.3	381.4	合　計		19,917	14,193	10,431	313

バナナの平成13年と平成3年のデータはバナナ色付きとバナナ青のデータを統合したもの．青文字は輸入果実が多い種類．　　（農林水産省：『青果物卸売市場調査結果』，2011；2001；1991より作成）

ン，アマナツミカン，ハッサクは柑橘類に含まれ，スモモ，ウメは核果類に，セイヨウナシはナシに含まれており，それぞれ主要な果実の中で解説している．また，キウイフルーツやクリなどを特産果樹として，さらに熱帯果樹についても，それぞれ章を立てて解説している．

平成23年の出荷量を都道府県単位で見ると，主に露地栽培される果樹の特性を反映して，栽培適地からの出荷量が多いことがわかる（表1-6）．比較的冷涼な気候を好むリンゴは東北地方や長野県，反対に温暖な気候を好むミカンは和歌山県や愛媛県などからの出荷が多い．また，カキは甘ガキの脱渋に適した温暖な生産地からの出荷が多い．

輸入数量の多い品目はバナナ（108万t），パイナップル（17万t），グレープフルーツ（15万t），オレンジ（13万t）である（表1-7）．特にバナナは100万tを超えて輸入されており，日本の生産量第1位のミカンを大きく上回っている．また，柑橘類であるオレンジとグレープフルーツの輸入数量を合計すると28.2万tとなり，ミカンの41％に相当する．果実全体の輸入相手国の第1～3位はフィリピン，アメリカ，ニュージーランドである．

日本では，1955年のガット（関税及び貿易に関する一般協定）への加盟以降，

表1-6 主な果実の出荷量が多い都道府県

品　目	数量（万t）	第1位		第2位		第3位	
ミカン	75.73	和歌山	14.76	愛　媛	11.84	静　岡	10.84
リンゴ	70.84	青　森	40.26	長　野	14.63	岩　手	4.23
ニホンナシ	25.28	千　葉	3.28	茨　城	2.51	栃　木	2.07
カ　キ	20.93	和歌山	4.82	奈　良	2.79	福　岡	2.29
ブドウ	18.21	山　梨	4.53	長　野	2.83	山　形	1.82
モ　モ	12.37	山　梨	4.22	福　島	2.52	長　野	1.71
ウ　メ	7.81	和歌山	5.31	群　馬	0.36	奈　良	0.26
キウイフルーツ	2.55	愛　媛	0.69	福　岡	0.50	和歌山	0.33
セイヨウナシ	2.07	山　形	1.26	長　野	0.18	新　潟	0.16
スモモ	1.93	山　梨	0.75	長　野	0.31	和歌山	0.18
オウトウ	1.59	山　形	1.17	北海道	0.14	－	－
ク　リ	1.53	茨　城	0.41	熊　本	0.28	愛　媛	0.16
パイナップル	0.61	沖　縄	0.61	－	－	－	－
ビ　ワ	0.27	長　崎	0.08	千　葉	0.05	愛　媛	0.03

オウトウの第3位とパイナップルの第2位と第3位は出荷数量が少ないためデータがない．
（農林水産省：『平成24年産果樹生産出荷統計』より作成）

表 1-7 果実の輸入数量

品目	数量 (万t)	主な輸入相手国など (万t)		
		第1位	第2位	第3位
バナナ (生鮮)	108.64	フィリピン (102.67)	エクアドル (3.59)	台湾 (0.84)
パイナップル (生鮮)	17.40	フィリピン (17.26)	台湾 (0.07)	アメリカ (0.06)
グレープフルーツ (生鮮, 乾燥)	15.14	アメリカ (9.81)	南アフリカ共和国 (4.81)	イスラエル (0.32)
オレンジ (生鮮, 乾燥)	13.05	アメリカ (9.73)	オーストラリア (2.77)	南アフリカ (0.49)
キウイフルーツ (生鮮)	6.40	ニュージーランド (5.98)	チリ (0.28)	アメリカ (0.14)
アボカド (生鮮)	5.86	メキシコ (5.26)	アメリカ (0.47)	ニュージーランド (0.07)
レモン (生鮮, 乾燥)	5.38	アメリカ (3.69)	チリ (1.43)	ニュージーランド (0.07)
スイートアーモンド (生鮮, 乾燥)	3.05	アメリカ (3.01)	スペイン (0.02)	イタリア (0.01)
ブドウ (乾燥)	2.87	アメリカ (2.54)	トルコ (0.17)	チリ (0.08)
ブドウ (生鮮)	2.14	チリ (1.21)	アメリカ (0.88)	メキシコ (0.04)
マンダリン (生鮮, 乾燥)	2.03	アメリカ (1.66)	オーストラリア (0.21)	ニュージーランド (0.10)
クリ (生鮮, 乾燥)	1.13	韓国 (0.37)	中国 (0.75)	イタリア (―)
クルミ (生鮮, 乾燥)	1.11	アメリカ (1.06)	中国 (0.04)	フランス (―)
オウトウ (生鮮)	1.05	アメリカ (1.04)	ニュージーランド (―)	オーストラリア (―)
マンゴー (生鮮)	0.97	メキシコ (0.38)	タイ (0.18)	台湾 (0.08)
⋮	⋮	⋮	⋮	⋮
合計	194.36	フィリピン (120.58)	アメリカ (37.09)	ニュージーランド (6.47)

(―) は 0.01 未満. 果実的野菜のイチゴとメロンを除いた. 合計は果実的野菜を含む数量である.
(農林水産省:『農林水産物輸出入概況, 2012』より作成)

貿易の自由化が進められている. リンゴは昭和46年 (1971) に, オレンジは平成3年 (1991) に輸入枠が撤廃されて, 輸入が自由化 (関税化) された. それ以降, 段階的に税率が引き下げられている. また, リンゴとオレンジの果汁も, 時期は異なるが, 同様に輸入が自由化されている. 生鮮果実について, わが国内での生産が少ないオレンジの輸入量は前記のように多いが, リンゴにおいては高品質な国産との差別化によって輸入量の占める割合はきわめて小さい. 一方, 果汁の輸入量はリンゴとオレンジの他, グレープフルーツやブドウにおいても増加し, 国産果汁の生産量を大きく上回っており, 日本の果汁および生鮮果実の生産に影響を与えている. 昭和40年 (1965) には重量ベースで90%であった果実の自給率が, 自由化に伴って急激に低下し, 平成7年 (1995) には50%を下回り, 平成24年 (2012) には38%となっている (図1-3).

果実の輸出数量は平成24年 (2012) に1.5万tで, 日本の総卸売数量の1%にも満たない (図1-4). リンゴの輸出がその60.5%を占めており, 相手国等は

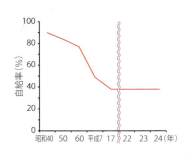

図 1-3 果実の自給率（重量ベース）の推移
（農林水産省：『日本の食糧自給率』より作成）

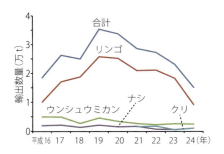

図 1-4 果実の輸出数量の推移
各果実は生鮮果実の輸出数量．合計は生鮮と乾燥果実の輸出数量，果実的野菜を含む．（農林水産省：『農林水産物輸出入概況』より作成）

台湾や香港などのアジア諸国が多い．国や地方自治体においては高品質な果実の輸出を推進する動きが活発であるが，実際には平成19年（2007）以降，輸出数量は大きく減少している．輸出減少の時期と円高が進行した時期が一致することから，輸出に及ぼす為替の影響がきわめて大きいことがわかる．

3．育種と繁殖

1）果樹における育種の特徴

木本性である果樹において，育種に影響を与える性質の1つは幼若性（juvenility）である．果樹は，種子から発芽したあとの数年間は栄養成長を続ける幼若期に当たることから，花芽を形成しない．幼若期は種によって異なるが，2～3年から10年とされている．柑橘類では1年目で花芽を分化する幼樹開花という現象が見られるが，2年目以降の数年間はやはり幼若期であることから開花しない．野菜や花卉においても，花芽分化に適切な環境条件下において花芽が分化しない時期を幼若期と呼ぶことがあるが，その長さは果樹と比べるときわめて短い．実生が成長すると，基部から先端に向かって同一個体内に幼若相と成熟相の勾配が生じ，成熟相では花芽が形成されるが，ひこばえのような基部の枝では成木においても花芽は形成されない（図1-5）．幼若相ではとげや葉が小さいことなど，花芽を形成しないこと以外の特徴も見られる．

幼若期に耐病性などの検定は可能であるが，花が咲かないので果実の品質を評価することはできない．そのため，幼若性は果樹の育種において障壁となっている．世代交代に時間がかかるため，草本性作物では可能な連続戻し交雑による野生種の耐病性遺伝子などの導入が，果樹では難しい．一方で，幼若性は，接ぎ木や環境制御による成長促進によって，早く打破することができる．

果樹の育種において果実の形質を評価するには，幼若性を脱した個体を多数確保する必要がある．したがって，草本性作物の育種よりも長期間にわたって大きな個体を維持する必要があるので，広大な面積と多大な労力が必要となる．室内で管理が可能な，培養個体を利用した低温下での保存などの技術開発も重要な課題である．幼若性の他に，自家不和合性（self-incompatibility）を有する品目も多いことから，形質の固定は難しく，ヘテロ性が強い点も果樹に見られる特徴の1つである．ただし，品目によっては育種に使われる優良な親品種が限られていることから，近年では品種のホモ化が進みつつあり，遺伝的多様性の低下や近交弱勢が心配されている．

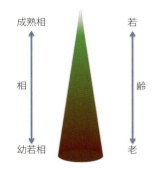

図 1-5　果樹における幼若性の概念図
果樹では基部から先端にいくほど幼若性が弱まり成熟相へ転換する．組織の齢としては先端ほど若いためやや理解しにくい．成熟相に転換すると花芽分化が可能になる．

育種素材の遺伝的多様性を維持するためには，国内外において多様な遺伝資源を収集，保存する必要がある．果樹においては新品種の開発や品種更新の年数が長いことから，民間よりも公的機関の役割が重要となっている．（独）農業生物資源研究所のジーンバンクはその一例であり，遺伝資源の収集，保存，配布や関連研究を推進しており，3,000点以上の遺伝資源情報を公開している．国際的には，生物の多様性に関する条約（Convention on Biological Diversity，CBD）によって遺伝資源を有する各国の権利が認められており，2010年に名古屋で開催されたCBDに関する会議COP10において遺伝資源に対するアクセスと利益配分に関する議定書が採択されている．したがって，かつては比較的自由であった遺伝資源の収集と利用について，現在は国際的ルールに従うことが求められている．

2）育種方法

　果樹の育種には，栄養系の分離，交雑，突然変異，倍数体，バイオテクノロジーを利用した方法がある．現在の主要品種には交雑育種によって育成されたものが多く，品目によっては枝変わりによる突然変異に由来する品種も多い．

　栄養系の分離は新しい品種を開発する方法ではなく，海外も含めたある地域における品種や系統を導入し，経済栽培が可能かどうかを検討する方法である．主要果樹の原産地は海外であり，現在の品種の多くは海外からの栄養系の分離によって定着した品種が由来となっている．

　交雑育種は，果実の品質，熟期，耐病性などの育種目標に適した個体を交雑個体から選抜する方法である．果樹には幼若性の問題があることから，交雑開始から，選抜，適応性試験などを経て，品種として登録されるまでに長い年月がかかる．例えば，ニホンナシの比較的新しい品種である'あきづき'においては，昭和60年（1985）に'新高'と'豊水'の交雑系統と'幸水'の交雑が行われたのち，最終的に品種登録されたのは平成13年（2001）である．このように，1世代のみの育種であっても，交雑から15年以上の歳月がかかっている例が多い．

　いくつかの果樹は自家不和合性や交雑不和合性（cross incompatibility），雄性不稔性を有するため，交雑の組合せが限定される場合が少なくない．自家不和合性は雌雄両器官が健全であるにもかかわらず自家受精ができない現象であり，S遺伝子という複対立遺伝子によって制御されている．配偶体型自家不和合性と胞子体型自家不和合性があり，前者は配偶体すなわち花粉（n）の遺伝子型が受精を左右するのに対して，後者は胞子体型すなわち花粉親（2n）の遺伝子型が受精を左右する（図1-6）．また，前者は花粉管の伸長が花柱内で抑制されて不和合を示すが，後者は柱頭での花粉の発芽が抑制される．自家不和合性は植物界に広く存在する性質であり，他家受粉による遺伝的多様性の拡大に寄与している．

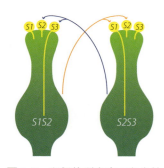

図1-6　配偶体型自家不和合性
花粉の遺伝子型が雌蕊の遺伝子型と異なる場合に花粉管が伸長して受精する．なお，胞子体型自家不和合性では花粉親の遺伝子型が花粉の表現型となるため，この個体の組合せでは受精しない．

リンゴやナシに見られる自家不和合性は配偶体型自家不和合性であり，花粉と花柱の間で自己・非自己の認識を行い，S 遺伝子型が一致する場合にはリボヌクレアーゼが働いて花粉の伸長を抑制する．したがって，自家受粉でない場合でも，S 遺伝子型が一致する場合は交雑不和合となり，育種上の障壁となる．このように，自家不和合性は自家受粉による形質の固定を困難にするだけでなく，交雑の組合せを限定する（表 1-8）．

果樹では，体細胞に生じた突然変異が枝変わりとして新しい品種の開発に利用されることもある．枝変わりは，通常，栽培品種から発見されるので，熟期の変異など，新たな表現型が有用であればすぐに実用可能な品種となる．一方，変異の発生は偶発性であることから，計画的な育種には向かない．放射線を照射して突然変異の頻度を高めることによって，有用な枝変わりを得る方法もある．この他，柑橘類の珠心胚実生（☞第 2 章）に生じる突然変異を利用して開発された品種もある．

表 1-8 バラ科果樹の自家不和合性と自家和合性

亜 科	亜 属	種	大部分の品種の自家不和合性／和合性
ナ シ		リンゴ	不和合性
		チュウゴクナシ	不和合性
		セイヨウナシ	不和合性
		ニホンナシ	不和合性
		ビ ワ	和合性*
		マルメロ	和合性
サクラ	モ モ	アーモンド	不和合性
		モ モ	和合性
	サクラ	サワーチェリー	和合性
		スイートチェリー	不和合性
	スモモ	アメリカスモモ	不和合性
		アンズ	不和合性
		ヨーロッパスモモ	和合性
		ニホンスモモ	不和合性
		ウ メ	不和合性
		ミロバランスモモ	不和合性
バ ラ		ブラックベリー	和合性
		レッドラズベリー	和合性

＊いくつかの品種は自家不和合性．（Yamane, H. and Tao, R.：J. Japan. Soc. Hort. Sci., 2009）

果実の大型化を目的として倍数性を利用した育種も行われている．ブドウでは'巨峰'や'ピオーネ'のような大粒の優良品種が四倍体であることから，四倍体同士の交雑による四倍体品種の育成や，二倍体の品種をコルヒチン処理することによる四倍体化が行われる．また，二倍体と四倍体の交雑によって生じる三倍体は無核となるので，無核品種の育成に利用される．

3）バイオテクノロジーとゲノム科学の利用

組織培養の技術を利用した育種が果樹においても利用されている．その1つが，通常の交雑では種子を得ることが難しい場合に，交雑個体を組織培養によって得る方法で，細胞融合と胚培養が該当する．細胞融合で作成された種間雑種としてはカラタチ（*Poncirus trifoliata*）とオレンジ（*Citrus sinensis*）から育成されたオレタチが有名であるが，実用的な品種とはなっていない．胚培養は，受精した交雑胚の発達が不良な場合に胚を取り出して培養する方法であり，ミカンとオレンジの交雑によって育成された'清見'の例がある．

遺伝子組換えも組織培養の技術を利用した育種方法である．土壌細菌であるアグロバクテリウムが，植物の染色体に遺伝子を挿入する能力があることを生かした方法が一般的である．遺伝子組換えによる育種方法の利点は，交雑が不要なので利用する遺伝子の由来が問われないこと，必要な遺伝子のみを導入することができるので特定の形質のみを改変できることである．特に，世代交代に長い年月のかかる果樹においては，戻し交雑が不要で，1代で目的の個体を得ることが可能な遺伝子組換え法は有用である．遺伝子組換えはいくつかの果樹で確立した技術となっており，パパイアでは，防除が困難なウイルス病に対する抵抗性が付与された遺伝子組換え品種が実用化されている．遺伝子組換え作物の流通や栽培については，生物多様性への影響や食品としての安全性の評価が義務づけられており，実用化のための制度が整備されている．

ゲノム科学を利用した育種関連技術の進歩は目覚ましく，品種や系統などの識別，親子鑑定，交雑育種個体の早期選抜に利用されている（図1-7）．いずれにおいても，品種や系統ごとに異なるゲノムの塩基配列を多型として検出するDNAマーカーの開発と利用が基本となる．DNAマーカーを利用した品種の識別方法は，種苗法に定められた品種の育成者の権利の保護に有用である．現在の日

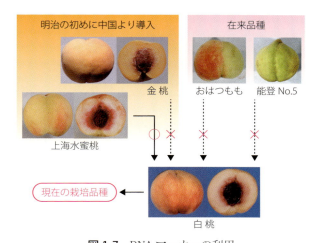

図 1-7　DNA マーカーの利用
栽培品種の育種に用いられている'白桃'の起源が'上海水蜜桃'であることが DNA マーカーを用いて証明された．（（独）農研機構果樹研究所 提供）

本の種苗法は，平成 3 年（1991）の植物の新品種の保護に関する国際条約（UPOV 条約）の改正を受けて，平成 10 年（1998）に全面的に改正されて品種育成者の権利の保護が定められ，平成 19 年（2007）には罰則が強化されている．現在，新品種の育成後 30 年間は育成者の権利が保護され，許諾の範囲を超えて利用することはできない．近年，都道府県がオリジナル品種を育成して差別化を図っており，育成品種が他県で利用できない場合が多い．また，権利が保護されている品種が不法に海外に持ち出され，海外で生産された果実が輸入されるという問題が発生していることから，加工品を含むさまざまな品目において品種を識別する技術が開発されている．

　品種の親子関係は，計画的な交雑育種の組合せを考える際に重要である．これまでは，記述に基づいた親子関係が利用されてきたが，必ずしもその記述が正確ではない可能性や，親品種がはっきりしない例があった．DNA マーカーを利用した技術の進展によって，親子鑑定技術の精度が向上し，親品種の特定や訂正に威力を発揮している．

　既述したように，果樹の育種では，長期間にわたって大きな個体を維持するための，広大な面積と多大な労力が必要である．交雑育種において目的とする表現型を有する個体を DNA マーカーを用いて選抜することができれば，種子の発芽

直後に早期選抜することで，必要な面積と労力を削減することが可能である．耐病性やカラムナー性のように単一因子が支配するような形質の場合，DNAマーカーの作成と利用は比較的容易である．リンゴのカラムナー性は新梢の節間が短くコンパクトで細長い樹形を示す性質で，'旭'（英名で 'McIntosh'）の枝変わりとして発見され，単一の優性遺伝子 Co（*Columnar*）が関与している．一方，幼若性のため早期選抜が不可能な果実の品質については，その多くが複数の因子に影響される量的形質であることから，DNAマーカーの開発は容易ではない．また，果実のおいしさの指標としては糖度と酸度が重要であり，育種の現場でも利用されているが，糖の組成，糖や酸以外の果実成分，さらには香気成分がどのようにおいしさに影響を与えているかについては十分に解明されていない．果実の食感についても，現在，硬度計によって軟化の程度を評価できるものの，硬度計の値のみで適度なやわらかさやシャリ感，ジューシーさなどの複雑な食感の良否を評価することはできない．したがって，おいしさに関わる量的形質遺伝子座をDNAマーカーを利用した早期選抜に利用するためには，このような果実の「おいしさ」を客観的に評価する方法を開発することが重要である．

自家不和合性を有する果樹において計画的な交雑育種を行うためには，あらかじめ交雑可能な組合わせを明らかにしておく必要がある．各品種の不和合性に関わる *S* 遺伝子型を明らかにするには，できるだけ多くの組合せで交雑し，和合性

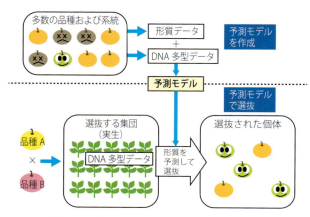

図 1-8 ゲノミックセレクションの概念図
（岩田洋佳：『果実日本』，2013）

を検定しておく必要があるが，検定には精度と労力に関わる問題がある．しかし現在では，S遺伝子の配列に由来するDNAマーカーの開発と利用によって，容易に各品種のS遺伝子型を明らかにすることができる．

塩基配列の処理能力が飛躍的に向上した次世代シークエンサーの普及と，Velascoらによる2010年のリンゴにおける全ゲノムの塩基配列の解明などによって，果樹におけるゲノム科学は新たな時代に入っている．今後はDNAマーカーの開発が容易になるだけでなく，ゲノム全体にわたるDNAの多型と形質の関係から予測モデルを構築し，形質を予測して選抜することが可能なゲノミックセレクション法による育種が可能となる（図1-8）．

4）繁　　殖

繁殖方法には種子繁殖法と栄養繁殖法があり，果樹においては後者が基本となる．種子繁殖法は交雑育種の他，台木の繁殖においても利用されることがある．種子の休眠は，低温湿潤状態に置く層積法（stratification）によって打破される．種子繁殖法を基本とする作物では，交雑，選抜のあとに，形質を固定するための世代交代が必要となるが，果樹では，優良な個体が得られればそのまま繁殖の段階に移行可能であることから，形質を固定するステップは必要ない．

多くの野菜や花卉のような種子繁殖性の一・二年草の場合，品種の更新は容易であり，更新した年から経済栽培が可能である．一方，接ぎ木で繁殖させる果樹の場合，穂木は幼若期を脱しているものの個体が小さいことから，すぐには果実を生産することができない．結果年齢（bearing age）に達したあと，最も安定した生産が行える盛果期（high productive age）となり，その後老化すると改植が必要になる．盛果期においても，高品質果実を求めたいという消費者ニーズに関わる理由から，品種更新のための改植を行う必要が出てくる場合もある．結果年齢に達するまでに数年かかる種類（品目）が多いことから，苗木を繁殖後しばらくは経済栽培ができない時期があるので，容易には改植が進まないという問題がある．品種の競争力と生産量の確保を考えた計画的な改植が求められる．

現在，果樹の改植に当たっては，残留農薬のポジティブリストに対応した農薬のドリフト（飛散）対策を考慮する必要がある．ポジティブリストとは平成18年（2006）に施行された制度で，各食品において，残留基準値が設定された農

薬以外の農薬については，一律に設定された厳しい基準である 0.01ppm を上回ると出荷できない．したがって，異なる果樹や他の作物が近くで栽培されている場合にドリフトが問題となることから，改植に当たっては留意する必要がある．

　果樹における一般的な栄養繁殖法は接ぎ木であり，目的に応じた台木や中間台木を利用し，生産する品種を穂木として栽培する．台木を利用する目的には，樹勢の調節，早期結実，耐病性や土壌適応性の付与などがある．樹勢の調節においては穂木の成長を促進する強勢台木と，反対に抑制する矮性台木があり，目的に応じて選択される．早期結実においては，枝の高い位置で接ぎ木を行う高接ぎが，品種の迅速な更新を目的として行われることがある．品目によって台木使用の主な目的が異なるので，各章において詳細な説明がなされている（表1-9）．

　果樹の栽培では，受粉から収穫に至るまで手作業が多いことや，担い手の高齢化などから，矮化栽培の必要性が高い．矮化を目的とした樹形の調節には，矮性台木の利用の他に，根域制限栽培法がある．根域制限栽培法には，コンテナ栽培法（ボックス栽培法と呼ばれることもある）や防根シートを用いた栽培法がある．これらは根域を制限することによってコンパクトな樹形を維持することを目的としているが，果実の品質向上や早期結実にも寄与する場合がある．

　接ぎ木では接着した形成層からカルスが形成され，その後に維管束組織が形成されて活着する．台木には穂木と同じ種を用いる共台と，異種や異属を台木として用いる場合があり，一般に前者は活着とその後の成長は良好であるが，後者では接ぎ木不親和（graft incompatibility）と呼ばれる障害が生じることがある．接ぎ木不親和性の程度はさまざまで，樹勢の調節に役立つ場合もある．また，台木の種類が果実の品質に影響する場合もある．

　接ぎ木によって繁殖する場合，穂木の発根性は問題とならない．一方，台木を用いない繁殖や，台木自身の繁殖

表1-9　果樹における台木の使用例

種	台　木	主な特性
柑橘類	カラタチ	耐寒性, 耐病性
リンゴ	マルバカイドウ	強　勢
	M系, JM系	矮　性
ブドウ	テレキ系, 3309	フィロキセラ抵抗性
ニホンナシ	マンシュウマメナシ	耐乾性
	マメナシ	耐湿性
モ　モ	共台	
	ユスラウメ, ニワウメ	矮　性
オウトウ	アオバザクラ, コルト	
カ　キ	共　台	

においては，挿し木が行われるので，その発根性が問題となる．台木を種子で繁殖する場合には発根性は問題とならないが，台木の遺伝的均一性を重視する場合には挿し木による発根性が重要である．親個体につなげたまま枝から発根させる取り木も栄養繁殖法の1つであるが，多くの個体を得るためには適していない．

4．収穫後生理と出荷および貯蔵

　果実は収穫時に樹体から切り離されるという生理的に大きな変化を受けるので，収穫後の生理を理解することが品質の保持において重要である．収穫後の果実は水分や光合成産物を得ることができないことから，貯蔵されている栄養分のみを利用して呼吸や代謝を維持している．したがって，蒸散と呼吸によって水分と炭水化物が減少するので，基本的に収穫後は低温に保つことで品質の低下を抑制することが可能である．ただし，収穫後に成熟を進行させる追熟処理が必要な場合は，適切な環境下で追熟させることでおいしくなる．また，バナナのように低温で障害を受けやすい熱帯果実もあるので注意を要する．

　果実は樹上で成熟させる場合が多いが，セイヨウナシもバナナも樹上で成熟させると食味が落ちるので，早期に収穫して追熟させることが必要となる．また，樹上で成熟する果実でも，輸送性や貯蔵性が高い，ある程度未熟なうちに収穫して，追熟によって適切な熟度とする場合もある．果実の呼吸速度は未熟時に高く，肥大，成熟に伴って低下する種類がある他に，成熟期に一時的な上昇が見られる果実もある．このような果実はクライマクテリック（climacteric）型果実と呼ばれ，リンゴやモモなどが属する．一方，一時的な呼吸上昇が見られない果実は非クライマクテリック型果実と呼ばれ，柑橘類やブドウなどが属する．呼吸の上昇の程度はさまざまで，いずれの型に属するか判然としない例も見られる．

　クライマクテリック型の呼吸上昇とそれに伴う品質の劇的な変化の多くは，植物ホルモンの1つであるエチレンによって誘導される．エチレンはアミノ酸の1つであるメチオニンに由来するS-アデノシルメチオニンからACC合成酵素とACC酸化酵素の2つのステップを経て合成される．これらの酵素が誘導された結果発生するエチレンは，受容体に結合することによってそのシグナルを伝達し，果実の軟化や着色などに関わる生理的変化の多くを誘導する（図1-9）．例えば，

クライマクテリック型果実であるバナナは未熟な状態で輸入され，エチレンによる追熟を行ってから出荷される．

　収穫適期は，満開日からの日数の他に，果実の硬度，果色，糖度などを参考にして，それぞれの果樹において適切な方法によって判断される．収穫後，果実は選果場で重量や色の他，キズの有無などによって選別されるが，近赤外光を用いた糖度センサーによる非破壊で1個1個，すべての果実の検査が実用化されており，糖度の高い果実のみの出荷が可能となっている．収穫期の温度が高い場合，鮮度保持のためにはなるべく早く冷却することが重要で，そのために，出荷や貯蔵の前に冷却（予冷）が行われる．収穫以降の貯蔵や輸送の過程でも低温状態を維持する方法をコールドチェーンと呼び，理想的な品質保持システムとされているが，完全な実施は容易ではない．現在，流通経路は多様化しており，卸売市場の他に，大規模小売店，直売所，宅配を通じた販売などが行われている．

　果実の貯蔵方法としては，低温に維持するとともに酸素と二酸化炭素の組成を調節するCA（controlled atmosphere）貯蔵が行われている．CA貯蔵では，酸素と二酸化炭素がいずれも数％の濃度に調節されて，低温と，低酸素，高二酸化炭素条件とによる呼吸抑制によって，品質の低下が抑制される．CA貯蔵によってリンゴが1年を通して店頭に並ぶようになっている．低温貯蔵する際に，簡易なフィルム包装によって低酸素，高二酸化炭素条件を作り出す方法としてMA（modified atmosphere）貯蔵も行われている．柑橘類では，長期貯蔵を行う前に乾燥させる処理方法があり，予措と呼ばれている．

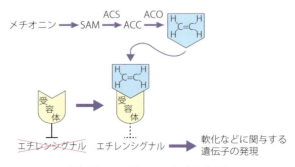

図 1-9　エチレンの合成と作用
SAM：S-アデノシルメチオニン，ACC：1-アミノシクロプロパン-1-カルボン酸，ACS：ACC合成酵素，ACO：ACC酸化酵素．

第 2 章

柑 橘 類

　柑橘類は世界の約 140 ヵ国で生産されていて，2011 年（平成 23 年）の世界の総生産量は 1 億 3,000 万 t を超えている（FAOSTAT，2011）．その中で生産量が最も多い国は中国である．中国は，ミカン類，オレンジ類，グレープフルーツ類（ブンタンを含む），レモン・ライム類，その他の柑橘類のすべてで世界第 1 位の生産量であり，柑橘類合計で 2,899 万 t に達している．次いで，ブラジル（2,202 万 t），アメリカ（1,070 万 t），インド（746 万 t），メキシコ（714 万 t），スペイン（577 万 t）の順である．

　日本の柑橘類の総生産量は 2011 年の FAO 統計で 108 万 t（農林統計ではウンシュウミカンが 92.8 万 t，その他の柑橘類が 32.6 万 t）であった．一方，わが国の柑橘類の輸入量は 2013 年でグレープフルーツが 12.7 万 t，オレンジが 11.2 万 t，レモンが 4.9 万 t，以下マンダリン類，ライムであった．

　わが国の柑橘類の栽培面積は，昭和 36 年（1961）の農業基本法によって選択的拡大作目に指定されたことから，飛躍的に拡大した．しかし，昭和 45 年（1970）頃から生産量の大幅な増加に伴って，価格が大暴落した．その後は，ウンシュウミカンを中心に栽培面積が減少している．近年は，'清見' の後代である '不知火' など，中晩生柑橘類の栽培が徐々に拡大している（図 2-1）．

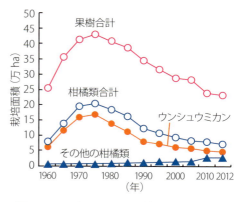

図 2-1　わが国における柑橘類の生産動向
（農林水産省『耕地及び作付け面積統計』）

1．種類と分類

　わが国には，沖縄にシークワーサーが野生しており，鹿児島県の奄美群島にはケラジをはじめ多くの在来の柑橘類が存在しているが，それらの来歴については未だ明確でない．九州や本州南部の自生種はタチバナだけである．したがって，わが国に存在する柑橘類は外国から渡来したものか，あるいはそれらの交雑によって新たに発生したものであり，多くは中国に由来する柑橘類に負うところが大きい．

　わが国で柑橘類に関する最も古い記録は『古事記』(712) と『日本書紀』(720) の記述で，垂仁帝 (70) の命により田道間守が持ち帰ったという非時香果である．それはダイダイあるいはコミカンであるという説があるが，ダイダイもコミカンも 2～3 世紀頃に導入されたものと推察されているので，それらとは異なる種類ということになる．その後，奈良時代から平安時代にかけてカラタチ，ユズ，シトロンが導入され，室町時代に大紅ミカン，クネンボ，ブンタン，スイートオレンジなどが導入されて，江戸時代にはこれらの自然交雑によるわが国独自の品種が多数発生した．江戸時代の主要柑橘類はキシュウミカン（別名コミカン）で，クネンボやコウジが地域的に栽培されていた（『果樹品種名雑考』，1983）．

　ウンシュウミカンは鹿児島県長島で発生し，200～300 年前から九州で点在していたが，全国的に栽培されるようになったのは明治時代以降である．ナツミカン，ハッサク，イヨなども江戸時代から明治時代初期に発生し，徐々に各地に広がった柑橘類である．明治時代以降には西欧などから多数の柑橘類が導入され，ネーブルオレンジ，レモン，ポンカン，タンカンなどが栽培に移された．

1）原産と来歴

　植物学的に見ると，柑橘類とはフウロソウ目，フウロソウ（ヘンルーダ）亜目，ミカン科，ミカン亜科の中の，カンキツ属 (*Citrus*．ミカン属といわれることもある)，キンカン属 (*Fortunella*) およびカラタチ属 (*Poncirus*) の植物を指し，染色体数は，いずれも 2n = 18 である．

　田中長三郎（1933）は，インド東部のアッサム地方に，カンキツ属の野生種

や栽培種が多数自生していることから，アッサム地方をカンキツ属の第一次原生地と見なしている．アッサム地方以外にもインドシナ半島，中国南部およびその周辺の島々に柑橘類の野生種やいくつかの栽培種が分布していることから，それらの地域は第二次あるいは第三次原生地と見なされている．さらに，ミカン亜科のシトロプシス属（Citropsis）が柑橘類の祖先として最もふさわしい姿をしているので（図 2-2），それからカンキツ属，キンカン属，およびカラタチ属の植物が生まれたと述べられている．シトロプシス属の植物はアフリカ大陸に現存している．

図 2-2 カンキツ属の祖先種シトロプシス
（*Citropsis schweiinfurthii*）
（Swingle, W. T. & Reece, P. C.：The Citrus Industry, Univ. of California, 1967）

柑橘類の自然分類は Swingle, W. T.（1943）と田中長三郎（1954，1961）によって体系化されたが，両者でやや異なる．例えば，カンキツ属について，Swingle は野生種のパペダ亜属（*Papeda* Swingle）と栽培種のカンキツ亜属（*Citrus* Swingle）とに分け，前者に 6 種，後者に 10 種を設けた．一方，田中は，柑橘類を総状花序の有無で 2 つの亜属に分け，総状花序を形成するグループを初生カンキツ亜属（*Archicitrus* Tanaka），単頂花序のグループを後生カンキツ亜属（*Metacitrus* Tanaka）として，前者に 111 種，後者に 48 種を設けた．キンカン属については，Swingle はネイハキンカンとチョウジュキンカンを雑種とみなして，2 亜属 4 種に分けた．一方，田中は 2 亜属 6 種に分けた．カラタチ属については両者とも 1 属 1 種（*Poncirsu triforate* Raf.）と見なしている．

2）柑橘類における品種分化の特徴

柑橘類の栽培種の基本的な種類は，シトロン類（Citron），ブンタン類（Pummelo），ミカン類（Mandarin, Tangerine）である．シトロン類は，多数のシトロ

ン品種の他に，ライムやレモンの発生に関与し，ブンタン類はダイダイやスイートオレンジの発生に関わっているとともに，グレープフルーツやナツミカン，ハッサクなどの親といわれている．ミカン（マンダリン）類は中国においてきわめて多彩な品種分化を遂げ，'柑'あるいは'橘'と呼ばれている．'柑'は大果の寛皮性柑橘類を，'橘'は小果の寛皮性柑橘類のことを指している．寛皮性とは，剥皮性が優れるという意味である．

ウンシュウミカンもミカン類の支流であるが，わが国の原産であり，早生系～晩生系まで存在し，オレンジ類との間でタンゴール（tangor；tangerine ＋ orange）を，ブンタン類との間でタンゼロ（tangelo；tangerine ＋ pummelo）を，さらにその他の多くの交雑品種を作り出している．ウンシュウミカンは，柑橘類の中では早生の系統であり，剥皮性のよさも併せ持つたいへん優秀な柑橘類であり，育成に関与した品種も非常に多い．

柑橘類の品種分化は他の植物と大きく異なり，種間雑種だけでなく，属間でも容易に交雑し，きわめて多数の交雑種を作っている．その特徴は，①珠心胚実生や接ぎ木繁殖において突然変異が起きやすく，②栄養繁殖が容易で多数の栄養系品種群を作っていることである．

3）主要柑橘類の原産地と品種分化

（1）ウンシュウミカン（*C. unshiu* Marc.）

漢字では温州蜜柑と記載することから，中国原産と誤られやすいが，約500年前，鹿児島県北西部の長島において中国伝来の柑橘類から偶発したと伝えられている（図2-3）．すなわち，昭和11年（1936）に鹿児島県農事試験場垂水柑橘分場の岡田康男が当地で推定樹齢300年の最古木を発見したが，その樹は明らかに接ぎ木樹であったので，田中長三郎は原木の発生は400～500年前であり，中国の'早橘'（Zaoyu）か'慢橘'（Manju）の偶発実生と推定した．

原木からの接ぎ木苗が九州地方で栽培されて在来系と呼ばれ，在来系から愛媛に伝わって平系，大阪の苗場である池田市に伝わって池田系を生んだが，この両者とも今はない．早生系は，大分県の'青江早生'，福岡県の'宮川早生'として在来系から発生した．

原木から生まれた系統の中で，特に優れた系統が長崎県の伊木力に伝わった伊

木力系である．伊木力系が尾張（愛知県）の苗場に伝わり，そこで生産された苗木が尾張系である．その後，芽条変異などの突然変異によって，早生，中生，晩生の系統が発生し，さらに，早生から極早生が生じて，ウンシュウミカンは大品種群となっている（図2-4）．

ウンシュウミカンの品種分化の中で，最も特筆すべきは'宮川早生'の発見で，田中長三郎の功績によるところが大きい（☞第10章2.）．'宮川早生'

図 2-3 ウンシュウミカン発祥地の記念碑
（鹿児島県出水郡長島町東町鷹巣）

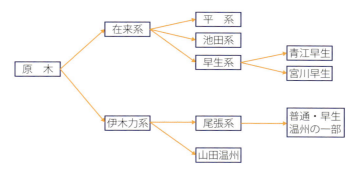

図 2-4 ウンシュウミカンの品種分化
（岩政正男：『柑橘の品種』，1976より作図）

は早生ウンシュウの中では樹勢が強い方で，花粉不稔で単為結果性があり，果実も比較的大きい．果皮は比較的薄く，果面は滑らかで，裂果，日焼け，炭疽病が少なく，糖と酸の濃度がともに高く，食味は濃厚であるうえに，栽培しやすいので，全国的に増殖されて，早生ウンシュウの代表品種となった．多胚性の'宮川早生'からは珠心胚実生や芽条変異などを通じていろいろな品種が選抜され，各地で普及している．

(2) スイートオレンジ (*C. sinensis* (L.) Osbeck)

スイートオレンジはインドのアッサム地方においてブンタンとミカンの雑種として生まれ，そこから中国に伝わり，最初に中国品種群が生まれた（図2-5）．その後，大航海時代になって中国の品種がヨーロッパに運ばれ，そこで地中海品種群が生まれた．地中海品種群はその後，新大陸に伝わって，バレンシアオレンジとネーブルオレンジを中心とした大産業が発展した．また，アッサム地方から西方の中近東にも運ばれ，のちにイスラエルでシャムーテイオレンジが生み出された．なお，スイートオレンジの早生系の突然変異であるネーブルオレンジは，ブラジルのバイア地方で発生した品種で，花粉不稔であるが単為結果性があ

図 2-5　スイートオレンジの伝播と品種分化
（岩政正男：『柑橘の品種』，1976 より作図）

図 2-6　ネーブルオレンジの二重果

るので他の品種の花粉がなければ無核になる．その後，1870年にアメリカ農務省によって苗木が導入され，その名は首都ワシントン市の温室に植えられたことにちなんでワシントンネーブルと呼ばれた．アメリカではカリフォルニアの気候風土に適応して大産業を形成した．ネーブルとはへそ（navel）の意味で，二次心皮に由来した小さな果実を内蔵した二重果構造をしている（図2-6）．多胚性である．

(3) グレープフルーツ（*C. paradis* Macfad.）

グレープフルーツは，1750年頃，西インド諸島のバルバドス島でブンタン（*C. grandis* Osbeck）の自然雑種として偶発した．花粉親はスイートオレンジであった可能性が高い．これが1830年頃にフロリダに渡り，加工用を中心に産業化された．初期の系統はダンカンと呼ばれ，有核であったが，1860年代以降，突然変異を繰り返して無核品種が生まれて，現在の品種に至っている（図2-7）．多胚性である．

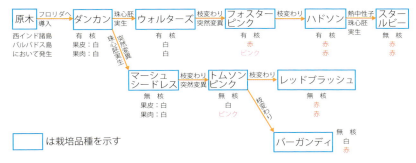

図 2-7 グレープフルーツの突然変異による品種の変遷
（岩政正男：『柑橘の品種』，1976より作図）

(4) わが国で栽培されているその他の柑橘類の特徴と由来

ポンカン（*C. reticulata* Blanco）…インドのアッサム州スンタラ地方の原産で，東南アジアから中国にかけて広く栽培されている．中国には唐代以降に伝来したとされ，現在の中国柑橘類の主要栽培種となっている．台湾には18世紀末に伝わったとされ，わが国には台湾から明治29年（1896）に鹿児島県に導入された．当初は鹿児島県が最大の産地であったが，最近は愛媛県の生産が最も多くなっている．高しょう（樅）系と低しょう系があり，高しょう系は腰高で大果，低しょう系は濃厚な味であるが，扁平で，果実がやや小さい．多胚性である．

キシュウミカン（*C. kinokuni* hort. ex Tanaka）…わが国にいつ導入されたか不明であるが，古い時代から存在したらしく，九州各地に古木が残っている．ウンシュウミカンが広がる明治中期以前は，本種がわが国の柑橘類の主流であり，江

戸時代に紀伊國屋文左衛門が江戸に運んで巨利を得たといわれているのは本種である．鹿児島県の桜島小ミカンも本種である．小果で偏球形，果皮は黄橙色で薄く，芳香があるが，浮き皮になりやすい．果肉は柔軟多汁，低酸で甘味が強い．種子は1果実当たり5～6粒あって，単胚である．変異系に，種子が比較的多く，果実がやや大きく扁平な平紀州と，種子がなく果実がやや小さい無核紀州がある．

ナツミカン（*C. natsudaidai* Hayata）…ナツミカン（普通夏ミカン）は元禄13年（1700）頃，山口県長門市先崎町で発生した柑橘類である．特性から見て，ブンタンの血を引く自然雑種と推定されている．明治時代に山口県萩市での栽培が多くなり，次第にウンシュウミカンに次ぐ柑橘類になった．'川野ナツダイダイ'（甘夏ミカン）は，普通夏ミカンが早生化し，減酸が早くなった変異品種であり，明治43年（1910）に大分県津久見市で発見された．この品種の出現によって'川野ナツダイダイ'がナツミカンの主流になった．'川野ナツダイダイ'からは，'新甘夏'，'紅甘夏'などの枝変わり品種が発見されている．多胚性である．

ハッサク（*C. hassaku* hort. ex Tanaka）…万延元年（1860）頃，広島県因島市の恵日山浄土寺の境内で偶発実生として発生した．住職の恵徳上人が，八朔（旧暦の8月1日）の頃から食べられるというのでハッサクと命名した．ブンタンを片親としたタンゼロと推定されている．明治時代の末期以降，因島を中心として広島県下に広まり，その後全国で栽培されるようになった．自家不和合性で，大果生産のためには受粉樹が必要である．種子は30個以上，白色単胚，枝は太く疎生，葉は大きく翼葉が発生する．変異系として'農間紅八朔'などがある．

イヨ（*C. iyo* hort. ex Tanaka）…明治20年（1887），山口県阿武郡東分村（現在の萩市）で普通イヨが発生し，6年後，'穴門蜜柑'の名で紹介された．ミカンとオレンジとの雑種（タンゴール）と考えられている．明治23年（1890）に愛媛県に導入された．当初はイヨミカンと呼ばれていたが，愛媛県産ウンシュウミカンとの混同を避けるためにイヨカンと改められた．果実は250g内外，果面は赤橙色でつやがあり，美しい．果肉は濃橙色で柔軟多汁，種子は10～15個ある．昭和27年（1952）に，愛媛県松山市で普通系に比べて着色が20日以上早く，酸の減少も早く，種子の少ない系統が枝変わりとして発見され，'宮内イヨカン'として名称登録された．樹勢が普通系イヨカンよりも弱く，幼樹からよく結実するので，若木時代は着果させないで樹勢を維持する必要がある．単胚である．

2. 育種と繁殖

1）柑橘類の育種の特徴

　柑橘類は永年性作物であること，種子の胚数が交雑胚 1 個である単胚性品種と，1 個の交雑胚と複数の珠心胚（母植物体の珠心組織の細胞が分裂発達したもので，遺伝的には母親と同じ形質）からなる多胚性品種の 2 種類が存在すること，さらに自家不和合性や単為結果性の種類も存在することなどから，交雑による育種には多くの問題点が存在する．すなわち，①雑種実生には幼若性があることから開花および結実するまでに長い年数を必要とする，②開花および結実するようになっても，その特有の果実品質を示すまでにはさらに長い年数を要する，③ 1 樹当たりの占有面積が広く，効率的な交雑育種のためには広大な面積を必要とする，④多胚性の種または品種では播種すると珠心胚実生が高率に発生し，交雑実生はほとんど発生しないなどである．

　一方，柑橘類の繁殖は栄養繁殖が主体であることから，以下のような利点もあ

表 2-1　柑橘類における基本的な品種群の英語名

ミカン：tangerine または mandarin
ブンタン・グレープフルーツ：pummelo
オレンジ：orange　　　　　レモン：lemon
キンカン：kumquat　　　　ライム：lime
カラタチ：citrus（poncirus ではない．昔= C. trifoliate）

- ミカンの雑種
　ミカン×オレンジ= tangerine × orange = tangor
　ミカン×ブンタン・グレープフルーツ
　　= tangerine × pummelo = tangelo
- レモンの雑種
　レモン×ミカン= lemon × mandarin = lemandarin
　レモン×オレンジ= lemon × orange = lemonange
- キンカンの雑種
　ライム×キンカン= lime × kumquat = limequat
- カラタチの雑種
　カラタチ×オレンジ= citrus × orange = citrange

（岩政正男：『柑橘の品種』，1976 より抜粋）

る．①ひとたび優良な交雑品種や突然変異品種を得ることができれば，栄養繁殖によって多数の栄養系品種群を形成できる，②単胚性の種または品種では交雑によって容易に雑種を得ることができる，③芽条変異，珠心胚実生や，接ぎ木繁殖において突然変異が発生しやすく，それらが多数の栄養系品種群を形成している，④芽条変異などの突然変異は主として果実や葉の形質の変異として発見されるなどである．

柑橘類では種間雑種が発生した場合，表2-1のように呼ばれる．

2）主な穂木用品種の種類と特徴

（1）ウンシュウミカン

'宮川早生'の発見…前述したように，ウンシュウミカンの原木から在来系が分化し，その在来系から早生系の変異が生じた．早生系の変異の最初は明治25年（1892）に大分県津久見市で発生した'青江早生'であるが，'青江早生'は先祖戻りしやすかったので，一部の産地にしか広がらなかった．一方，大正4年（1915）に福岡県山門郡城内村（現柳川市坂本町）の医師宮川謙吉の邸内で在来系ウンシュウから，のちに'宮川早生'と命名される枝変わりが発見された．樹勢は早生ウンシュウの中では旺盛で，果実は比較的大きく偏球形であるが，若木や着果量が少ない場合には腰高果や果梗部ネックを生じやすい．果皮が薄く，果面は滑らかで，糖と酸の濃度が高く，食味良好で，栽培もしやすいことから，全国的に栽培が広がり，早生ウンシュウの代表品種の1つとなった．'宮川早生'からは，福岡県の'持丸早生'や佐賀県の'山崎早生'などの多数の枝変わりが発見されたり，'三保早生'や'興津早生'などの珠心胚実生品種が育成されて，わが国の早生ウンシュウや極早生ウンシュウの多様な品種群のおおもとになっている．

枝変わりの探索…ウンシュウミカン，ナツミカン，イヨ，ヒュウガナツ，ネーブルオレンジ，キンカンなどの主要な経済栽培品種では，多くの枝変わりが発見されて新品種として普及している．その例として，'宮川早生'の他に，'青島温州'，'川野ナツダイダイ'，'宮内イヨカン'などがあげられる．柑橘類の目的とする生産物は果実であることから，着色良好なもの，糖度や酸含量から見た果実品質が良好な場合に発見されやすい．このような背景から，枝変わりの探索が組織的に行われたことがある．例えば，昭和52年（1977）と昭和53年の2ヵ年，福岡

県と佐賀県の4産地において160万本の早生ウンシュウを対象に極早生化した突然変異の発生について調査した結果，果実の熟度，着色，減酸，浮き皮の発生などにおいて35の変異（4,700本に1本の発生頻度）が認められた（岩政正男，1984）．

(2) 中晩生柑橘類

'清見'…昭和24年（1949）に農林省果樹試験場興津支場（現在の（独）農研機構果樹研究所カンキツ研究領域・興津）で'宮川早生'に'トロビタオレンジ'を交雑して育成され，昭和54年（1979）に品種登録されたタンゴールである（図2-8左）．日本で育成された最初のタンゴールで，育成地近くの海岸「清見潟」にちなんで命名された．連年結果性で豊産性である．果実は扁球形で200〜250g，果皮は黄橙色で剥皮はやや難．じょうのうは薄く，果肉は濃橙色で柔らかく多汁．糖度（Brix）が11〜12度，酸濃度が1%前後で，わずかにオレンジ香があり，風味は優良である．葯が退化して，通常無核であるが，他品種の花粉がかかれば少量の種子が入る．単胚性のため，育種親として多く用いられている．'清見'の後代には雄性不稔性と自家不和合性個体が分離することが報告されており，'清見'は無核性品種の育種親としてきわめて優れていることから，'不知火'（商品名デコポン）など，非常に多くの優良品種が育成されている．

'清見'の熟期は3月中下旬で，3月中旬〜5月に出荷される．平成24年の栽培面積は1,069ha，生産量は17,692tで，主産地は愛媛県，和歌山県，佐賀県，熊本県などである．

'不知火'…農林水産省果樹試験場口之津支場（当時）において昭和47年（1972）に'清見'とポンカン'中野3号'を交雑して育成されたタンゴールである（図2-8右）．果実の基部が盛り上がっていることから，熊本県果実連が「デコポン」という商標登録して販売したことからデコポンと呼ばれることが多い．果実の大きさは230g程度で倒卵

図2-8 '清見'（左）とその後代'不知火'（右）

形．糖度は 14 〜 16 度，クエン酸含量は 1.0 〜 1.2％で，食味に優れる中晩生柑橘類である．花粉が少なく単為結果性があるので，無核になりやすい．

3）台木の種類と特徴

　柑橘類の栄養繁殖においては，通常，接ぎ木繁殖が行われる．柑橘類の台木は，一般にカンキツ属とカラタチ属の植物，およびそれらの属間雑種に限られる．柑橘類の主な台木用植物を田中長三郎（1966）に従って分類すると表 2-2 のように示される．また，主要な台木の特性は次の通りである．

　カラタチ…日本の柑橘類の主要台木である．トリステザウイルス，カンキツネマトーダ，根腐れ病に抵抗性であり，重粘土壌から砂質土壌まで幅広い土壌に適しているが、浅根性であることから，土壌の乾燥に弱い．土壌の好適 pH は 5 〜 6 前後であり，弱アルカリ性土壌では生育が劣るので，日本と中国以外の柑橘生

表 2-2　柑橘類の台木用植物の分類

ミカン亜科 Aurantioideae			
カンキツ属 Citrus L.			
	初生カンキツ亜属 Archicitrus Tanaka		
	ライム区	スイートライム	*C. limettioides* Tanaka
	シトロン区	ヒメレモン	*C. limonia* Osbeck
	ザボン区	グレープフルーツ	*C . paradisi* Macf.
	ダイダイ区	ナツミカン	*C. natsudaidai* Hayata
		サワーオレンジ	*C. aurantium* L.
		スイートオレンジ	*C. sinensis* Osbeck
	後生カンキツ亜属 Metacitrus Tanaka		
	ユズ区	ユ　ズ	*C. junos* Sieb. ex Tanaka
	ミカン区	チチュウカイマンダリン	*C. deliciosa* Tenore
		オオベニミカン	*C. tangerina* hort. ex Tanaka
		タチバナ	*C. tachibana* Tanaka
		クレオパトラマンダリン	*C. reshni* hort. ex Tanaka
		シィクワシャー	*C. depressa* Hayata
	トウキンカン区	シキキツ	*C. madurensis* Loureiro
カラタチ属 Poncirus Raf.			
		カラタチ	*P. trifoliata*（L.）Raf.
属間雑種 Citrus L. × Poncirus Raf.			
		シトレンジ	*C. sinensis* × *P. trifoliata*
		スイングルシトルメロ	*C. paradisi* × *P. trifoliata*

（田中長三郎：『農業』，1966 から改変）

産地では使用されていない．落葉性で耐寒性は高い．カラタチは種子数が多く，ほとんどが珠心胚実生であることから，実生の揃いはよく，細根も多く，接ぎ木苗の移植も容易である．カラタチ台木に接ぎ木すると，穂木品種は豊産性で果実の着色は早く，果皮も滑らかで，糖と酸の濃度が高く，品質はきわめて高く，結果期に達するのは早いが，樹冠は小さい．一方，エクソコーティスウイロイド，タタリーフウイルスには罹病性で，前者に罹病すると，樹皮が縦に避けてはげ落ちて樹勢が低下し，枯死に至る．後者に罹病すると穂木と台木に不親和を生じ，接ぎ木部に褐色の境界面を生じて，樹全体が衰弱する．これらは接ぎ木伝染が主体であることから，ウイルスフリーの穂木が用いられる．

　カラタチの変異系統として'ヒリュウ'（Flying dragon）がある．現在，矮性台木として注目され，多くの柑橘類への適応研究がなされている．ウイルス，土壌適応性，耐寒性などはカラタチ台木と同等である．しかし，穂木品種（樹）の生育はカラタチ台木に比べて遅く，樹高，樹冠ともにカラタチ台木を用いた場合よりも小さい．1樹当たりの果実収量もカラタチ台木より低いが，樹冠容積 $1m^3$ 当たりの収量は多いので，密植することで単位面積当たりの初期収量を高めることができる．果実の糖度も高くなりやすい．

　シトレンジ…カラタチとオレンジの雑種としてSwingle, W. T. らによって作出され，1905年に命名された，耐寒性のある柑橘類である．トロイヤーシトレンジ，キャリゾシトレンジ，ラスクシトレンジなど，いくつかの系統がある．トロイヤーシトレンジ，キャリゾシトレンジはトリステザウイルス抵抗性であることから，カリフォルニアやスペインのように土壌が弱アルカリ性の地域で，トリステザウイルス感受性のサワーオレンジのかわりにオレンジなどの台木に用いられている．根腐れ病には比較的強いが，カンキツネマトーダには侵される．エクソコーティスウイロイドやタタリーフウイルスに感受性のため，ウイルスフリーの穂木が使用される．土壌適応性は広い．穂木品種の耐寒性はカラタチ台木に接ぎ木した場合より劣るが，穂木品種の大きさは中位で収量は高い．穂木品種の果実は大きいが，果実品質はカラタチ台木を用いた場合よりも劣る．ラスクシトレンジはトリステザウイルス抵抗性で土壌適応性も広い．樹の大きさは中位で収量が高いが，果実品質はカラタチ台木よりもわずかに劣る．果実の種子数が少ないので，苗木の繁殖効率が低いことが欠点である．

スイングルシトルメロ…アメリカ農商務省が 1907 年に作出したグレープフルーツ 'ダンカン'×カラタチの属間雑種で，テキサス農業試験場が 1974 年に公表した台木用品種である．半落葉性で，樹勢は強く，やや直立性である．枝は細くとげがあり，果皮は黄色で種子数は 15〜20 で，多胚性である．スイングルシトルメロ台木に接ぎ木した穂木品種の大きさは穂木品種によって違いがあり，果実の収量は中位である．根系は小さく側根は細くて多い．耐寒性，耐乾性，耐塩性ともに非常に強いが，石灰質土壌や重粘質土壌では生育が劣る．カンキツトリステザウイルス，エクソコーテイスウイロイド，すそ腐れ病，ミカンネセンチュウに抵抗性である．穂木品種の果実収量と品質はトロイヤーシトレンジ台木並で，カラタチ台木よりもわずかに劣る．

ユ　ズ…昔は，わが国で柑橘類の台木としてしばしば使用されていた．細根が少なく，直根が深く土壌に入る，強勢台木である．ユズ台木に接ぎ木された穂木品種は栄養成長が旺盛となって，結果期に入るのが遅い，さらに，大果であるが果皮が厚い，糖度が低い，酸含量が高いなど，穂木品種の果実品質が不良であることから，樹勢回復を図るための根接ぎ用台木として用いる他は，現在はほとんど使用されていない．タタリーフウイルスに抵抗性である．

3．形　　態

1）葉と新梢の形態

葉の形態…柑橘類の葉は単葉で，葉柄には翼葉を有する．葉身の形は卵形または楕円形で，比較的厚く革質である．葉には多くの油胞を有し，油胞の中に精油を含んでいる．葉の大きさは，ブンタン類の 15cm 近くに達するものから，キシュウミカンの長さ 4cm，幅 2.5cm のものまである．キンカン属の葉はカンキツ属の葉よりも小さく，カラタチ属の葉は三出羽状複葉である．カラタチ属の三出羽状複葉性は単一の優性遺伝子によって支配され，カラタチとオレンジの雑種であるシトレンジは三出複葉である．翼葉の大きさも，パペダ類の葉身と翼葉がほぼ同じものから，キシュウミカンやレモンのようにほとんどないものまである（図2-9）．落葉する場合の離層は葉柄と枝の間，および葉身と葉柄の間にあり，通常

は葉柄と枝の間で脱離するが，乾燥などによる落葉では，初めに葉柄と葉身の間で脱離する．

新梢の形態…新梢は，ウンシュウミカンでは最大で年に3回発生する．3月下旬〜5月上旬に発生する新梢は春枝，6月下旬〜8月上旬に発生する新梢は夏枝，8月中旬以降に発生する新梢は秋枝と呼ばれる．春枝は発生数が多いが，比較的短く10〜30cm程度である．夏枝と秋枝は結実不足などの樹で発生し，発生数は少ないが，伸長量は大きく，長い場合には1mにも成長する．春枝は，前年の春枝，夏枝および秋枝の頂芽および各葉腋に1〜複数発生する．春枝には，花を持たない不着花新梢と，花を持つ有葉花，および葉を持たない直花の3種類がある．夏枝と秋枝は，前年枝の他，春枝にも発生するが，通常は花を持たない．

図2-9 形と大きさが異なるミカン科植物の葉
左：ウンシュウミカン，中：大橘，右：カシーパペダ．

春枝，夏枝，秋枝の葉腋には腋芽の他に，とげがある場合がある．とげは幼若性の証しで，カンキツ属の多くでは実生あるいは交雑育種からの年数が短い場合にとげがあるが，接ぎ木を繰り返すうちにとげはなくなっていく．しかし，キンカン属およびカラタチ属ではとげがあり，カンキツ属でもレモンにはとげがある．ユズにもとげが多いが，とげのないユズもある．柑橘類のとげは腋芽の第1葉に相当するものであるが，茎が変態したものといわれることもある．

2）花芽分化

腋芽に存在する葉芽あるいは未分化の芽は，非常に小さく尖っている．この成長点が肥大し，丸みを帯び，その頂端がやや平らになる時期が形態的な花芽分化期で，10月から3月頃までの長期間にわたっている．形態的花芽分化に先立って生理的花芽分化期と呼ばれる期間があり，その時期から形態的花芽分化期までの樹体栄養条件などによって花芽分化数が左右される．例えば，結実過多の樹では果実の肥大に使用される炭水化物が多く，C/N比が低下するので，花芽分化数

は減少する.これが,隔年結果の一因となっている.

　形態的な花芽分化が始まると,萼片→花弁→雄蕊→雌蕊の順に分化する.5枚の萼片が分化するのは2月中旬～3月上旬であり,その後の気温の上昇に伴って,萼片の内側に5枚の花弁が分化し,さらにその内側に多数の雄蕊が分化する.雄蕊の内側の中央部の円盤上には心皮の分化が始まって,種または品種によって数が異なるが,ウンシュウミカンでは10個前後の陥没した子室(花器完成時にはじょうのうになる)が発生する.心皮はつぼ状に上方に伸び,上端は合一して雌蕊の柱頭となり,その下部が花柱と子房になる.

3)花の形態

　柑橘類には花序を形成する種類と,花が単生あるいは群生する種類とがある.田中長三郎は,この特徴を柑橘類の分類の重要な指標と考え,花序を持つ初生カンキツ亜属(図2-10)と,花が単生する後生カンキツ亜属とに分類した.前者には,ライム,レモン,ブンタン,グレープフルーツ,スイートオレンジなどが属する.後者には,ウンシュウミカン,タチバナ,ユズなどが属する.ただし,ウンシュウミカンでも希に花序を作ることがある.

　通常,花は完全花で,萼片,花弁,雄蕊,雌蕊からなる.離層は花梗と枝の付着点,および花盤と子房の間に存在する.花の大きさは,ブンタンで最も大きく,ナツダイダイ,オレンジ,ウンシュウミカンの順で,ポンカンやキシュウミカンは小さい.萼片は緑色で,果実が成熟する頃まで残る.花弁は大部分の種および

図 2-10 初生カンキツ亜属である'大橘'の花
左:有葉花序,中:無葉花序,右:開花時.a:葯,b:果盤,c:萼片,f:花糸,o:子房,p:花弁,pe:花梗,s:花柱,st:柱頭.

品種では白色であるが，レモンではやや紫色を帯びている．比較的厚くて光沢があり，開花時には外側に向かって反転する．離弁で普通は5枚であるが，ブンタンでは4枚の場合もある．花弁にも油胞が存在する．雄蕊は通常20～40本で，多くは基部で4～5本ずつ合着している．花糸は種または品種によって花柱よりも長い場合と短い場合があり，ウンシュウミカンの花糸は短い．一般に，葯は4室に分かれ，豊富な花粉を有しているが，ウンシュウミカンやネーブルオレンジでは花粉が少なく，しかも不稔である．

花盤は開花時には活発に蜜を分泌する．子房は，種または品種によって異なるが，10個以上の心皮で構成されている．心皮の内側に子室があり，その中に種子と砂じょうが発達する．柑橘類には不完全花が存在し，その程度は柱頭や花柱がないものから，子房がほとんどないものまである．レモン，ポンカンでは不完全花が多い．

4）果実の形態

柑橘類の果実は，萼片と花弁の上位に子房が発達した真果であり，外果皮，中果皮，内果皮に相当するじょうのう（瓤嚢），および種子から構成されている．種によって異なるが，柑橘類の子房はおおよそ10個前後の心皮が合着したものである．1つのじょうのうは1枚の心皮に相当する．じょうのうの中の子室は開花時には空洞で，その中に胚珠と砂じょうが成長する．胚珠は中軸胎座に着生している．砂じょうは子室の内果皮が砂粒状に盛り上がって成長したものである．最初空洞であったじょうのうは，開花後1ヵ月もすると砂じょうで満たされ，ウンシュウミカンのような単為結果する種類や種子数が少ない種類では胚珠は退化していく．

果実の外果皮はフラベド，中果皮はアルベドと呼ばれる．外果皮はクチクラにおおわれた表皮細胞と，その下の数層の細胞層からなっている．外果皮の表皮細胞の下に油胞が発達している．ウンシュウミカン，オレンジ，ポンカンなどではフラベドは薄いが，ブンタン，ナツミカン，ハッサクなどでは特に厚い．

可食部はじょうのうの中の砂じょうである．砂じょうは開花期に発生し，開花後1ヵ月にはじょうのう内が一杯に満たされる．砂じょうは果実の成長とともに大きくなり，果汁が蓄積される（図2-11）．

5）種子の形態

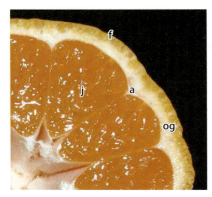

図 2-11 ウンシュウミカンの成熟果の構造
a：アルベド，f：フラベド，j：砂じょう，og：油胞．

　柑橘類には，ウンシュウミカンやネーブルオレンジのように単為結果性があり，受粉，受精しなくても結実する種類と，ブンタン，アマナツなどのように単為結果性がなく，受粉および受精が行われないと結実しない種類がある．しかし，単為結果性があっても，気象条件などによっては有核となる場合もある．また，有核の種類には，他種および他品種の花粉で受精されないと種子ができず結実しないブンタン，ハッサク，ヒュウガナツのような自家不和合性の種類と，ナツミカンのような自家和合性の種類がある．

　有核の種類では，種子中の胚が受精胚1個のみの単胚性の種類と，1種子中に1個の受精胚と複数の珠心胚を持つ多胚性の種類がある（図2-12）．単胚性の種類にはハッサク，イヨ，ブンタンなどがあり，多胚性の種類にはウンシュウミカン，ネーブルオレンジ，ポンカンなどがある．

　多胚性の種類では，受精後約1ヵ月頃から胚のう近くの珠心組織が分裂を開始して，胚乳の栄養を摂取しながら成長を続け，珠心胚になる．一般に，多胚性の種類では珠心胚は受精胚よりも旺盛に成長する．多胚性種子を播種すると発芽成長するのはほとんどが珠心胚であり，受精胚からの実生はごくわずかである．このことが多胚性柑橘類における交雑育種を困難にしている原因である．多胚性種子の胚数はさまざまで，ポンカン，ウンシュウミカン，スイートオレンジなどは多い．

　珠心胚は雌蕊（母親）と同じ遺伝子を持っているが，微細な遺伝子突然変異を起こす場合もあり，

図 2-12 多胚性種子の構造
（写真提供：根角博久氏）

ウンシュウミカンなどでは珠心胚実生から多数の新品種が生まれている．なお，多胚性は優性遺伝子により発現し，単胚性は劣性ホモで発現する．したがって，'宮川早生'に'トロビタオレンジ'を受粉してできた'清見'が単胚性であったことは，ウンシュウミカンとスイートオレンジの高品質性を受け継いだ後代の育成に大いに貢献しており，先に述べたように，現在までに多数の品種が育成されている．

4．生理生態的特性

1）生理的落花（果）と摘果

　栽培化されている柑橘類は，着花数も結実数も多い種や品種が選抜されてきていることから，結実した果実の肥大に必要な光合成産物の量は葉で生産される光合成産物の量に比べて多い．したがって，開花した花のすべてが着花および結実して収穫まで至るのではなく，かなりの花や果実は自然に落花（果）する．そのような現象は生理的落花（果）と呼ばれる．生理的落花（果）は，開花期前後に始まって7月まで続く早期落花（果）と，主に中晩生柑橘類で見られる1〜2月の寒害や3〜4月の成熟期に生じる後期落果に分けられる．柑橘類で生理的落花（果）（以後，生理的落果と表す）と呼ぶ場合は，狭義には早期落花（果）（以後，早期落果と表す）のことを指す場合が多い．

(1) 早期落果

　柑橘類の早期落果は，開花期前後に始まり，種類によって異なるが，開花1〜2ヵ月後には終了する場合が多い．生理的落果は，この期間中一様に生じるのではなく，多量の花や幼果が集中して落ちるピークを持った波相を示す．例えば，ウンシュウミカンでは，満開期前後をピークとする第一次生理的落果と，その約1ヵ月後にピークを持つ第二次生理的落果の2つのピークを示す．着花量が多いと第一次生理的落果が多く，第二次生理的落果は少ない（図2-13）．第一次生理的落果は果梗を着けたまま落ちるものがほとんどであり，第二次生理的落果は子房と果盤との間に離層が形成されて，果梗や萼片を着けないで果実のみが落ちるものが大部分を占める（図2-14）．

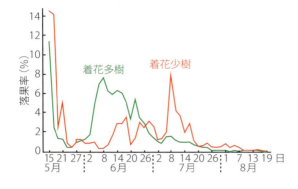

図 2-13 ウンシュウミカンの早期落果曲線（昭和12年の例）
（岩崎藤助：『東海近畿農試研報』,1956）

図 2-14 ウンシュウミカンの一次離層部と二次離層部

(2) 早期落果の原因

ポンカンのように，雌蕊の不完全な花が多い種類では，不完全花は落花（果）する．また，ハッサクやヒュウガナツのように単為結果性が弱く，自家不結実性の種類では，受粉および受精が正常に行われないと，ほとんど落花（果）する．

ウンシュウミカンは花粉および胚珠ともに不完全であるが，単為結果性が強いので，受粉および受精しなくても結実する．ウンシュウミカンの生理的落果の最も大きな原因は養分競合で，他の果実や新梢との養分競合に負けると，果実は栄養不足になって発育を停止し，黄化して，落花（果）する．したがって，前年の結実過多や開花期～生理的落果期の日照不足などは樹体養分の枯渇や減少を引き起こし，生理的落果を増やす．このような果実では，内生のエチレン生成が増加して，離層部でセルラーゼやポリガラクツロナーゼのような細胞壁分解酵素の活性が盛んになって離層が形成され，養水分の通道が不良になって落花（果）する．

(3) 後期落果

ハッサク，ヒュウガナツ，ブンタンの1品種'河内晩柑'などの樹上で越冬する中晩生柑橘類では，冬季に寒害を受けて落果することがある．これは，寒害を受けた果実からエチレンが発生して落果を引き起こすと考えられている．後期落果の時期や程度は種や品種間の差が大きく，ヒュウガナツや'河内晩柑'では4月以降の成熟期に落果することが多い．

(4) 摘　　果

柑橘類では，他の果樹と同じように，結実が多すぎると果実は小さくて商品価値が低いだけでなく，樹体の栄養不足を招いて花芽分化量が減少し，次年度の結実が少なくなるという隔年結果を引き起こす．その対策として，幼果の摘果（thinning）が行われる．すなわち，摘果の主な目的は，①果実の肥大促進，②隔年結果の防止，③果実の品質向上，④収穫労力の軽減，⑤販売上の収益性の向上などである．

葉の光合成産物の分配量が適正であれば，果実の発育や品質は向上し，樹勢も良好に維持されるので，摘果の基準には葉果比が用いられる．例えば，静岡県では，適正な葉果比はウンシュウミカンで25〜30（枚/果），ネーブルオレンジで80〜110（枚/果）とされているが，地域，種類，樹勢などで多少変化する．

摘果の時期は早いほどよいが，生理的落果の終了する前に摘果すると，生理的に落果するはずの果実まで摘果するのに多大な労力がかかることと，生理的落果の量が予測できず収量の確保が保証できないので，摘果は生理的落果の終了後に行われる．ウンシュウミカンでは6〜7月，果実の発育が遅い中晩生柑橘類ではさらに遅く行われる．柑橘類の摘果は6〜8月に行われるので，かなりの重労働である．そのような重労働を避けて省力化を図る目的で，柑橘類ではNAA（1-naphthylacetic acid，商品名：ターム）やIZAA（5-chloro-1H-indole-3-acetic acid，エチクロゼート剤．商品名：フィガロン）が摘果剤として実用化され，散布処理されている．NAAおよびIZAAは散布後にエチレンが発生し，第二次生理的落果を助長することによって摘果効果を示す．摘果剤を使用しても，人手による仕上げ摘果は必要である．

近年は，シンク器官である果実を摘果せずにソース器官である葉の光合成を高めて，糖度が高く高品質な中玉果実を多量に生産すること，摘果作業を省力化してコストを下げることなどを目的として，隔年結果性を積極的に利用する隔年交互結実法も行われるようになっている．隔年交互結実法では，表年に摘果をしないで，裏年には結実させずに管理作業を省力化し，園全体での収益性の向上を図ることができるとされていて，樹別あるいは枝別に隔年交互結実させる方法が行われている．

2）果実の発育

柑橘類の果実の成長はS字状の成長曲線を描く．ウンシュウミカンでは，開花から約1ヵ月間は緩やかに成長するが，その後は急速に成長し，成熟期には再び緩やかに成長する．8月頃までは，横径，縦径ともに同じように増加するが，その後は先に縦径の成長が衰え，横径は遅くまで増加し続ける．そのため，果形は初め球形に近いが，発育に伴って扁円形になる．果実の肥大は気温の影響を受けることから，同じ品種であれば，気温が高い地域ほど扁平な果実になる．果実の重量の増加は果径の増加よりも遅れる．

果実の各部分の成長を見ると，果皮の厚さは果実が急速な成長を始める6月初旬から急速に増加し，6月末から7月初めにかけて最大に達したのち，8月までやや減少する（図2-15）．果皮の表皮細胞およびその内側の2～3層の下皮細胞は9月までほとんど細胞分裂のみによって表面積を増加させるが，それ以降は細胞の肥大も伴う．一方，アルベド細胞の分裂は6月中旬に停止する．したがって，果皮の厚さは6月中旬までは主にアルベドの細胞分裂によって増加し，それ以降は主に細胞肥大によって増加する．

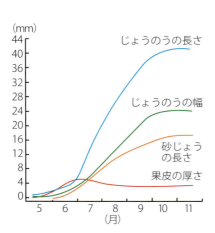

図 2-15 ウンシュウミカン果実の各部分の成長曲線
（倉岡唯行・菊池卓郎：『園学雑』，1961）

じょうのう（内果皮）は果皮の成長よ

り遅れて6月下旬以降に急速な成長を示す．砂じょうは柄によってじょうのうに固着している．外側は2〜3層の表皮におおわれ，内部に果汁を満たしている．砂じょうは6月までは主に細胞分裂によって成長し，それ以降は主に細胞肥大によって成長する．例えばタンカンの場合，砂じょうの発育は奄美大島＞屋久島＞鹿児島の順で，秋季遅くまで気温が高い場合には，砂じょう長も砂じょう重も大きくなるので，果実が大きい一因になっている．

3）果実の成熟と可食成分

柑橘類の成熟果実の成分では，水分が最も多くて85〜90％を占める．残りの10〜15％が有機物であり，有機物で最も多量に含有されているのは糖と有機酸である．その他，アミノ酸，タンパク質，脂質，繊維，色素，無機物が含まれている．これらの中で最も食味に関係するのは，糖と有機酸の含量と比率（糖酸比）である．

（1）果実の糖度と有機酸含量の推移

柑橘類の糖は還元糖（フルクトースとグルコース）と非還元糖（スクロース）で，果実が未熟な8〜9月には還元糖が多いが，10月以降になるとスクロースの増加が著しく，成熟時にはスクロース含量が総糖含量の60％以上を占める．

柑橘類の有機酸は三塩基酸（カルボキシル基；−COOHを3個持つ）のクエン酸（$C_6H_8O_7$）が主体であり，二塩基酸のリンゴ酸（$C_4H_6O_5$）がわずかに含有されている．クエン酸の含量は7〜8月にピークを示したのち，急激に低下し，成熟期にはほぼ一定になる．リンゴ酸は成熟が進むに伴ってわずかに増加する（図2-16，2-17）．その他に，イソクエ

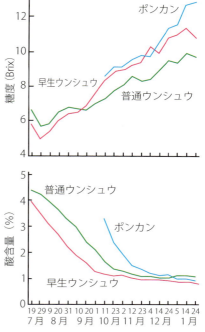

図2-16 ウンシュウミカンとポンカンの果実の糖度と酸含量の推移（1973〜1974）

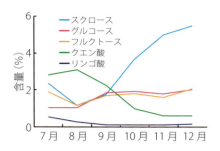

図 2-17 屋久島ポンカンにおける糖と有機酸の含量の時期別変化（2005）

ン酸，ピルビン酸，コハク酸などが微量に含まれている．有機酸は早生の種類で減酸が早く，秋季が高温であると減酸が早い．したがって，九州などの西南暖地のウンシュウミカンでは減酸が早く，果肉先熟現象が見られる．

(2) 果実中のその他の成分

柑橘類の果実には糖と有機酸以外にも多くの成分が含有され，それらによって特有の味となっている．アミノ酸類として，ウンシュウミカンには約 20 種類（2 種類のアミドを含む）が含まれている．総アミノ酸含量は，果実が成熟するに伴って徐々に増加する．果実が未熟な時期には，アスパラギン，アスパラギン酸，グルタミン，グルタミン酸などが多いが，成熟するに伴って減少する．一方，プロリン，アルギニン，γ-アミノ酪酸などは増加する．その他の成分としては，アスコルビン酸（還元型はビタミン C）やペクチンが含有される．

柑橘類の香気成分は炭化水素であるテルペン類であり，精油として油胞に含まれている．その大部分はリモネンで，その他に γ-テルピネン，α-ピネン，β-ピネン，ミルセンなどが含まれ，種・品種特有の香りを構成している．

柑橘類の苦み成分は，トリテルペノイド誘導体であるリモノイド系のリモニン，ノミリンなどと，フラボノイド系のナリンギン，ネオヘスペリジンなどである．ナリンギンは，グレープフルーツ，ナツダイダイ，ハッサク，ブンタンなどの苦みの主成分であり，ミカンとスイートオレンジの果肉中には含まれていない．

柑橘類の色素は主としてクロロフィルとカロテノイドであり，アントシアンはブラッドオレンジに存在するのみである．果実が未熟なときにはクロロフィルの含量が高いが，成熟が進むに伴って減少する．その減少速度は気温が 15℃以下で早く，カロテノイドの色調が早く現れる．一方，気温が 15℃以上ではクロロフィルの分解が遅れ，カロテノイドはクロロフィルの緑色にマスクされて着色が遅れるので，九州などの西南暖地では，秋季の気温の低下が遅れると，果肉先熟現象が発生しやすい．

5．栽培管理と環境制御

1）栽培環境

（1）栽培適地

　昔から，柑橘類の園地は日照条件や排水性，気温の逆転層などを考慮して斜面に開園されることが多かったが，近年は機械化などの作業性のために，平坦地や緩傾斜地での開園が多くなったものの，高品質な果実を生産するという面から見ると，緩傾斜地での栽培が最も望ましい．

　植付けは，土壌侵食防止のために等高線植えされる．保水性および排水性に十分配慮した排水溝や作業道の設置なども行われるようになっている．また，高品質果実の生産を目的として，マルチやドリップイリゲーションなどの設置（マルドリ方式，図2-18）も行われるようになっている．

　柑橘類の植付けに最も適した時期は，萌芽前の3月下旬〜4月上旬であるが，近年は不織布のポットなどを利用して大苗育苗をする場合も多く，灌水施設さえあれば，冬季を除いて周年可能である．

　栽植距離は初期の収益性に大きく影響するので，種および品種，土壌の肥沃度などに注意しながら，成木の2〜4倍の本数で植え付け，その後，計画的に縮伐や間伐を組み合わせていく計画密植栽培を行うことが普通である．

　わが国の柑橘類はいろいろな土壌に栽培されているが，ほとんどの土壌で栽培可能であるものの，保水性と排水性のよいことが望ましい．わが国の柑橘類の主要台木であるカラタチはやや酸性の土壌に適しており，土壌pHは5〜6程度が望ましい．

（2）気　　温

　栽培に最も影響が大きいのは，気温

図2-18　柑橘園のマルドリ栽培方式

の中でも冬季の最低気温である．冬の最低気温は樹体の寒害，凍結および枯死などを招くだけでなく，果実が樹上で越冬するようなアマナツやバレンシアオレンジのような中晩生柑橘類では，樹体が寒害を受けるよりもやや高い温度で果実にス上がりや苦味が発生して，商品価値が全くなくなる場合も多い．農水省が示している『果樹農業振興基本方針』（表2-3）によると，柑橘類の中で最も低温に強いのはカボスやユズなどの香酸柑橘類であり，次いでウンシュウミカン，イヨカン，ハッサクの順である．

　柑橘類の耐寒性は発育ステージによって大きく異なり，枝葉が生育している時期には非常に弱い．果実の肥大には，春から秋の果実発育期の気温の影響が大きく，着色などの果実品質には夏と秋の気温の影響が大きい．

　冬季の凍害は冷気が停滞するようなところで発生し，寒風害は寒風によって乾燥，脱水して発生するので，傾斜地で多い．そして，無風および快晴のとき，結実過多などで樹体の栄養状態が不良になっている場合，窒素過多などで生育が旺盛過ぎる場合，冷気が停滞しやすい場所，防風垣がなくて寒風が直接当たるところなどで凍・寒害が起こりやすい．したがって，凍・寒害を防ぐには，耐寒性品種を選ぶ，台木を選ぶ（カラタチ＞ユズ＞ナツダイダイ＞ラフレモンの順で耐寒性が高い），健全な樹を育てる，適地に植える（気温の逆転層の利用など），コモかけをする，土壌を適湿にする，傾斜地では防風垣の裾枝を空ける，平坦地ではヒーターやウインドマシン（ファン）を設置するなどが考えられる．

　一方，夏季，特に開花から成熟・収穫期までの果実の発育期の気温も，樹体の生育と果実の発育や果実品質に影響する．柑橘類の果実の肥大成熟に必要な温度として，積算温度の概念が

表 2-3　主要柑橘類の栽培適地の目安

種類または品種	年平均気温	冬季の最低気温
ユズ	12℃以上	−7℃以上
カボス スダチ	14℃以上	−7℃以上
ウンシュウミカン	15℃以上	−7℃以上
イヨカン ハッサク ネーブルオレンジ	16℃以上	−5℃以上
アマナツ 河内晩柑 清見 三宝柑 不知火（デコポン） セミノール ヒュウガナツ ブンタン	16℃以上	−3℃以上
ポンカン	17℃以上	−3℃以上
タンカン	18℃以上	−3℃以上

（農林水産省：『果樹農業振興基本方針』，2010）

図 2-19 夏秋季の高温で発生するウンシュウミカンの障害
左：日焼け，右：浮き皮．

用いられる場合が多い．しかも，その積算温度の計算には 0℃ではなく，10～13℃以上の気温が用いられる場合が多い．しかし，柑橘類は生育期の気温が必ずしも高いことを好まない．例えば，ウンシュウミカンの生育適温は年平均気温 15℃以上，ブンタン類は 16℃以上，ポンカン類では 17℃以上，タンカンでは 18℃以上とされているが，夏秋季の高温は果実の過剰な肥大，糖度や酸含量の低下，着色不良などの他，果皮の日焼けや浮き皮を引き起こし，高品質果実の生産面から見てマイナスである（図 2-19）．果皮のクロロフィルの分解は 15℃以下で促進されることから，夏秋季の夜温が高く推移しがちな九州などの西南暖地では，果肉先熟現象が発生する．

(3) 降 水 量

柑橘類は常緑果樹であり，年間を通して水分を必要とするが，特に生育期には蒸発散量も多い．柑橘類の年間必要水量は 10a 当たり 700t（700mm の降雨相当量）前後である．わが国の柑橘産地の多くは 2,000mm 内外の降雨量があるから，通常は天然の降雨量だけで十分であるが，梅雨や台風，秋雨による場合が多い．したがって，夏季には乾燥することも多く，降雨量が少ない瀬戸内地方などでは灌水が必要な場合もある．近年のわが国の柑橘栽培では高品質果実の生産が主体になっており，施設栽培やシートマルチ栽培で「水切り」と灌水をコントロールすることによって，糖度や酸含量の調節を行うことも多くなっている．

(4) 光

柑橘類の樹冠全体の光合成速度は 4～5 万ルックスで飽和するので，晴天日

の樹冠表面は光飽和の状態になっている．また，単葉の光補償点は2,000〜3,000ルックスであるから，剪定の行き届いた樹では樹冠内部でも散乱光によって十分な光合成を行うことができる．しかし，年間降雨量が多いわが国の柑橘産地では長い降雨時に日照不足に陥ることも多い．例えば，開花直後の幼果期が梅雨時期に当たるので，日照不足が落果を助長する．わが国でワシントンネーブルが結実しにくいのは，幼果期の日照不足が大きな原因である．

一方，ウンシュウミカンなどでは強い日射による日焼けを起こすことがあるので，特に，結果層が樹冠表面に集中する極早生ウンシュウでは，地球温暖化の進展とともに深刻な問題となっている．

(5) 風

果実の日焼けは無風下で発生が多く，光合成の面からも微風は樹体に好ましい．しかし，台風や季節風による強風は，特に太平洋側に面した柑橘類の栽培地帯において，樹体の倒伏，枝折れ，落葉，落果などの被害を及ぼす．風向きによっては海水を吹き上げて，いわゆる潮風害を引き起こす．冬季の季節風は，葉から強制的に水分を奪い，寒風害を引き起こし，春の季節風は風ずれ果やかいよう病発生の原因となる．したがって，柑橘園の開園に当たっては，風当たりの強い場所を避けるとともに，防風林や防風垣の設置を行うことが重要である．

2）栽培管理

(1) 土壌表面の管理

わが国の柑橘園は，年間降雨量が約1,300mmの瀬戸内地方から，2,000mm以上の多雨地帯に分布していて，梅雨，台風，秋雨などのように集中的な降雨が多い．一方では，高品質果実生産の面から果実の発育ステージによって「水切り」や灌水などの作業を行うことも必要である．このような面から，春〜秋にかけて途切れなく発生する雑草の適正な管理を行うことは，土壌侵食や流亡を防ぎ，土壌の物理的・化学的・生物的条件の改善，果樹と雑草との養水分の競合防止などの点からも重要である．基本的な地表面の管理方法には，清耕法，草生法（草生敷き草法），マルチ法があり，これらを組み合わせて行う場合もある．

(2) 施肥と水の管理

施肥量…柑橘類の根や枝葉の成長は累積的に毎年行われること，果実は収穫後に園外に持ち出されることから，施肥量は以下のように決定される．

$$施肥量 = \frac{(毎年の樹体生育量 + 果実持出し量) - 天然供給量}{肥料の吸収率}$$

果実持出し量は，果実1t当たり窒素（N_2）2kg，リン酸（P_2O_5）0.6kg，カリウム（K_2O）2kg程度である．また，樹体生育量は樹齢や種および品種によって異なり，天然供給量も土壌によって異なる．したがって，各都道府県の施肥基準を参考に，樹体の生育状況や結実量などを観察して施肥量を決定する．

施肥時期…施肥は，根や枝葉および果実の発育ステージ（図2-20）に合わせて施用することが重要である．すなわち，養分吸収の時期別変化や樹勢および結実量に合わせて適期に施用する．柑橘類においては，新梢の成長が旺盛な春～初夏にかけて，N，P，Kが多量にかつ長期間ゆっくりと吸収され，果実は発育が旺盛な8～9月に最も養分を吸収するという特性があることから，春肥（元肥），夏肥（実肥）および秋肥（礼肥）の3回に分けて分施することが多い．

春肥（元肥）は，樹体の全生育期間の成長をバランスよく進行させ，新梢の充実を図り，ひいては果実の発育や成熟，花芽分化などにも好影響を及ぼす目的で，萌芽前の2月下旬から4月上旬に，緩効性肥料を比較的多量に施用する．

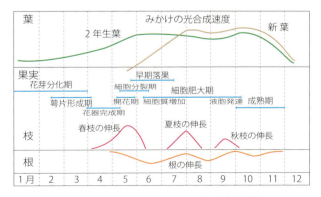

図2-20 ウンシュウミカンの器官別成長パターン
(門屋一臣:『果樹園芸大百科1 カンキツ』，農山漁村文化協会，2000)

夏肥（実肥）は，果実の発育や成熟を良好にするために，カリとリン酸中心で窒素の割合が低い肥料を果実の発育初期の6月中～下旬に施用する．果実品質の向上を図るために，特に窒素の遅効きを避ける目的で速効性の化成肥料を中心に施用する．

秋肥（礼肥）は，果実収穫後の速やかな樹勢回復，耐寒性の付与や花芽分化を目的に，普通ウンシュウでは収穫1～2週間前に，早生ウンシュウでは収穫後直ちに施用する．地温が12℃以下では吸収速度がきわめて遅くなるので，速効性の化成肥料を中心に施用する．果実が樹上で越冬する中晩生柑橘類では，普通ウンシュウと同じ時期に施用する場合が多い．

施肥方法…一般に，柑橘類において細根は主幹近くにはほとんどなく，樹冠外縁部の深さ30～40cmに多く分布することから，施肥は樹冠外縁部に行われる．根が傷んでいる場合や微量要素欠乏症などが現れている場合には，葉面散布が行われることがある．例えば，尿素（$CO(NH_2)_2$），リン酸アンモニウム（$(NH_4)_3PO_4$），第一リン酸加里（KH_2PO_4），第一リン酸石灰（$Ca(H_2PO_4)_2$）などが用いられ，それぞれ0.5％程度の濃度で散布される．尿素の葉面散布によって，結実歩合の増加，翌年の着花数の増加，冬季の落葉数の減少などの効果が認められている．リン酸の葉面散布では，果実の着色がよくなり，花芽分化が促進される．この他に，ホウ素，銅，亜鉛，モリブデン，鉄，マンガンなどの微量要素が葉面散布されることもある．

水管理…柑橘類において最も水分を必要とする時期は果実発育期の4～10月で，灌水が必要な年や地域もある．灌水の目的は夏季の果実肥大促進が主体であり，秋季の灌水は果実の糖度低下を招くので，避けるべきである．

灌水の方法としては，全面灌水（流し込み灌水）と局部灌水（ドリップ灌水）があるが，全面灌水は灌水量が多量に必要なこと，土壌の乾湿のコントロールが難しいことから，最近は局部灌水が主体となっている．近年は，糖度と酸含量をコントロールし，高品質果実を生産する目的で，露地栽培，ハウス栽培ともに，ドリップイリゲーションの導入が増加しており，不織布マルチとドリップイリゲーションを組み合わせたマルドリ栽培も増加している．

灌水量の計算は以下のように行われる．

$$\text{灌水量 (mm)} = \frac{((\text{圃場容水量} - \text{水分当量}) \times \text{土壌容積比重} \times \text{根群分布の深さ})}{100}$$

圃場容水量は土壌の種類によって異なっているが，だいたい pF = 1.5 ～ 2.0 の範囲にあり，通常は pF = 1.8 として扱われる．水分当量（萎れ点）は，重力の 1,000 倍に抵抗して保持できる土壌水分で pF = 2.7 ～ 3.0 であり，果実肥大が停止し始める点である．テンシオメーターの pF 値は土壌の種類，測定地点での変動も大きいので，葉や果実の萎凋程度などを観察しながら，1 回に 20 ～ 30mm を基準として，降雨後 15 ～ 20 日目に 1 回，その後も降雨がない場合は 7 ～ 10 日に 1 回程度の灌水を行う場合も多い．

3）整枝と剪定

（1）整枝と剪定の目的

柑橘類での整枝とは，支柱や添え木などの資材を用いて，誘引や結束などの手段で樹形を作ることであり，剪定とは，樹形を整え，萌芽や結実を調節することを目的として枝や幹を切ることである．整枝と剪定の目的は，①樹高が高くなりすぎて枝が混み合い管理作業が困難になるのを防ぐ，②樹冠内部まで日光を透過させて光合成能力を高め，風通しをよくして病害虫の発生密度を低下させる，③高品質果実の連年安定多収を目的として樹の栄養成長と生殖成長の均衡を保つ，④骨格を整理して多量の果実を支え，強風や積雪に耐えられる樹形にすることなどである．

一般に，柑橘類は頂芽優勢性が弱いので主幹は立ちにくく，基部から多数の枝が分岐，開張しやすいので，①結果層が表層だけで薄くなり果実の生産性が低い，②主枝の本数が多いので骨格が弱くなる，③隔年結果しやすい，④防除や収穫などの管理作業に不便であるなどの欠点がある（図 2-21 左）．これらを避けて効率的な樹形にするには，開心自然形が最も無理がなく，空間と地積の利用率を高めることができる（図 2-21 右）．ただし，開心自然形は主枝が 3 方向に出ることから病害虫防除を行う場合のスピードスプレーヤーや除草機（モアー）の走行に不向きであること，品種更新の樹齢が早く若木での改植などが行われるようになったことから，近年では柑橘類でも 2 本主枝や主幹形などの樹形を採用する場合も見られる．

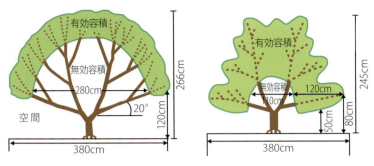

図 2-21 無剪定樹（左）と剪定樹（右）

　柑橘類は大木性で寿命が長いことから，整枝時の骨格作りはきわめて重要である．樹勢が強いと春と夏，場合によっては秋の3回新梢が発生するので，特に剪定時には，剪定後にどのように枝が発生するかを考える必要がある．

(2) 剪定の実際

　苗木を植えた直後の若木の時代は，整枝を中心にして基本骨格を作る．一般的に，主幹の高さは20cm前後，主枝は3本程度，亜主枝は1主枝当たり2～3本とし，樹冠上部から見た場合に3本の主枝の間隔が120°に分枝するように作る（図2-22）．

　剪定は，若木の骨格作りが終わって，開花および結実するようになってから行う場合が多い．すなわち，樹冠内部に光を入れて，内部枝の枯込みを防ぎ，樹形

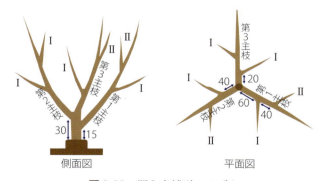

図 2-22 開心自然形のモデル
Ⅰ：第1亜主枝，Ⅱ：第2亜主枝，数字は長さ（cm）を表す．

を乱さないでかつ立体的にして樹冠表面積を広げるように行うが，その場合，間引き剪定（thinning-out pruning）と切り返し剪定（heading-back pruning）を併用しながら，枝葉の成長と着花および結実のバランスをとるように行う．

　切り返し剪定は枝を途中から切って短くする切り方で，切り返した枝の下から新梢が発生して樹勢が強くなることから，着花量が多くて枝葉の発生が少ない場合や，樹勢が弱い樹で行われる．一方，間引き剪定は枝をその分岐点から切り除く方法で，新梢の発生が少なくなるので樹勢は低下する．したがって，樹勢が強すぎる樹や着花量が少ない場合に行われる．

(3) 剪定の時期

　剪定は芽が動かない冬季に行うのが最もよい．ただし，寒害の危険のある地域では枝と葉を密生させている方が被害が軽いので，厳寒期が過ぎてから萌芽するまでの間に行うのがよい．また，中晩生柑橘類で果実が樹上にある場合，細かい剪定は収穫後が適する．一般に，剪定は若芽を傷つける恐れがあったり，切り返された枝の萌芽が遅れたり，光合成能力の高い新葉を多数失う恐れがあるので，夏季に剪定は行われない．しかし，翌年に花芽を着ける結果母枝を確保するために初夏までに剪定が行われる場合もあるし，ハウスミカンでは夏季剪定が行われる場合もある．

4）収穫と貯蔵

(1) 収　　　穫

　柑橘類では，果実の肥大が停止し，種・品種特有の着色，糖度，酸含量などに達すると，果実は成熟したことになる．しかし，柑橘類の果実では，リンゴなどのクライマクテリック型果実と異なって，明確な成熟期を判断するのが難しい．地域や品種によって異なるが，極早生ウンシュウでは9月中旬頃から，早生ウンシュウでは10月下旬頃から，普通ウンシュウでは11月下旬頃から収穫が可能である．中晩生柑橘類では寒害の危険を避けるために完熟期よりも早く収穫して貯蔵する場合もあるが，早く収穫しすぎると着色不良で，糖度は低く，酸含量が高い場合が多い．一方，ウンシュウミカンなどで収穫が遅れると浮き皮になりやすく，品種本来の味が損なわれるだけでなく，流通・貯蔵性が低下する．

(2) 予措と貯蔵

普通ウンシュウや中晩生柑橘類では，収穫後に貯蔵してから出荷されるものもある．貯蔵中に着色が進んだり，酸含量が減少する場合もあるが，糖度は僅かに上昇するだけである．したがって，貯蔵後，有利に販売するためには，貯蔵適性がある高品質の（完全着色であり，浮皮でない，糖含量が高く，酸含量もある程度高い，傷などが付いていない）果実を収穫して貯蔵することが重要である．

収穫前には，貯蔵病害である青かび病や緑かび病，さらにはハダニ類の防除を行い，健全な果実が貯蔵される．そして，貯蔵性を高めるために予措が行われる．予措の程度は種類によって異なるが，ウンシュウミカンでは，果皮を乾燥することによって3週間で3～5％程度減量し，貯蔵中の腐敗や減量を少なくする．なお，果皮の厚い種類では強めの，果皮の薄い種類では弱めの予措が行われる．種類によっては10℃程度の高温予措を行い，着色を向上させる方法もとられる．また，着色促進のためにエチレンガスで処理される場合もある．中晩生柑橘類では，ポリエチレンフィルム袋に入れて低温貯蔵される場合もある．

(3) 光センサーによる選果

柑橘類でも，非破壊で果実の糖度や酸含量を測定できる光センサー選果機が普及している．光センサー選果機は，非破壊で果実1個ずつの品質を測定して選果できることから，消費者に対して品質保証ができるので，平成10年頃から普及が広がって，わが国の柑橘類の生産に不可欠になっている（図2-23）．

図2-23 屋久島におけるポンカン，タンカンの光センサー選果風景

5）ハウス栽培

輸入品も含めて，年間供給される果実の種類が増加したこと，露地栽培のウンシュウミカンの生産量の大幅な増加に伴う価格暴落をきっかけとして，昭和40年代後半から早生ウンシュウの加温ハウス栽培が始まった（図2-24）．早生ウンシュウの加温ハウス栽培は加温開始時

期によって収穫時期をコントロールできることから，単価が露地ウンシュウの2倍以上になること，また単位面積当たりの収量が大幅に増加することなどから，収益性の大幅な向上につながって，平成の時代にかわった頃までに全国の栽培面積は1,500ha 近くまで増加した．その後，重油価格の高騰に伴って収益性が低下したので，平成10年代頃から早生ウンシュウの加温ハウス栽培面積は減少して，平成25年（2013）の全国の栽培面積は513ha，生産量は2万4,700tとなっている．栽培面積は，佐賀県＞愛知県＞大分県の順である．

図 2-24　硬質プラスチック加温ハウス（鹿児島県）

　ウンシュウミカンの価格低迷に伴って，中晩生柑橘類の育種が進み，栽培されている品種も大幅に増加した．それらの中晩生柑橘類も，高価

図 2-25　加温ハウス栽培の'不知火'（デコポン）の結実状況（鹿児島県）

格が期待できる高品質果実の安定生産やかいよう病の発生防止などの目的で，屋根掛け栽培や無加温ハウス栽培を含めた施設栽培が増加している．中晩生柑橘類の中で施設栽培面積が最も多いのは'不知火'（デコポン）である（図 2-25）．

6．主な生理障害と病害虫

1）生理障害

　柑橘類の主な生理障害として，落花（果），果実の温度障害と浮き皮，果肉先熟があり，4.1），4.3），5.1）で説明した通りである．

2）病　害　虫

　柑橘類の病害には，糸状菌，細菌，ウイルスやウイロイドによるものがある．これらのうち，糸状菌と細菌による病害は主として降雨によって伝染する．したがって，世界の柑橘類の生産地の中でも降雨量が多いわが国においては糸状菌や細菌による病害の発生は大きな問題で，その防除に要する費用も大きい．さらに，わが国の夏秋季には台風も常襲することから，強風による傷からの病原菌の侵入，降雨による防除薬剤の効果低減などの問題も大きい．

　糸状菌や細菌による病害…糸状菌による病害には，そうか病，黒点病，灰色かび病などがあり，これらは寄生した個所に菌核を作り，雨によって伝染および拡大する．細菌による病害としては，雨の多いわが国ではかいよう病が最も重要な病害である．最近，地球温暖化に伴い，カンキツグリーニング病の侵入が問題になっている．なお，そうか病やかいよう病は種および品種によって抵抗性や罹病性の程度が異なるので，抵抗性の種および品種を選択することが望ましい．

　ウイルスやウイロイドによる病害…難防除性の病害で，トリステザウイルス，温州萎縮病，モザイク病，タタリーフウイルス，エクソコーティスウイロイドなどがある．接ぎ木伝染，汁液伝染の他，媒介昆虫による伝染が一般的である．防除には．接ぎ木時にウイルスフリーの穂木を使用する，汁液で伝染しないように剪定ばさみなどを消毒することが基本である．媒介昆虫で伝染するケースでは，耐病（抵抗）性台木や弱毒性ウイルスの接種などが有効である．

　害虫…柑橘類の重要害虫としては，カイガラムシの他に，チャノキイロアザミウマ，ミカンハモグリガ，ゴマダラカミキリムシ，ミカンハダニ，ミカンサビダニなどがあげられる．カイガラムシとしては，ヤノネカイガラムシ，アカマルカイガラムシ，ミカンマルカイガラムシが重要害虫である．

　天敵利用…イセリアカイガラムシに対するベタリアテントウ，ルビーロウムシに対するルビーアカヤドリコバチの利用は昔から行われている．また，中国四川省から導入した2種類の寄生蜂（ヤノネキイロコバチとヤノネツヤコバチ）によって，ヤノネカイガラムシに対して顕著な防除効果があがっている．さらに，ゴマダラカミキリムシには,昆虫病原性糸状菌ボーベリア・ブロンニアティ（*Beauveria brongniartii*）を用いて成虫を防除する方法が開発されている．

第3章

リンゴ

1. 種類と分類

　リンゴは多くの国で栽培されている，世界で最も重要な果樹の1つである．リンゴの生産量が世界で最も多いのは中国（3,599万t）で，次いでアメリカ（472万t）で多い．わが国では，果樹の中でミカン（75.7万t）に次いでリンゴ（70.8万t）が多い．リンゴの主な生産県は青森県（40.3万t）と長野県（14.6万t）である．

　食品として利用されるリンゴには，主に生食用リンゴ（デザートリンゴあるいは甘いリンゴ）と，シードルや蒸留酒に用いられる酸味や渋味が強い加工用リンゴや調理用リンゴがあるが，これらの中では特に生食用リンゴの生産量が多い．わが国で栽培されているリンゴはほとんどが生食用で，加工品ではジュースが多いが，欧米ではシードルや蒸留酒，ジャムやソースなど，数多くの加工品が作られている．加工用に用いられるリンゴは，傷などによって生食用の販売に適さない果実や，酸味や渋味が強い品種，野生種や，野生種と栽培品種との交雑種など，さまざまである．リンゴ属の植物の中には，果実が食品として利用されるだけではなく，庭園木や街路樹として観賞用に利用される種類もある．また，リンゴを栽培するときの台木として，接ぎ木繁殖に用いられる種類もある．

1）自然分類

　リンゴはバラ科（Rosaceae）リンゴ属（*Malus* 属）の植物である．基本染色体数は x＝17 で，栽培されている主要品種は，二，三，四倍体である．栽培品種の多くは *Malus* × *domestica* Borkh. に分類される（表3-1）．これは，栽培品種の起源が単一の野生種に由来するのではなく，数種の交雑によって生まれたことから

表 3-1 園芸的に利用されている主なリンゴ属の植物

和　名	学　名	原産地, 分布	用途など
リンゴ	*Malus × domestica* Borkh.		栽培リンゴ（生食用, 加工用）
	M. sieversii (Lab.) Roem	中央アジア	栽培リンゴの基本種
	M. sylvestris Mill.	西ヨーロッパ	栽培リンゴの基本種
ワリンゴ	*M. asiatica* Nakai	中　国	日本の古いリンゴ
エゾノコリンゴ	*M. baccata* Borkh.	中国～日本	日本の野生種
マルバカイドウ	*M. prunifolia* Borkh.	中　国	台　木
ミツバカイドウ	*M. sieboldii* Rehd.	日　本	台　木
ハナカイドウ	*M. halliana* Koehne	中　国	観賞用
ヒメリンゴ	*M. × ceresifera*		観賞用

命名されたが, *M. pumila* Mill. が正しいとする説もある. *Malus* 属の植物はアジア大陸からアメリカ, イギリス, 日本に広く分布している. *Malus* 属は, *Malus*, *Sorbomalus*, *Docyniopsis*, *Eriolobus* の4区に分けられて, 約30種ある. リンゴは自家不和合性であることと, 長年のさまざまな交雑によって多くの交雑種が誕生しているので, 種の分類と同定は難しい.

2）原産と来歴

　現在栽培されているリンゴは, 中央アジアからヨーロッパにかけて自生していた数種の *Malus* 属が交雑して誕生したことが, 近年の遺伝子解析からも明らかにされている. 中央アジアの天山山脈原生の野生種 *M. sieversii* が最初に栽培化され, 人々の交流に伴ってシルクロードを西に移動しながらシベリアの *M. baccata* Borkh., コーカサスの *M. orientalis* Uglitz., ヨーロッパの *M. sylvestris* Mill. などと交雑して, 現在の栽培種（*M. × domestica*）が生まれたと考えられている. ヨーロッパで栽培されているシードル用のリンゴは, 遺伝子解析の結果から, *M. sylvestris* Mill. 起源ではなく, 生食用のリンゴ（*M. × domestica*）に近縁であると考えられている.

　人々がリンゴの果実を利用していた歴史は古く, ヨーロッパでは紀元前6500年頃の新石器時代や青銅器時代の遺跡から, 野生のリンゴを収集して利用していた痕跡が発見されている. 人々の移動と交流によって中央アジア起源のリンゴも西方に移動し, ギリシア時代にはすでにリンゴを含むさまざまな果物が果樹園で栽培されていた記録が残されていて, ローマ時代にリンゴのさまざまな品種が広

く栽培されるようになった．そして，13世紀にはリンゴの栽培がイギリスやフランスなどのヨーロッパ一帯に広まり，17世紀には少なくても120品種が記載されていた．

　16～17世紀のヨーロッパ諸国の植民地政策に伴って，リンゴも南アフリカやオーストラリア，カナダ，アメリカなどに広まった．アメリカ大陸に伝えられたリンゴの実生の中からは，現在でも栽培されている優れた品種が生まれた．リンゴの多くは自家不和合性であるために，種子繁殖では親の形質と異なる多様な子孫が生じることがかなり古くから知られていたようで，繁殖にひこばえを利用することや，親の形質を保って繁殖するための接ぎ木の技術が，紀元前1500年頃にはすでに発達していたとみられている．また，その頃には，矮性系統の存在も知られていたようである．

　わが国において現在のような改良品種群（*M.×domestica*）の栽培が本格的に始まったのは，明治5年（発注したのは明治4年から）と6年に，開拓使がアメリカからリンゴの75品種を含むさまざまな果樹の苗木を購入したときからである．明治7年には，フランスからもリンゴを含むさまざまな果樹の苗木が輸入されている．それまでは，中国から鎌倉時代に伝来したとされる和リンゴあるいは地リンゴと呼ばれるリンゴがあったが，これは中国を起源とする*M. asiatica*で，果実は小さく味もよくなかったので広く栽培されることなく，家庭果樹として植えられ，一部の地域で盆の装飾用に利用されていたにすぎない．この和リンゴに対して，明治時代になってから輸入されたリンゴを西洋リンゴあるいはオオリンゴと称していたが，その後間もなく，単にリンゴと呼ばれるようになった．

2．育種と繁殖

1）主な穂木用品種の種類と特徴

　わが国で栽培されているリンゴ（*Malus×domestica*）の主要品種は，果実の成熟期と果実表皮の色（果皮色）によって表3-2のように分類されている．

　最近まで明治時代に導入された品種が多く栽培されていて，主な導入品種は表3-3のように示される．ヨーロッパやアメリカなど，世界のリンゴ栽培地帯では

'Golden Delicious', 'Red Delicious', 'Gala', 'ふじ', 'Granny Smith' が多く，中国では 'ふじ' が最も多い．

表 3-2　果実の成熟期と果皮色によるリンゴ品種の分類

成熟期	果皮色	品種	育成地	育成年	果実の特徴
早生	赤色	つがる	青森県	1975年	円形〜長円形，酸味が少ない，後期落果やや多い
		さんさ	岩手県	1988年	円錐形，さびの発生やや多い，甘酸適和
		シナノレッド	長野県	1997年	長円形，多汁，酸味がやや多い
	黄色	きおう	岩手県	1994年	円形，多汁，裂果の発生あり
中生	赤色	千秋	秋田県	1980年	円形〜円錐形，肉質が緻密，酸味がやや多い，裂果の発生あり
		ジョナゴールド	アメリカ	1968年	円形，大果，着色良好，酸味がやや多い，豊産性
		シナノスイート	長野県	1996年	長円形，多汁，酸味が少ない
		陽光	群馬県	1981年	円形〜長円形，着色良好，果面にワックス発生
	黄色	シナノゴールド	長野県	1999年	長円形，多汁，貯蔵性に優れる
晩生	赤色	ふじ	青森県	1962年	円形，多汁，甘酸適和，蜜が入る，貯蔵性に優れる
	黄色	王林	福島県	1952年	卵形，肉質が緻密，酸味が少ない
		金星	青森県	1972年	円形〜円錐形，さびの発生多い，酸味がやや少ない

表 3-3　リンゴの主な導入品種

品種名	日本名	育成地	育成年(発見年)	果実の特徴
American Summer Pearmain	祝	アメリカ	1817年	早生，円形，赤色縞状に着色，果汁やや少ない
Red Astrachan	紅魁	旧ソ連	不明	早生，偏円〜円錐形，鮮紅色に着色，肉質が粗，酸味が多い
Jonathan	紅玉	アメリカ	不明	中生，円形，やや小果，着色良好，酸味が多い，芳香あり
Delicious	デリシャス	アメリカ	不明	中生，長円錐形，濃い紫紅色に着色，酸味が少ない，蜜が入る
Starking Delicious	スターキングデリシャス	アメリカ	1921年	Deliciousの着色性枝変わり品種，原品種より濃い紫紅色に果皮が着色する．他の特徴はDeliciousと同じ
Golden Delicious	ゴールデンデリシャス	アメリカ	1914年	中生，長円形，さびの発生が多い，肉質がやや緻密，豊産性
McIntosh	旭	カナダ	1796年	中生，偏円形，果粉多い，肉質が緻密，甘味やや少ない
Ralls Janet	国光	アメリカ	不明	晩生，円形，やや小果，食味やや淡白，貯蔵性に優れる

(1) 成熟期による分類

果実の成熟期の早晩によって，早生品種，中生品種，晩生品種に分けられる．

早生品種とは，満開後日数が 120 日以下の品種が該当する．収穫後の貯蔵性が劣り，甘味の少ない品種が多い．この傾向は，極早生品種（満開後日数が 90 日以下の品種）で顕著である．中生品種とは，満開後日数 120 〜 165 日の品種が該当し，品種数が多い．果実の大きさ，形状，肉質，果汁の多少，甘味の多少，酸味の多少，香気が変異に富んでおり，早生品種と比べると果実の甘味が多く，貯蔵性が高い．晩生品種とは，満開後日数が 165 日以上の品種が該当する．北海道などの寒冷地では果実が十分に成熟しない場合もある．果実の甘味が多く，食味は全般に濃厚である．果実の貯蔵性に優れる品種が多いことも，晩生品種の特徴である．

(2) 果皮色による分類

リンゴの果実の表皮（本当は果托の表皮であるが，便宜的に果皮と表されることもある）の色は，幼果時に多くの品種において緑色であるが，成熟時には黄色ないし赤色にかわるので，果樹園芸ではこの現象が果皮の着色と呼ばれる．リンゴの品種は，成熟期における果実の表皮の色（果皮色）によって，赤色品種と黄色品種に大別される．赤色品種では，果皮の細胞にアントシアニンが蓄積して成熟時に赤く着色する．着色程度に品種間差があり，'スターキング・デリシャス'，'陽光'，'秋映'では容易に果皮が濃厚に着色するのに対して，'ふじ'，'つがる'，'北斗'では着色しにくい．黄色品種では，果皮の細胞でのアントシアニン蓄積量が少ないので，成熟時には果皮のクロロフィルの分解および減少によって黄緑色ないし黄色に着色する．黄色品種であっても，陽光面の果皮は淡い赤色に着色し，その程度は品種によって異なる．例えば，'きたろう'は陽光面の果皮が赤く着色しやすいのに対して，'王林'ではほとんど着色しない．

(3) 用途による分類

果実の用途によって，生食用品種，調理用品種，加工用品種に分けられる．

生食用品種は甘味が多く，酸味が少なく，果肉の歯切れがよいなどの特徴があ

る．わが国で栽培されているリンゴのほとんどは生食用品種である．調理用品種は果肉が緻密で，加熱しても崩れにくい，酸味が多いなどの特徴がある．生食用と調理用の兼用品種では 'Jonathan'（日本名は '紅玉'）や 'Granny Smith' があり，その他には 'Bramley's Seedling'，'York Imperial'，'Rome Beauty' などの品種がある．加工用品種は果肉中のタンニン含量が多く，渋みが比較的強いなどの特徴があり，サイダーなどの原料として用いられる．加工用品種として 'Harry Masters Jersey'，'Yarlington Mill' などの品種がある．

2）台木の種類と特徴

リンゴの台木としてわが国で利用されているリンゴ属の植物は，ミツバカイドウ（*M. sieboldii* Rehd.，別名ズミ，サナシ），マルバカイドウ（*M. prunifolia* Borkh. var. *ringo* Asami，別名キミノイヌリンゴ，セイシ），パラダイス（*M. pumila* Mill. var. *paradisiaca* Schneid.）およびその後代の矮性台木用品種・系統群である．ヨーロッパ，アメリカ，カナダなどでパラダイスを親とする台木用品種の育種が進められており，わが国でもマルバカイドウ 'セイシ' と M.9 の交雑によって，JM 系統（育成者：(独)農研機構果樹研究所（盛岡））や青台系統（育成者：青森県）の，矮性台木用品種が育成されている．

ミツバカイドウ…東北地方や北海道の山野に自生している落葉性木本植物である．葉は比較的大きく，3 裂する葉を着生することが多い．果実は紅色で直径 6〜8mm と小さく，萼は果実の成熟期に離脱する．台木として用いる場合は種子繁殖が行われる．穂木用品種との親和性は良好で，接ぎ木された樹の生育は強勢となる．深根性で細根は少ない．今日ではミツバカイドウを台木とする栽培はほとんど行われていないが，明治時代から昭和 30 年代までよく利用されていた．

マルバカイドウ…中国原産の落葉性木本植物である．葉は切込みのない楕円ないし短楕円形，果実は黄色で直径 2cm 程度，萼は果実の成熟期でも離脱しない．台木として用いる場合は，挿し木などの栄養繁殖が行われる．樹姿が直立性の系統と枝垂れ性の系統があり，枝垂れ性の系統は挿し木発根性が優れている．穂木用品種との親和性は良好で，接ぎ木された樹の生育は半強勢となる．深根性で土壌適応能力が高く，耐干性や耐湿性に優れる．平成 23 年現在では，わが国で栽培されているリンゴ樹の 68％で用いられている主要台木である．アブラムシの

一種であるリンゴワタムシ抵抗性である.

　パラダイス…ヨーロッパ〜中央アジア原生の落葉性木本植物である．葉は卵形ないし楕円形．果実は黄色で直径 2 〜 3cm 程度である．萼は果実の成熟期でも離脱しない．台木として用いる場合は，盛り土法による取り木などの栄養繁殖が行われる．台木として用いた場合に矮化能力の異なる系統が含まれており，最もよく知られた系統が M.9（Malling Ⅸ）である．M.9 は，イギリスのイースト・モーリング試験場（East Malling Research Station）で収集されたパラダイスから 1914 年に選抜された系統である．この系統は，フランスで矮性台木として 1879 年に見出されて Jaune de Metz と呼ばれていたが，現在は M.9 と呼ばれている．M.9 は本来，複数のウイルスに混合感染している在来系統である．M.9 から 4 種類のウイルスを無毒化した M.9A，M.9 から既知の潜在ウイルスをすべて無毒化したとされる M.9EMLA（East Malling-Long Ashton 9）などの系統が各国で利用されている．M.9 を台木として接ぎ木された樹の大きさは，リンゴ栽培品種の共台と比較した場合の 30 〜 40％程度である．

　その他の主要な矮性台木用品種は次の通りである．

　M.26（Malling 26）…イースト・モーリング試験場で，M.16 に M.9 を交雑して得られた実生から選抜され，1959 年に公表された品種である．M.26 を台木として接ぎ木された樹の大きさは，M.9 を台木とした場合より多少大きくなり，リンゴ共台の場合の 40 〜 50％程度である．根は浅根性で，もろい．

　M.27（Malling 27）…イースト・モーリング試験場で，M.13 に M.9 を交雑して得られた実生から選抜され，1975 年に公表された品種である．M.27 を台木として接ぎ木された樹の大きさは，M.9 を台木とした場合より小さくなり，リンゴ共台の場合の 20 〜 30％程度である．根は浅根性で，もろい．

　MM.106（Malling-Merton 106）…イースト・モーリング試験場とイギリスのジョン・インネス試験場（John Innes Horticultural Institute）との共同研究によって，'Northern Spy' に M.1 を交雑して得られた実生から選抜され，1952 年に公表された品種である．MM.106 を台木として接ぎ木された樹の大きさは，リンゴ共台の場合の 60 〜 70％程度である．リンゴワタムシに対して抵抗性である．

　JM1…農林水産省果樹試験場盛岡支場（当時）で，マルバカイドウ 'セイシ' に M.9 を交雑して得られた実生から選抜され，平成 11 年に登録された品種であ

る．JM1 を台木として接ぎ木された樹の大きさは，M.9EMLA を台木とした場合より多少小さくなる．挿し木繁殖が可能である．リンゴワタムシに抵抗性であり，台木部に発生しやすい根部疫病に対して抵抗性を有するが，リンゴ高接病ウイルスの一種であるリンゴクロロティックリーフスポットウイルス（Apple Chlorotic Leaf Spot Virus，略称 ACLSV）には罹病性である．

　JM7…JM1 と同じく，農林水産省果樹試験場盛岡支場（当時）で，マルバカイドウ 'セイシ' に M.9 を交雑して得られた実生から選抜され，平成 11 年に登録された品種である．JM7 を台木として接ぎ木された樹の大きさは，M.9EMLA を台木とした場合より多少小さくなる．挿し木繁殖が可能である．リンゴワタムシに対して抵抗性で，根部疫病に対しても抵抗性を有する．ACLSV 抵抗性なので，現時点においては最も有望な台木用品種である．

3）今日栽培されている主要品種の育成経過と特性

　わが国で栽培されているリンゴの品種数は多いが，その中で今日において生産量の多い品種を 2 品種ずつ選び，果実の成熟期別に特性を述べる．

(1) 早生品種

　'つがる'…青森県りんご試験場で 'ゴールデン・デリシャス' の実生から選抜され，昭和 50 年に登録された品種である．当初，花粉親は不明であったが，DNA マーカー遺伝子型に基づく品種鑑定の結果から，花粉親は '紅玉' と特定されている．育成地の青森県で 9 月中〜下旬に成熟し，果皮は淡紅色に着色する（図 3-1A）．果実は円形で，重さは 300g 程度となり，早生品種としては果実が大きい．果実の肉質は中位で，糖度（屈折計示度，Brix）は 13 前後，酸度（リンゴ酸含量，g/100ml）は 0.2〜0.3 であり，甘味は中程度で，酸味が少ない．豊産性であるが，収穫前落果が発生しやすい．果皮着色期の気温が高いと着色しにくいので，地球温暖化の影響を受けやすい．そのため，最近は温暖なリンゴ産地においても着色しやすい 'みすずつがる'（長野県内で発見）や '芳明'（長野県内で発見）などの，'つがる' の着色系枝変わり品種が利用されている．

　'きおう'…岩手県農業研究センターで '王林' に 'はつあき' を交雑して，得られた実生から選抜されたといわれていて，平成 6 年に登録された品種である．

図 3-1 リンゴの果実
A：つがる，B：ジョナゴールド，C：ふじ，D：王林．

しかし，DNA マーカー遺伝子型に基づく鑑定の結果，花粉親は'千秋'であることが判明した．育成地の岩手県内で栽培すると9月上旬に成熟し，果皮は黄緑色に着色する．果実は円形で，重さは 250〜300g である．歯切れのよい肉質で，糖度は 12 前後，酸度は 0.3〜0.4 であり，果汁が多く食味がよい．果梗の基部周辺に裂果が発生することがある．収穫前落果が発生することがあり，特に，裂果した果実で発生しやすい．

(2) 中生品種

'ジョナゴールド'（'Jonagold'）…アメリカのニューヨーク州立農業試験場で'Golden Delicious' に 'Jonathan' を 1943 年に交雑して，得られた実生から選抜された品種である．1968 年に命名発表され，1970 年（昭和 45 年）にわが国に導入された．岩手県内で栽培すると 10 月中旬頃に成熟し，果皮は鮮紅色に着色する（図 3-1B）．果実は円形で，重さは 350〜400g となる．肉質は中位で，糖度は 14〜15，酸度は 0.5 前後であり，甘酸適和な食味である．果面にワックスが発生しやすい．早期落果と収穫前落果が少なく，豊産性である．三倍体であることから，花粉の稔性が低い．

'シナノスイート'…長野県果樹試験場で'ふじ'に'つがる'を昭和 53 年に交雑して，得られた実生から選抜され，平成 8 年（1996）に登録された品種である．育成地の長野県内で栽培すると 10 月上〜中旬に成熟し，果皮は赤色の縞状に着色する．果実は長円形で，重さは 300〜350g となる．肉質は中位で，糖度は 14 前後，酸度は 0.3 前後であり，多汁で甘味が多い．早期落果と収穫前落果が少ない．

(3) 晩生品種

'ふじ'…農林省園芸試験場東北支所（当時，青森県藤崎町）で'国光'に'デリシャス'（'Delicious'）を昭和14年に交雑して，得られた実生から選抜され，昭和37年に命名された品種である．青森県内で栽培すると11月上～中旬に成熟し，果皮は紅色の縞状に着色する（図3-1C）．果実は円形で，重さは300g程度となる．肉質はやや粗く，果汁が多い．糖度は15前後，酸度は0.3～0.4であり，甘味が多く食味に優れる．十分に成熟した果実には蜜が入る．果実の貯蔵性に優れ，普通冷蔵で4～5ヵ月間貯蔵可能であるが，蜜が多く入った果実では果肉が褐変することがある．豊産性であるが，隔年結果性がやや強い．わが国のリンゴ栽培面積の52％（平成23年）を占める，最も重要な品種となっている．

'王林'…福島県桑折町の大槻只之助が'ゴールデン・デリシャス'に'印度'を交雑して，得られた実生から選抜し，昭和27年に命名された品種である．岩手県内で栽培すると11月上旬頃に成熟する．果皮は黄緑色で，果点が目立つ（図3-1D）．果実は卵形で，重さは250～300gとなる．肉質は緻密で，糖度は14～15，酸度は0.2前後であり，甘味が多く酸味は少ない．樹勢は強く，枝が直立しやすい．

4）リンゴの新品種育成方法

(1) 交雑育種法

交雑育種法は，リンゴの品種育成を行う際に最も多く用いられる方法である．その過程は，通常，一代の単交雑と，その後の交雑実生個体群を対象とする個体選抜から成り立つ．遺伝的にヘテロ性が高いリンゴでは，品種間交雑によって得られる実生個体群は，各種形質について遺伝的変異が大きい．リンゴの品種育成では，果実品質の向上が重要な育種目標であるので，果実の糖度，酸度，肉質，果汁の多少などが優れる個体を多く獲得できる親個体を選定して単交雑を行い，獲得した交雑種子を播種して実生を養成し，その実生個体集団の中から希望の表現型を示す個体を選抜する方法が一般的である．'ふじ'，'つがる'，'王林'など，わが国の主要な栽培品種のほとんどが本法によって育成されている．

(2) 突然変異育種法

突然変異育種法は，人為的に突然変異を誘発し，得られた変異体から希望の表現型を示す個体を選抜して品種育成を図る方法である．リンゴでは，γ線やX線や重イオンビームなどの電離放射線を変異原とする変異の誘発と，目的とする変異体の選抜が行われる．変異原で処理した組織には突然変異した細胞と正常細胞とが混在するキメラ状となりやすいので，変異体の選抜に当たってはキメラの解消が重要となる．リンゴでは，原品種の樹形や果皮の改変を目的として人為的に突然変異を誘発する試みが積極的になされ，'ゴールデン・デリシャス'の果実のさび発生が少ない突然変異品種として'Lysgolden'（National Institute of Agricultural Research, France），'ふじ'の果皮着色性突然変異品種として'盛放ふ3A'（農林水産省果樹試験場盛岡支場）が育成されている．突然変異育種法は，原品種の遺伝子型をほとんど変化せずに特定形質のみを変化させる点に特徴がある．

自然の状態でも，まれに突然変異が生じることがあり，果樹において発見された自然突然変異体は枝変わり（または芽条変異）と呼ばれる．リンゴでは果皮着色に関する枝変わりが比較的多く発見されており，'デリシャス'の果皮着色性枝変わり品種として'スターキング・デリシャス'や'スタークリムソン・デリシャス'がアメリカで発見され，世界のリンゴ栽培地帯で広く利用されている．わが国では'ふじ'の果皮着色性枝変わり品種として'みしまふじ'（別名'秋ふ47'，秋田県で発生），果実早熟性枝変わり品種として'ひろさきふじ'（青森県で発生）が発見され，国内の産地で栽培されている．

(3) 倍数性育種法

倍数体の有用な形質を利用することを目的として，人為的に倍数体を作出して新品種を育成しようとする方法である．リンゴの栽培品種の多くは二倍体であり，三倍体の品種もあるが，四倍体品種は栽培されていない．三倍体品種は花粉の稔性が低いことから，二倍体に三倍体を交雑すると完全種子の形成率が10〜40％程度と低く，得られる実生個体の生育は劣る．また，三倍体に二倍体を交雑したときの完全種子形成率も10〜40％程度であり，得られる実生個体のほとんどは異数体で，生育不良となる．このように，三倍体品種を交雑に用いた場

合は，正常な交雑実生の獲得率が著しく低くなるため，通常は二倍体品種間の交雑を行うが，交雑組合せによっては，後代実生に低頻度で三倍体個体が生じることがある．例えば，'陸奥'（昭和24年に青森県りんご試験場で育成）と'ジョナゴールド'はわが国で比較的大面積で栽培されている三倍体品種であり，前者は'ゴールデン・デリシャス'と'印度'，後者は'ゴールデン・デリシャス'と'紅玉'の組合せから育成された品種である．新しい三倍体品種として青森県りんご試験場で育成された'北斗'がある．

3. 形　　態

(1) 樹の大きさと樹形

樹の大きさや樹形は，栽培地の環境と品種および台木の特性を考慮しながら，栽培者が管理しやすいように選択し，それに沿って整枝および剪定される．樹齢によって樹形も変化し，成木の樹形は栽培管理によって徐々に形作られる．

樹形の仕立て方には，立ち木仕立てと棚仕立てがあるが，わが国のリンゴ栽培では立ち木仕立てがほとんどである．立ち木仕立ては，大きく分類すると，幹を真っ直ぐに伸ばした主幹形（他の果樹では変則主幹形と呼ばれることもある）と，幹を途中で切り，主枝を開張させた開心形（他の果樹では開心自然形と呼ばれる

図 3-2　主幹形と開心形の樹形
左：矮化栽培の主幹形，右：開心形．

こともある）に分けられる（図 3-2）．わが国の矮化栽培では主幹形の細型紡錘形（スレンダースピンドル，slender spindle）とその類似形が多く，疎植栽培ではマルバカイドウ台木を用いた開心形と，主幹形を変形させた変則主幹形が多い．棚仕立ての例としては，アメリカなどにおいてV字形の斜立棚仕立て栽培がある．

リンゴの樹の骨格を形成するのは，主幹，主枝，亜主枝，側枝である（図 3-2）．この基本的な骨格に加えて，果実が着生する結果枝と，結実しない発育枝がある．結果枝は，矮化樹の場合には側枝に着生しているが，側枝が大きい開心形の樹では，側枝に複数の結果枝が着生している枝を成り枝（結果母枝群）と呼んでいる．そして，側枝は亜主枝あるいは主枝に着生している．

(2) 枝の形態

リンゴの樹には年数と長短が異なる枝が着いている（図 3-3）．果実を着ける結果枝は，短果枝（5cm 未満，スパー，spur），中果枝（5cm 以上で 10cm 未満），長果枝（10cm 以上）に分けられる．この他に，主に潜芽から強勢に伸びる徒長枝がある．落葉した枝には頂芽と腋芽が残り，翌春には新梢となって伸長する．スパータイプ（spur-type）の品種は新梢があまり伸びずに短果枝が多くなり，カラムナータイプ（columnar-type，図 3-4）の品種では新梢の成長が極端に少ない．

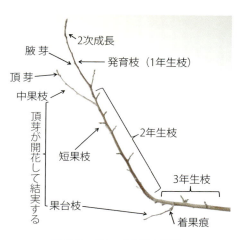

図 3-3　リンゴの枝の形態

図 3-4　カラムナータイプの樹形

図 3-5 リンゴの冬芽と花叢の形態

(3) 花芽の形態

花芽の分化は枝の頂端部にある茎頂分裂組織がドーム状に盛り上がることから始まるので，頂生花芽と呼ばれる．初めに中心花が分化し，その後，周辺に順次側花が分化する有限総状花序である．側花の数は品種や樹の栄養状態，環境によって異なるが，通常は 5 〜 8 個形成される．

リンゴの花芽からは中心花と側花以外に，花序軸に相当する果台と，その周りに着生している果台葉，さらに果台の葉腋から果台枝（副梢）が発生する（図 3-5）．花芽が春に萌芽すると果台葉と花が開いて，さらに副梢が徐々に伸長する．これら全体が 1 つの花（果）叢（cluster）を形成しているので，混合花芽と呼ばれる．頂花芽の場合，これらは明確であるが，腋花芽では副梢は発生しないことが多い．

(4) 花と果実の形態および可食部位

リンゴの花は通常 5 枚の花弁と 5 枚の萼片があり，雄蕊は 20 本程度ある（図 3-6）．雌蕊は 1 本であるが，花柱は 5 裂している．子房は花床（花托とも呼ばれる）に包まれており，5 つの心室に分かれている 5 心皮雌蕊である．各心室には 4 個程度の胚珠があり，完全に受精が行われると 1 個の果実に 10 個以上の種子が作られる．胎座型は中軸胎座である．

成長した果実は 5 心皮の合着した子房と，その周りの多肉となった花床（筒）から構成されている．花床が子房を包んで肥厚して果実となるので，リンゴの果実は子房下位花の発達した偽果である．果心部は種子を内蔵する硬化した内果皮と，肥厚した中果皮と外果皮から形成されている．主な可食部は花床の皮層である．果実の表皮は，幼果のときは有毛であり，気孔も機能して光合成を行っているが，果実が肥大するに伴って脱毛し，気孔の痕は皮目化して果点となる．肥大した果実の表皮にはクチクラ層，表皮細胞層，下皮細胞層と，果肉柔細胞層の一

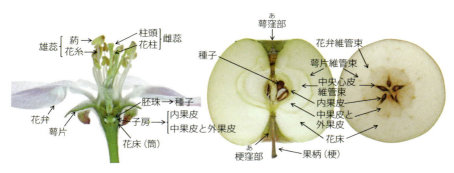

図 3-6 リンゴの花と果実の形態

部が含まれている．果実の表皮の色は，主に表皮細胞層と下皮細胞層の色素によって変化する．

4．生理生態的特性

1）樹体の生理生態

（1）栄養成長と幼若性

　種子から成長した実生樹は栄養成長の状態にあり，通常，発芽して数年は花芽を分化しない幼若期にある．その後，花芽を分化して着果するようになって成木期を迎え，100 年以上に渡って着果する樹もある．一方，接ぎ木によって育てられた幼木の場合は，通常，生殖成長状態にある接ぎ穂から成長しているので，植付け後 1～2 年で花芽を分化して結実するようになる．最近になって，*MdTFL1* アンチセンス遺伝子を導入したリンゴの遺伝子組換え個体では幼若性がほとんど認められないことから，*MdTFL1* が幼若性に関係していると考えられている．

（2）樹体と枝の成長特性

　リンゴの樹は，本来，日当たりを好む陽樹で開張型に成長するので，無剪定樹では高く大きく成長して多くの枝が発生し，開花・結実部位は外周部に移行するとともに，高い位置に着果するようになる．このような樹の成長特性は品種によって異なり，スパータイプやカラムナータイプの樹では新梢成長が少なく，樹高も

低くなる．リンゴの苗木は，通常，台木への接ぎ木によって繁殖されるので，樹の成長は台木の特性にも影響される．

リンゴの枝は，茎頂に花芽が着生するまで葉を分化し続ける単軸型の成長を示し，落葉した枝には頂芽と腋芽が残る．翌春には頂芽と腋芽から新梢が伸長する．新梢の伸長は7～8月頃で停止するが，その後に頂芽が再び伸長（二次成長）する場合もある．

新梢の長さや伸長期間には，さまざまな要因が関係している．内的要因には，植物ホルモン，品種特性，台木，栄養状態が関係し，外的要因すなわち環境要因としては光条件や土壌，温度などが関係している．整枝および剪定や施肥などの栽培管理の影響も大きく，一般的に，新梢の長さが樹勢の強弱を表す指標となる．

新梢の発生と成長には頂部優勢（頂芽優勢と類似の現象）が関係しており，通常のリンゴ品種の場合，枝の上部に位置する頂芽や腋芽から伸びた新梢が長く優勢に成長して，下方の枝は短いか，ほとんど伸びない場合もある．このような新梢成長の繰返しによって樹が成長するので，無剪定では開心形のような樹冠をつくる．新梢は春の成長初期には貯蔵養分を利用して成長するが，徐々に葉で同化された光合成産物と根から吸収された無機養分を利用した成長に移行する．

(3) 樹体の生育と休眠

リンゴは落葉性の広葉樹であり，秋に落葉して休眠状態に入り，耐寒性を増して冬を越す．芽の休眠は9月頃の生理的な休眠である自発休眠の導入に始まり，11月初め頃に最も深くなる．その後は低温に遭遇することによって自発休眠から覚醒するが，低温のために成長が停止する他発休眠の状態となる（図3-7）．

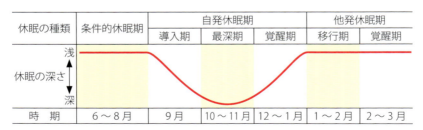

図 3-7 リンゴの芽の休眠段階の模式図
（壽松木章氏 原図）

自発休眠から覚醒するための低温の効果は，それぞれの温度によって異なる積算値として求められている．すなわち，休眠打破の効果が最も大きな7.2℃を1ユニットとすると，0℃では0.3ユニット，15℃では0ユニット，それ以上では負の効果を持つチルユニット（chill-unit）として積算される．チルユニットの時間数は品種によって異なり，わが国で栽培されている多くの品種では800～1,200チルユニット（4～7℃で1,000～1,200時間）が必要である．その後は3月頃の気温の上昇に伴って成長を開始し，4月頃に萌芽して開花に至る．休眠中のリンゴの樹は耐凍性と耐寒性が強く，−35℃ほどにも耐えるが，その前後では耐寒性が弱くなり，異常気象などによって低温障害が発生する場合がある．矮性台木の耐凍性は弱く，M.9では−10℃程度である．これらの条件を満たせばリンゴは広範な地域で栽培可能で，緯度では南北30°～50°の範囲で栽培されているが，特に成熟期の気温が25℃以上になると，着色不良や果肉の軟化などの問題が生じる．

(4) 樹体の乾物生産

リンゴの果実の生産性を左右する要因の1つが葉の光合成である．リンゴの葉の光合成速度は約13～19 μmol/m^2/sの範囲であり，そのときの光合成有効光量子束密度（PPFD）は約600～800ないし1,200 μE/m^2/sである．一般に，光合成速度は朝から徐々に高くなるが，昼頃になると高温や水分ストレスなどによって徐々に低下する．リンゴの樹の実際の乾物生産量はさまざまな生理的・環境的要因の影響を受けるために大きく変動するが，例えば，純同化率（単位時間内における乾物重の増加量）は最大で5g/m^2/dayといわれている．果実収量では最大で12t/10aほどとなる．乾物生産量を高めるためには，園地の葉面積指数と樹や枝の光環境を最適化することが重要である．

2）花の生理生態

(1) 花芽の分化と発達および結果習性

リンゴの花芽は，2年生以上の枝に着生した，主に短い枝（～20cm）と果台枝の先端（頂芽）に，枝の成長が停止する初夏から夏にかけて分化し始め（7月頃），夏から秋にかけて発達し，冬がくる前にほぼ完成して，冬には休眠する．すなわ

図 3-8　リンゴの花の種類

ち，新梢の伸長停止後に花芽が分化し始めるので，新梢が短いものほど花芽分化の時期は早く，栄養成長が強く新梢の伸長停止が遅いと花芽分化の時期は遅くなる．中〜長程度の新梢の腋芽にも花芽が分化するが，多くの腋花芽が分化しても果実生産には利用されない（図3-8）．

　花芽分化は果実生産に直結するので重要であるが，リンゴでは多くの生理的・環境的要因が花芽分化に影響を及ぼしているので不安定になりやすく，隔年結果しやすい．休眠から覚醒した花芽が春に成長して花叢をつくり，その果台から伸びた果台枝では，同じ花叢内に多数の果実が着生していると，養分の競合と果実の種子で生産されるジベレリンによって翌年の開花のための花芽分化が抑制されて隔年結果の原因となる．したがって，花芽分化を促すためには早めに摘花（果）することが重要である．また，リンゴの花芽分化は光環境に影響されやすいので，整枝や剪定では，結果枝が着生している部位の光環境を重視しなければならない．

(2) 開花と受精および結実

　開花…冬季の低温によって自発休眠から覚醒したあとは，春になると萌芽し，開花に至る．開花までの期間は4.5℃以上の積算温度に関係していることが知られている．1つの花叢の中では中心花から開花し，次に側花が開花する．また，頂花芽の中心花が早く開花し，腋花芽の開花は遅い（図3-8）．

　受精と結実…リンゴは，同一品種の花粉では花柱での花粉管の伸長が阻害されて受精しない配偶体型の自家不和合性である．この自家不和合性はS遺伝子（不和合性遺伝子）によるもので，花粉と雌蕊が同じS遺伝子を持つ場合には，花

柱内で糖タンパク質の一種であるリボヌクレアーゼ（S-RNase）が合成されて花粉管の伸長が止まる．したがって，異なる品種でも2種類のS遺伝子が同じ品種の場合は結実せず，1種類が同じ場合には結実率が低下する（表3-4）．また，'ジョナゴールド' や '陸奥' のような三倍体品種の花粉は，ほとんど不稔である．雌蕊の受精能力は開花直後から2日程度が最も高く，その後は急速に低下する．

3）果実の発育と成熟

(1) 果実の発育

受精した果実は肥大を開始する．果実の肥大に伴って果実基部（梗窪部）が盛り上がり，果柄の付け根に窪みが形成される．また，果実頂部（萼窪部）も盛り上がるので，結実すると萼が立ち上がり，徐々に窪みが形成される．リンゴの果実は，開花後1ヵ月間ほど細胞分裂し続けて細胞数が増加し，その後は細胞肥大のみによって果実が肥大するので，開花後の摘果が遅れると果実間の養分競合によって細胞数が少なくなり，収穫時の果実は小さくなる．果実内の植物ホルモンレベルはこのような果実の肥大特性に関係しており，細胞分裂が盛んな発育初期（開花後1ヵ月間程度）はサイトカイニンのレベルが高い．果実の直径や重さは，S字型成長曲線を描いて肥大する（図3-9）．

表3-4　リンゴ品種のS遺伝子型

	S遺伝子型	品種名
二倍体品種	S_1S_2	国光，こうこう
	S_1S_3	新世界，シナノゴールド，秋映，こうたろう
	S_1S_7	千秋，シナノスイート，きおう，いわかみ
	S_1S_9	ふじ，着色系ふじ，早生ふじ（ひろさきふじ，やたか，昴林，紅将軍，涼夏の季節），アルプス乙女
	S_1S_{20}	祝
	S_2S_3	ゴールデン・デリシャス，きざし，紅はづき
	S_2S_{30}	王鈴
	S_2S_7	王林，東光
	S_2S_9	レッド・ゴールド，金星，はるか，アキタゴールド
	S_3S_7	つがる，未希ライフ，紅月，あかぎ，シナノピッコロ
	S_3S_9	陽光，世界一，はつあき，夏緑，あいかの香り
	S_3S_{10}	シナノレッド
	S_5S_7	さんさ
	S_5S_9	紅玉，ひめかみ
	S_7S_{20}	印度，北の幸
	S_7S_{24}	あかね
	S_7S_{25}	きたかみ
	S_9S_{28}	デリシャス，スターキング・デリシャス，メルローズ
	$S_{10}S_{16}$	メイポール
	$S_{10}S_{25}$	旭
三倍体品種	$S_1S_3S_9$	ハックナイン
	$S_1S_7S_9$	北斗
	$S_2S_3S_9$	ジョナゴールド
	$S_2S_3S_{20}$	陸奥，静香
	$S_2S_3S_{24}$	あおり9（彩香）

（松本省吾：『2007年版農業技術体系果樹編追録第22号』，農山漁村文化協会，2007を参考に作成）

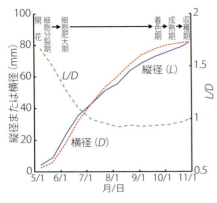

図 3-9 リンゴの果実の肥大特性
'ふじ'の例.

果実の大きさは開花前の花芽の状態，開花後の果実への養分供給によって影響されるが，特に後者の影響が大きい．果実の発育に利用される養分は，発育初期は樹体の貯蔵養分が利用され，枝葉が伸びるに従って葉からの光合成産物と根から吸収される無機養分が利用されるので，着果数と果実発育中の気象条件の影響が大きい．果実は，初めに縦断面方向に伸び，その後に横断面方向に伸びるので，秋の低温が早く訪れる寒冷地では，温暖地に比べて横方向の肥大が劣り，縦径（L）と横径（D）の比（L/D）が大きい．

(2) 生理的落果

不受精果は開花後2～4週間までに落果する．受精して発育し始めた果実でも，開花後4～6週間の6月頃に落果する場合があるので，早期落果あるいはジューンドロップ（June drop）と呼ばれる．早期落果の原因は果実の発育に必要な養分や植物ホルモンが不足するためと考えられており，種子数が少なかったり，天候不順や強剪定によって栄養成長が過多で果実への養分供給が不足した場合に発生しやすい．早期落果の程度は，デリシャス系やその後代の'つがる'などで多い．

'つがる'などでは，果実が成熟して収穫適期に達する直前にも落果しやすい．この現象は，後期落果あるいは収穫前落果と呼ばれる．この原因は明らかでないが，果実が生成するエチレンによって果柄に離層が形成されることが要因として考えられている．その対策は「5. 栽培管理と環境制御」の項で述べる．

(3) 果実の成熟

果実の肥大がほぼ完了して肥大停滞期になると，収穫前3～4週間の成熟期に移行して，果実内部の生理的な変化が起こる．リンゴはクライマクテリック型果実であり，成熟段階で呼吸速度が上昇すると同時にエチレン生成量が増加する

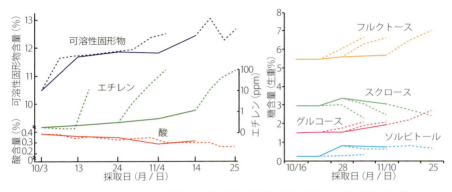

図 3-10 'ふじ'の果実の成熟（収穫直後：実線）と追熟（20℃貯蔵後：点線）に伴う果実内成分の変化

（図 3-10 左）．これに伴ってデンプンの糖化，品種特有の果皮の着色，酸含量の低下，果肉の軟化が起こり，果柄と果台の境目に離層が発達して果実が脱離しやすくなる．これらの変化は必ずしも直接的に関係があるわけではなく，また同時に進行するとは限らない．

　開花から成熟期に至るまでの日数は品種によって異なり，早生品種は短い．果実成熟時の種々の変化は樹上では 3〜4 週間かけて進行するが，果実が収穫されると，これらの変化（追熟）が急激に進行する．追熟は，低温ではゆっくりと進むが，温度が高いと早くなる．

（4）果実の成分と代謝

　葉で光合成された炭水化物は，主にソルビトールとなって果実に転流される．果実の中では，グルコース（glucose），フルクトース（fructose），スクロース（sucrose）と，デンプンとして蓄積される（図 3-11）．果実の発育中は主にデンプンとして蓄積されるが，成熟期に入るとデンプンが分解されて他の糖にかわる．それとともに，転流してきたソルビトールから作られた可溶性糖類のフルクトースやスクロースが増加して甘味が増加する（図 3-10 右）．リンゴの果実中に蓄積される糖類はフルクトースが約半分を占めているが，その割合は，品種，成熟度合い，栽培環境によってかわる．リンゴの果実の有機酸はほとんどがリンゴ酸であり，他にクエン酸や酒石酸が含まれている．有機酸含量は，成熟段階や貯蔵

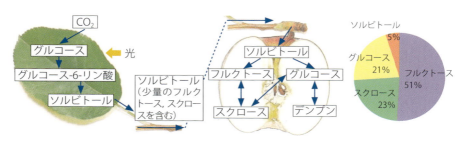

図 3-11 リンゴの葉と果実の糖代謝および糖生成
糖組成は'ふじ'の成熟果の例.

中に減少して酸味が低下する.

　成熟段階で果実は軟化するが，'スターキング・デリシャス'のように果肉が粉質化する品種，単に軟化する品種，'ふじ'のように軟化が極端に少ない品種がある．果肉の紛質化は主に細胞壁構成成分のペクチンの可溶化によるものであるが，軟化はヘミセルロースの構成成分であるキシログルカン鎖の分解によると考えられている．

(5) 果皮の着色

　リンゴの果皮の着色は主に，クロロフィル，カロテノイド，アントシアニンの3種類の色素の増減によって決定される（図 3-12）．リンゴの果実の成熟期においてはクロロフィルが分解され，黄色品種ではカロテノイドによって黄色に着色するが，赤色品種では同時にアントシアニン系色素が増加して赤色に着色する．リンゴの果実の着色は温度に影響され，低温でクロロフィルの分解とアントシアニンの蓄積が促進されるので，着色期の温度が高いと，緑色が残って赤色が

図 3-12 リンゴ果実の着色の生理

薄いので着色が悪くなる．また，アントシアニンの蓄積には光が必須であり，特に 280 ～ 320nm の紫外光と，650nm 程度の赤色光の同時照射の効果が大きい．リンゴの果実中におけるアントシアニンは，'あかね' や '紅玉' などでは比較的高温で紫外光が少ない弱光下でも蓄積するが，'ふじ' では低温と紫外光によってアントシアニンの蓄積が増大する．また，果実の成熟度合いも着色に影響する．

(6) 果実の可食成分

収穫時のリンゴの果実には，炭水化物，有機酸，タンパク質，アミノ酸，ビタミン，ポリフェノールなどの，食品としての可食成分が含まれている．これらの可食成分の多少は，成熟度合い，貯蔵期間や栽培管理方法，栽培環境によって変動する．例えば，温暖な環境で栽培された果実は，寒冷地で栽培された果実に比べて，糖含量が多く酸含量は少なくなる．また，果実の部位によっても異なり，果皮にはビタミンCや，アントシアニンなどのフラボノイド類を含むさまざまなポリフェノールが多いが，果肉のビタミンCは少なく（～ 20mg/100g 生重），ポリフェノールもクロロゲン酸が主で他の成分は少ない．さらに，ビタミンCは貯蔵中に急激に低下する．

リンゴの果実を切ると果肉が褐変するが，この現象は果肉に含まれるポリフェノールがポリフェノールオキシダーゼ（PPO）によって酸化されるためである．したがって，遺伝的に PPO 活性が低い '千雪'（品種登録名：あおり 27）などの品種では，果肉が褐変しない．また，塩水やアスコルビン酸（ビタミンC）溶液などに浸漬すると PPO の活性が抑制されるので，リンゴの果実を切ったあとでの褐変を防ぐことができる．

5．栽培管理と環境制御

1）整枝と剪定

(1) 樹形の育成

主な栽培品種は高木性で，無剪定では数 m から 10m 程度まで成長する．リンゴの栽培では，苗木の植付け後に整枝と剪定によって徐々に盛果期に適した樹形

に育成され，その後はその樹形を維持しながら果実の生産を続ける．穂木品種の樹の大きさは台木に左右されるので，最終的な樹の大きさを考慮しながら栽植距離と樹形が決定される．例えば，マルバカイドウ台木による開心形の樹の場合には栽植密度を低く，矮性台木による主幹形の細型紡錘形のような樹形の場合には栽植密度を高くする．樹形は，支柱の有無などの開園費の他に，栽植後の管理方法と費用，および果実収量と品質に影響する．特に，果実の収量と品質は樹体の光利用効率に影響されるので，園地の空き空間を少なくしながら，より多くの光を受光するように整枝と剪定をしなければならない．開園後に早く収量を高める方法には，最初に栽植密度を高くして，樹が大きくなってから間伐する方法や，植付け後すぐに結実するような2年生の苗木を植え付ける方法がある．

(2) 樹形の管理と樹勢の制御

穂木品種の樹体を栽培管理に適した特定の樹形に育て，その形状を維持することが整枝と呼ばれ，枝を目的に合わせて切り揃えることが剪定と呼ばれる．整枝と剪定の目的は，リンゴ樹本来の成長特性を矯正し，栽培管理しやすいような樹形に育成して，花芽分化と結実を安定させて果実の収量を確保することである．

整枝方法…苗木を植え付けたあとの幼木では，目標とする樹形に育てていくための整枝と剪定が行われるが，その他に，ロープや重りによる誘引や，突っ張り棒（スプレッダー）やE型の金具によって枝の伸長方向を矯正する方法がある．上に向かって伸びる新梢は栄養成長が強くなるので，枝を下方に誘引することで栄養成長を抑え，花芽分化を促して結実させる方法であり，樹形の形成と早期の結実に有効である．

剪定方法…リンゴの栽培では主に冬季に剪定が行われるが，冬季剪定の主な目的は，樹形の形成と維持である．夏季に行われる夏季剪定は，樹冠内の光環境の改善や徒長枝の整理を目的としているが，その時期と方法，品種によっては，剪定によって伸長した腋芽の頂端に花芽分化が促進される場合がある．冬季剪定の場合には，根や幹の貯蔵養分に対して春に伸長する枝と芽が減少するので，強く剪定するほど翌春の新梢の成長が強くなる．しかし，夏季剪定は光合成器官を減少させるので，冬季剪定のような成長を促進する影響は小さい．剪定には，枝を途中から切る切り返し剪定と，枝の基部から切り取る間引き剪定がある．一般的

に，切り返し剪定では，強く切り返すほど残された枝の上部の芽が強い枝となって成長し，花芽を分化する結果枝が減少するので，注意が必要である．剪定はほとんど人手によって行われるが，大規模栽培の場合には大型のバリカンのような機械が利用される場合もある．

(3) 樹勢の制御

外科的処理…台木や土壌，肥料などの影響によって栄養成長が旺盛で花芽が着きにくい場合や，樹が大きくなりすぎる場合の矯正方法として，主幹や枝への外科的処理が行われる．外科的処理とは，樹皮に傷害を与えることで維管束内の師管内での光合成産物の流動を一時的に遮断して，新梢の成長などを抑制する方法である．環状剥皮（girdling, ringing）などの方法と，そのための道具も考案されている．これらの処理は，普通，花芽分化前の5月末から6月中旬に行われる．これらの処理によって強い樹勢が矯正されて花芽分化が促進されるとともに，果実の糖含量と酸含量が増加するが，早く成熟して貯蔵性が低下する場合もある．

植物成長調節剤の処理…アメリカなどでは新梢成長を抑制するためにジベレリンの生成阻害剤であるプロヘキサジオンカルシウム剤（APOGIE）が利用されているが，日本では現在のところ実用化されているものはない．

2）開花と結実

(1) 受粉樹と人工受粉

リンゴのほとんどの品種は結実のために受粉と受精が必要である．さらに，自家不和合性があるので，結実を確実に行わせるためには和合性の品種を受粉樹として混植することと，人工受粉や，訪花昆虫の利用が必要となる．受粉用の品種が近くに混植されていない場合や大規模な単一品種のリンゴ園（単植園）では，受粉専用の樹（受粉樹，ポリナイザー）を混植する必要がある．人工受粉を行う場合には，受粉用の花粉を準備しなければならない．前年度に開花前の側花を採取し，葯落とし器などを使って葯を集める．それを開葯器で開葯し，ふるいを使って花粉を集めて，冷凍庫などに保存しておく．受粉に使う前に花粉の発芽率を確認し，それによって希釈率を求めて石松子（ヒカゲノカズラの胞子）で希釈する．訪花昆虫としては，ミツバチやマメコバチが利用されている．

(2) 摘花と摘果

リンゴの栽培では，着果数を適度な密度で揃える目的で，開花前の蕾を摘み取ったり（摘蕾），開花時の花を摘み取ったり（摘花），幼果を摘み取ったり（摘果）する．そうすることによって，隔年結果を防ぎ，不良果を減らして，十分な大きさの高品質な果実を毎年安定して生産することが可能となる．

摘花や摘果の程度は栽培者によって異なるが，わが国では'ふじ'程度の大きさの果実では4頂芽に1果が目安とされている．摘花や摘果が人手によって行われる場合には，通常，開花前後の側花や腋花芽の摘花，結実後間もない時期には側果の摘果，中心果の摘果の順に行われる．摘花剤には石灰硫黄合剤と蟻酸カルシウム剤があるが，これらは主に雌蕊を損傷して受粉を阻害するので，安全に使用できる散布時期が限られており，あくまでも摘果の補助的な効果としてのみ用いられる．摘果効果を持つ薬剤はいくつか知られているが，わが国で主に使われているのはカリバリル（Carbaryl, NAC）剤である．海外では摘花剤としてsodium dinitro-orthocresol（DNOC）やディニトロ剤（DN剤）が，摘果剤としてNAA剤が使われている．カリバリル剤は'ふじ'の場合，満開約2週間後で，果実の横径が10mm位のときに散布することが必要である．なお，早期落果（ジューンドロップ）が強く現れるデリシャス系などの品種に散布すると落ちすぎることがあるので，散布してはならない．カリバリル剤の摘果効果は，肥大が劣る側果の成長を抑制して落果させるのであるから，効果が現れるまでに2週間ほど必要である．したがって，その後に人手による仕上げ摘果が行われる．

(3) 着色管理

わが国では果実の外見が価格を大きく左右するので，赤色系の品種では着色をよくするためのさまざまな栽培管理が行われている．

有袋栽培…開花結実後の早い時期の幼果に，光を透過しない資材で作られた2重あるいは3重の袋を掛ける．袋の中では，果皮のクロロフィルがほとんどない白色の果実が肥大する．そして，収穫期のほぼ1ヵ月前に袋を取り外して光に当てると，地色に影響されないで鮮やかに着色する．袋掛けは'陸奥'のような黄色系品種のアントシアニン合成を誘導する効果もあるので，赤色の'陸奥'

の果実をつくることができる（図3-13）．袋掛けと除袋の時期，袋の種類が着色の良否に大きく影響する．一般に袋掛けによって果実の可溶性固形物含量はやや低下し，食味が淡泊になる．

反射シートの敷設…果実の着色の良否は光条件に大きく影響されるので，樹冠の下に反射シートを敷設して，樹冠の内部の果実や萼窪部の着色を促進する．

摘葉…樹冠内部の果実や，葉で被覆されている果実の着色を促す目的で，着色開始期（収穫の約1ヵ月前頃）に花叢葉や果台枝葉などを摘葉する．摘葉時期が早く多いと果実の肥大や食味に影響するので，注意が必要である．摘葉剤もあるが，あまり利用されていない．

図 3-13 有袋栽培の'陸奥'
有袋，葉摘み，反射シートで着色した果実．右下は無袋果．

玉回し…果実全体を均一に着色させるために，収穫直前の果実を1個1個手で回して，果実全面に陽を当てる．

(4) 収穫前落果（後期落果）の防止

デリシャス系の品種や，'つがる'などの一部の品種では，収穫適期直前の落果（後期落果）が著しい．落果した果実は商品性が低下するので，合成オーキシン剤のジクロルプロップ（2,4-DP）剤やMCPB剤を散布して落果を防止する．オーキシンは果実の成熟を促進して貯蔵性を低下させる場合があるので，落果防止剤の濃度と散布時期は適正に行わなければならない．

(5) 選果と貯蔵

収穫時期の判定…食味に優れる果実を収穫し，貯蔵して安定的に販売するためには，収穫時期を適切に判定することが重要である．収穫時期の判定は，果実の品質や成熟度合いを，満開後日数，果実の可溶性固形物含量や硬度，デンプン指数，着色の程度や地色によって行われる．実際の判定において，成熟度合いの進

図 3-14 選果場の非破壊品質評価装置

行は，品種やその年の天候，園地や樹によっても異なることに注意しなければならない．原則的には樹上で早く完熟した果実から先に収穫して販売されるが，短期間貯蔵してから販売する予定の果実は樹上で遅い時期まで成熟させてから収穫され，長期間貯蔵してから販売する予定の果実は，やや早い成熟段階で収穫される．

選果…収穫した果実は目視あるいは機械によって選果される．農協や販売業者では重量センサーやカラーセンサーを装備した選果機を用いて選果が行われる．その他にも，成熟度合い，甘さ，酸味，みつ入り，果肉障害などを非破壊的に判定して選果される（図 3-14）．果実の内部品質の判定には，光センサーあるいは糖度センサーと呼ばれる，C-H 基，N-H 基，O-H 基による近赤外線の吸収特性を利用した装置が利用されている．このようにして同じ規格に選別された果実が箱別に梱包されて出荷されている．

貯蔵…リンゴはクライマクテリック型果実なので，収穫後の追熟に伴う品質の変化が大きい．したがって，収穫後の品質低下を抑制する目的で，低温貯蔵や CA 貯蔵（controlled atmosphere storage）が行われている．また，最近では，エチレンの作用を抑制する 1-MCP を利用した貯蔵も行われている．リンゴは長期間貯蔵することが可能であることから，これらの方法を組み合わせてほぼ周年にわたって市場に供給されている．

3）土壌管理と施肥

土壌管理…リンゴ栽培のための土壌条件には，基本的に他の果樹と大きな違いはない．しかし，特に根域が浅い矮化栽培の場合には，土壌条件が栽植後の樹の成長および果実の収量と品質に大きく影響するので，開園時は土壌改良，その後は施肥と水管理に注意が必要である．リンゴの耐乾性は弱く，成長期には降雨か灌水が必要である．さらに，耐湿性も比較的弱いので，土壌の排水性に配慮が必要である．耐塩性は弱い．

施肥管理…リンゴの樹が利用可能な土壌養分は果実の収量や品質に影響するので，施肥管理はたいへん重要である．どのような成分をどの程度施肥すればよいかは土壌条件や栽植方式などによって異なるが，施肥量は樹が実際に吸収した量と，施肥量の中で利用された割合を考慮して決められる．標準施肥量は，窒素 15kg/10a，リン酸 5kg/10a，カリ 5kg/10a 程度である．実際の栽培管理における最適な施肥量は，土壌からの天然供給量や草生の有無などによって異なるので，栽培指針を参考にして，葉色や新梢長による外観的栄養診断と，葉分析による生理的栄養診断に基づいて決定される．施肥は主に春と秋に行われるが，積雪寒冷地では主に春に行われる．

土壌水分管理…深根性のマルバカイドウ台木に接ぎ木された樹の場合，降雨量が多いわが国ではこれまで灌水はほとんど必要なかったので，灌水設備も設置されていなかったが，近年は初夏から盛夏にかけて高温・乾燥する年もあるので，灌水が必要となる場合も生じている．特に矮化栽培の場合には灌水が必要となる場合が多い．一方，水田転換園などで土壌水分が多すぎる場合には，樹の成長と果実品質を悪くするので，排水に注意が必要である．

土壌被覆管理…土壌表面に草が生えないようにする清耕法，草を積極的に生やす草生法，さまざまな被覆資材で被覆するマルチ法があり，矮化栽培の場合では樹冠下と通路に異なる管理法を併用する場合もある．完全な清耕法は，有機物の欠如による土壌の悪化や表層土壌の流亡を招くので，一般的には用いられない．草生法では，リンゴの樹と草との養水分の競合や，病害虫の発生源となる．マルチ法は，雑草を押さえながら土壌の悪化も防ぎ，水分の保持にも有効であるが，どのような資材を用いるかによって効果がかわる．

4）気象災害の回避

晩霜害…開花期前後の晩霜は，結実や果実の形態に甚大な被害を及ぼす．晩霜害は着花（果）部位の温度を氷結点以上に上げることで回避されるので，防霜ファンによる空気の撹拌や，種々の資材を燃焼させる方法で回避されている．

降雹害…幼果期から果実の肥大期における降雹は，果実に傷害痕をつくり，品質を著しく低下させる．雹の常襲地帯では園地全面にネットを張って回避している所もあるが，設置費用が莫大になる．

風雪害…台風の常襲地帯では防風ネットや防風垣によって風害を回避している．多雪地帯では雪による枝の損傷が起きるので，若木では降雪前に枝の結束を行う．また，融雪剤の散布や，枝を雪から掘り起こすことなども行われている．

日焼け…果実の直射日光が当たっている部分では，果皮と果皮直下の果肉で色が抜けたように白色化し，やがて褐色に変色して商品価値を失う．

高温障害…気温が高いことに加えて，直射日光が当たるとその部分の温度が気温以上に高くなることが原因と考えられている．果実がある程度肥大した緑熟期に発生が多いが，気温が高い場合には果実が小さい時期にも発生する．有袋果では，除袋後すぐに直射日光が当たると褐色に変色するが，これは紫外線による着色障害である．気温が特に高く乾燥する地域では，樹皮にも日焼けが発生する．

6．主な生理障害と病害虫

1）生理障害

(1) 果実の生理障害

果面の裂果…'ふじ'などに発生する梗窪部の裂果で，つる割れとも呼ばれる．降雨などによる夏季の急激な肥大が要因と考えられている．また，乾燥が著しい地帯では果実の赤道部にも裂果が生じる場合がある．

さび…果実の表面に褐色のコルク層が形成されて，銹状になる障害であり，幼果時の多湿や降雨が誘導していると考えられている．

みつ症…果心部から果肉部直下にかけて，斑点状に，ときには大部分の果肉部が水浸状になる症状を示す．発生の程度は品種と栽培環境によって異なり，'ふじ'の成熟果で発生が多い．この部分にはソルビトールの濃度が高いことから，葉から転流してきたソルビトールが果実内において他の糖に代謝されないことが主な原因と考えられている．この症状は，成熟期のみならず夏季の高温などによっても発生する場合がある．わが国では蜂蜜のイメージによって甘い果実と受け取られているが，ソルビトールは特に甘いわけではない．軽症の場合には貯蔵中に消失することもあるが，貯蔵中の内部褐変や腐敗の原因となるので，諸外国では敬遠されている．

ビターピット…果実肥大後期から収穫期の果実の表層に現れる暗赤色～暗緑色の浅く窪んだ斑点で，障害は果実の表皮直下の果肉組織に及ぶ．'ふじ'では発生が少ないが，'王林'は発生しやすい（図3-15）．カルシウム不足が原因と考えられ，防止のためにカルシウム剤の葉面散布が行われるが，カルシウムは樹体内で移行しにくいので，散布効果が得られない場合もある．カ

図 3-15 '王林'に発生したビターピット

ルシウム欠乏以外にも，他の無機元素とのバランスや水分不足などが関係している．類似した障害にコルクスポットがあり，やはりカルシウム不足が原因であるといわれるが，障害の発現する発育ステージがビターピットより早い．

　貯蔵障害…貯蔵中あるいは貯蔵後に果実の表面に現れる変色（褐変）が"やけ"（scald）と呼ばれている．特に，未熟で収穫した果実に発生しやすいといわれている．一方，貯蔵中に果肉に現れる変色（褐変）は内部褐変と呼ばれる．二酸化炭素の蓄積によるものとされているが，原因や防止方法は明らかでない．

(2) 樹体の生理障害

　ホウ素欠乏症…果実の変色や奇形となって成長が停止し，縮果病と同じような症状を呈する．症状が激しくなると，新梢先端からの枯込みや奇形葉が発生する．
　マンガン過剰症…樹皮が粗皮化する．酸性土壌ではマンガンが溶出しやすいので，障害が発生しやすい．

2）病　害　虫

　病害虫…リンゴ栽培における主要な病害虫を表3-5と表3-6に示した．わが国は降雨量が多く，夏季が高温湿潤のために病害虫が発生しやすいので，無農薬での経済栽培は難しい．しかしながら，冷涼で乾燥気候のアメリカ西部やヨーロッパでは有機栽培も珍しくなく，流通している果実も多くなっている．害虫防除では合成フェロモン剤を用いた交信撹乱剤の利用が進んでいる．最近は遺伝子組換えによる耐病性品種の育成も行われているが，わが国では栽培されていない．こ

表3-5 リンゴの主要病害

病名		病原体	発生部位・病徴
モニリア病	菌類	*Monilinia* 属菌	葉，花叢，幼果に褐色の小斑点が生じ，やがて全体に広がって枯死する
黒星病		*Venturia* 属菌	葉，果実，枝に，すす状の黒色斑点が現れる．果実では病斑下の組織がコルク化して痕が残る
うどんこ病		*Podosphaera* 属菌	萌芽期から開花期にかけて花叢や幼葉が白粉（分生子）をまぶしたようになり，奇形化する
斑点落葉病		*Alternaria* 属菌	主に葉に褐色の円形斑点が生じ，拡大すると枯死する．果実や枝にも発生する
すす斑病		*Gloeodes* 属菌	果実の表面に黒褐色で円形のすす状の斑点が生じる
ふらん病		*Valsa* 属菌	枝や幹の表面に淡褐色の病斑が発生し，やがて樹皮全体に広がって枯死する．病斑部はアルコール臭がする
銀葉病		*Chondrostereum* 属菌	葉が銀色に鈍く光るようになり，樹は衰弱してやがて枯死する
紫紋羽病		*Helicobasidium* 属菌	根の表面に褐色〜紫褐色の病斑が生じ，根を腐敗させて樹が衰弱し，枯死する
白紋羽病		*Rosellinia* 属菌	根の表面に白色の病斑が生じ，樹が衰弱して枯死する
高接病	ウイルス	Apple chlorotic leaf spot trichovirus（ACLSV）など	葉が小さくなったり，新梢の生育も悪くなり，樹が衰弱する
火傷病	細菌	*Erwinia amylovora*	花や枝，幹などが火であぶられたように褐色になって枯死する．アメリカなどでは深刻な病気であり，日本への伝搬に注意が必要である

表3-6 リンゴの主要害虫

害虫名	種類	発生・食害部位
アブラムシ類	リンゴコアブラムシ，ユキヤナギアブラムシなど	若い葉や新梢先端に発生し，リンゴコアブラムシでは葉が巻かれる
ハダニ類	リンゴハダニ，ナミハダニなど	葉裏に生息し，吸汁によって葉が枯死する
ハマキムシ類	リンゴコカクモンハマキ，トビハマキ，リンゴモンハマキなど	若い葉を巻き，果実の表面を食害する
シンクイムシ類	モモシンクイガ，ナシヒメシンクイなど	幼虫が果肉をトンネル状に食害する
コドリンガ	コドリンガ	幼虫が果肉を食害する．世界のリンゴ栽培地帯の重要害虫であるが日本にはいないので，侵入しないように注意が必要である

れらの他に，リンゴでは改植障害（忌地）によって生育が不良になる場合がある．

獣害…特に冬季に，野ネズミや野ウサギによって根や若木の幹や芽が食害を受けて，枯死する場合もある．野ネズミについては殺鼠剤の利用や捕獲によって個体数を減らすとともに，若木では幹を金網などで保護する方法が有効である．

第4章

ブドウ

1．種類と分類

1）原 産 地

　ブドウ（*Vitis* spp. および種間雑種）はブドウ科ブドウ属の植物である．ブドウの起源を地質年代区分から見ると，ブドウの祖先は白亜紀の約1億4,000万年前に地球上に出現したと考えられている．時代が進んだ古第三紀の暁新世（約6,500万年前）および始新世（約5,500万年前）の地層にはブドウ属植物の葉や種子の化石が多数発見されている．さらに，気候が現代より温暖な新第三紀（約1,500〜500万年前）の地層からも多数の化石が発見されていて，この年代にはブドウ属植物がグリーンランドやアラスカまで繁茂していたとみられている．しかし，第四紀更新世（約260〜1万年前）の氷河期に入ると，ブドウ属植物はほとんど死に絶えて，南欧から西アジア，北アメリカ，および東アジアの一部でわずかに生き残り，それらが，氷河期の終わった約1万年前から気候が再び温暖になると温帯および亜熱帯地域に分布したと考えられている．
　このように，何万年という長い間に異なる気候条件下で生存してきたために，異なる形態的および生態的特徴，特に，寒冷や乾燥への耐性，および耐病性などを有した地理的種群を形成して，3大ブドウ種群（西アジア種群，北アメリカ種群，東アジア種群）が発生したと考えられている．これらは染色体数が$2n = 38$で，真ブドウ亜属（*Euvitis*）に分類される．この他に，北アメリカで発生したマスカディニアブドウ種群という植物もあって，$2n = 40$のマスカディニア亜属（*Muscadinia*．擬ブドウ亜属とも呼ばれる）に分類される．これらを合わせてブドウ属植物を分類すると，図4-1のように示される．

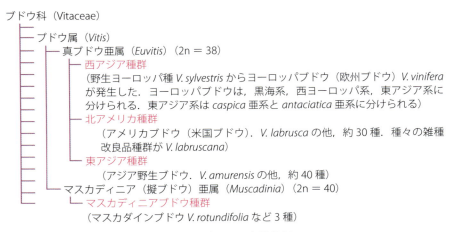

図 4-1　ブドウの自然分類
(中川昌一(監修):『日本ブドウ学』,養賢堂,1996 を参考に作図)

2) 西アジア種群からヨーロッパブドウの発生過程

　氷河期以後に温暖となったユーラシア大陸では西アジア種群の野生ヨーロッパ種 (*V. sylvestris*) が繁茂して, 全ヨーロッパに拡大した. 野生ヨーロッパ種の原生地は, 諸説があるものの, コーカサス地方 (黒海とカスピ海に挟まれた地域) とカスピ海沿岸であろうとされている. また, 紀元前 6000 ～ 5000 年の新石器時代の遺跡からブドウの種子が発見されていることなどから, 約 1 万年前には野生ヨーロッパ種が採集利用され, それらの一部の優れたものが紀元前 6000 年以前から次第に栽培に移されて, 紀元前 3000 ～ 2000 年頃には現在の栽培種 (ヨーロッパブドウ) である *V. vinifera* L. が発生したと考えられている. 野生ヨーロッパ種とヨーロッパブドウとの一般的相違は, 前者が雌雄異株で, 果粒が小さく, 糖含量も低いのに対して, 後者は両性花で, 果房, 果粒および種子ともに大きく, 糖含量が高くて, 形質が多様なことである.

　ヨーロッパブドウは, 異説があるものの, 生態的・地理的条件から, 黒海系, 西ヨーロッパ系, および東アジア系の 3 系統に分類されている. 黒海系は, コーカサス地方において野生ヨーロッパ種から最も古く発生し, 少なくとも紀元前 3000 年頃より栽培に移されて, ヨーロッパブドウの中で最も中心的な品種群となった. ヨーロッパ文明の発生初期から, メソポタミア, トルコ～バルカン半島,

エジプトへと伝播し，ギリシャ・ローマ時代のワイン用品種として改良され，発展した．西ヨーロッパ系は，紀元前600～500年のローマ時代前後に，西ヨーロッパの中央部（現在のフランスあたり）において，野生ヨーロッパ種と栽培種の黒海系との交雑によって発生したもので，その発生時期は最も新しい．現在のワイン用主要品種の大部分がこの系統に含まれる．一方，東アジア系は，カスピ海沿岸において野生ヨーロッパ種の変種から，黒海系よりやや遅れて紀元前2000年頃に発生したものと推定されており，この中から2つの亜系が発生した．1つは紀元前1000年頃に発生した caspica 亜系で，ワイン用を中心に一部は生食用として利用されてきた．もう1つは紀元前500年頃に発生したと推定されている antasiatica 亜系で，生食用を中心に改良されてきた．これら2つの亜系はイラン高原からパミール高原に伝播し，その後，漢の時代（紀元前206～220年）以降にシルクロードを経て中国に伝わった．

3）北アメリカ種群からアメリカブドウの発生過程

　北アメリカ大陸では第四紀の氷河期にヨーロッパよりも多くの野生ブドウが残存し，現在でも多数の種が繁栄している．アメリカの野生ブドウは先住民によって古くから採集利用され，生食用のみならずワイン用にも利用されていたことが知られている．

　アメリカブドウとは，採集利用されていた何種もの野生ブドウ（広義のアメリカブドウ）が栽培化されたものという意味であることから，1492年のコロンブスによるアメリカ大陸発見以後にその栽培が始まることになる．しかし，アメリカブドウはヨーロッパブドウとは異なって，ヨーロッパ人に好まれない香りの foxy flavor（狐臭ともいわれる）を有していたため，17世紀に入るとヨーロッパブドウの栽培品種がアメリカ東海岸一帯に導入されて，積極的に栽培された．しかし，すべて失敗に終わったが，その原因について，この時点ではわからなかった．18世紀に入ってから，ヨーロッパのブドウ栽培の熟練者が大規模な栽培に挑戦したが，再びすべて失敗に終わった．

　アメリカ東部沿岸地域においてヨーロッパブドウの栽培が失敗した原因の1つは，北部地方では冬季の低温，中南部地方では夏季の高温と多湿による多くの病害虫（べと病，うどんこ病，黒とう病など）の発生であったが，最大の原因は

害虫のフィロキセラ（*Philoxera vastatrix*．ブドウネアブラムシ）によるものであることが19世紀に入って明らかにされた．フィロキセラはアメリカ原生のアブラムシ科の昆虫で，ブドウの葉および根に虫えい（虫こぶ）を形成して，枯死に至らせる．フィロキセラの存在を知る以前に，アメリカブドウはすでにヨーロッパに持ち込まれ，各地に導入されていたため，フィロキセラが伝播および蔓延して，ヨーロッパのみならず世界中のブドウ栽培が大きな打撃を受けた．そのため，19世紀後半から20世紀初頭にわたり，フランスとアメリカにおいてフィロキセラ対策の研究が盛んに行われた結果，アメリカブドウ相互の交雑によってフィロキセラ抵抗性の優良台木が育成された．また，ヨーロッパブドウとアメリカブドウとの交雑によって，フィロキセラ抵抗性のワイン用品種が育成されるなどの成果も得られた．フィロキセラ抵抗性の台木を用いることによるフィロキセラ対策の確立は，現在でも世界のブドウ栽培にとって偉大な業績となっている．

　他方，アメリカブドウは，フィロキセラ抵抗性と関係なく，18世紀後半にヨーロッパブドウとの交雑によって新品種の育成が図られ，多くの品種が作出された．なかでも，アメリカブドウの一種 *V. labrusca* は果粒が大きく，変異に富み，重要な育種親となって，現在までに2,000品種以上が育成され，果樹の中ではきわめてまれな品種育成の例とされている．現在，*V. labrusca* とヨーロッパブドウまたは他のアメリカブドウとの交雑によって育成された品種群は *V. labruscana* L. H. Bailey と命名されている．本章では，*V. labrusca* と *V. labruscana* をまとめて，以降においては狭義のアメリカブドウと呼び，狭義のアメリカブドウとヨーロッパブドウとの交雑によって育成された品種を欧米雑種品種と呼ぶことにする．

4）東アジア種群の発達

　東アジアにおいても第四紀の氷河期以後に多数の種が繁茂し，その野生種（アジア野生ブドウ．*V. amurensis* など約40種）は，中国，朝鮮半島，日本に分布し，一部は南アジアのインドや東南アジアにも分布している．わが国にはヤマブドウ（*V. coignetiae* Pulliat ex Planch.）など，7種8変種1未同定種の自生種が確認されている．アジア野生ブドウは古くから採集利用されていただけで，近年までヨーロッパブドウやアメリカブドウのような栽培および育種は行われてこなかったものの，わが国では最近，一部の地域においてワイン用としてのヤマブドウを用い

た栽培および育種が図られている．また，新品種育成にとりかかって，耐病性，耐寒性，耐干性，耐塩性，耐湿性および栄養成分の高含有性などの形質導入のための遺伝資源として期待されている．

5）マスカディニアブドウ種群からマスカダインブドウの発生

ブドウ属のマスカディニア亜属には，マスカディニアブドウ種群（*Muscadinia* spp.）のみが含まれる．マスカディニアブドウ種群には3種あって，アメリカ南東部とメキシコ南部からグアテマラ北東部に自生している．真ブドウ亜属の植物とは染色体数が異なる他に，形態および生態も多くの点で異なっている．アメリカ東部において，マスカディニアブドウ種群の中のマスカダインブドウ（*V. rotundifolia* Michx.）では優れた品種が選抜され，18世紀中頃から生食・ワイン用として栽培に移されて，20世紀初めには大々的な育種事業が開始され，優れた品種も育成されている．しかし，現在でも栽培はアメリカ南東部に限られている．

6）わが国におけるブドウ栽培の始まりと発展

ヨーロッパブドウがわが国へいつの時代に伝来したのかについては現在でも不明であるが，わが国固有の品種である'甲州'が鎌倉時代に中国から伝来して発見され，それが栽培に移されたとされている．最近まで'甲州'は，西アジア種群・ヨーロッパブドウ・東アジア系の中の *caspica* 亜系とされていたが，DNA解析の結果から，東アジア系と，中国の野生種（東アジア種群）の種間雑種であることが明らかにされている．

わが国でのブドウ栽培は，江戸時代まで現在の山梨県を中心としたきわめて限られた地域での主に'甲州'を用いた栽培しか行われてこなかったが，本格的に発展したのは明治時代から大正時代である．国の奨励と民間での栽培意欲の高揚によって，明治時代前半には多数の外国品種が国や民間篤志家によって積極的に導入された（☞第10章4.）．明治時代後半には，ボルドー液および石灰硫黄合剤などの農薬利用，耐久性のある針金のブドウ棚への利用，ならびに栽培方法の飛躍的改善などによって生産が安定するようになり，それに従って産地が各地に形成されていった．大正時代に入ると，'甲州'に'デラウェア'や'キャンベル・アーリー'などの欧米雑種品種を加えて，産地が形成されていった．

2. 育種と繁殖

1）原種の特徴

　ヨーロッパブドウの栽培品種は，耐干性が強いものの病気や寒さに弱く，成熟時に裂果しやすいが，果実には代表的な香りとしてマスカット系品種が有する軽くさわやかな感じのマスカット香（麝香鹿の香りともいわれる）があり，肉質は，かみ切りやすく硬い，崩壊性である．明治維新期以降に多数のヨーロッパブドウの栽培品種が導入されたが，わが国の夏季の高温多湿の気候に適さず，一部のものがガラス室栽培されてきたにすぎない．しかし，現在では，雨除けなどの施設内で栽培されているヨーロッパブドウの系統の品種も多い．

　一方，アメリカブドウの栽培品種は，耐寒性や耐病性が強く，寒冷地や多雨地域でも栽培できるうえに，成熟しても裂果しにくいが，果実には $V.\ labrusca$ に共通した深く甘い香り（foxy flavor，狐臭ともいわれる）があり，肉質は，かみ切りにくい塊状であることから，品質的にはヨーロッパブドウの栽培品種より劣るとされる．このような理由から，現在，わが国で栽培されている品種のほとんどは，ヨーロッパブドウとアメリカブドウの雑種（欧米雑種）である．

2）主な穂木用品種の種類と特徴

　わが国で栽培されている生食用ブドウの品種別構成割合の推移は図 4-2 の通りである．すなわち，昭和 50 年（1975）頃の主要栽培品種は，'デラウェア' と 'キャンベル・アーリー' であったが，最近では，'デラウェア' が徐々に，'キャンベル・アーリー' は急激に減少している．一方，大粒で高品質の '巨峰'，'ピオーネ'，'甲斐路'（'赤嶺' を含む），'藤稔'，'ロザリオ・ビアンコ'，'シャインマスカット' などが増加した．また，'マスカット・オブ・アレキサンドリア' と 'ナガノパープル' は栽培面積は大きくないものの，施設栽培が前提で栽培されている．

　一方，ワイン用の栽培品種は，これまで主に赤ワイン用として 'マスカット・ベーリー A' と 'コンコード' が，白ワイン用として '甲州' と 'ナイアガラ' が用いられてきたものの，'コンコード' は本来ジュース用の品種であり，他の品種はいず

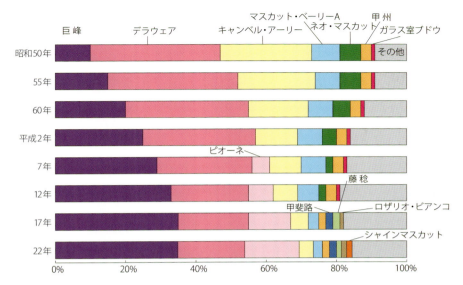

図 4-2 主要な生食用ブドウの栽培品種別構成割合の推移(結果樹面積)
(農林水産省:『果樹農業に関する資料』(平成 12 年),『果樹生産出荷統計』(平成 12 年),『果樹品種別生産動向調査』(平成 17 〜 22 年)を参考に作成. 平成 17 〜 22 年の'甲斐路'のデータは'赤嶺'を含む)

れも生食・ワイン兼用品種であることから,これらの品種から醸造されたワインの酒質はヨーロッパブドウのワイン用品種から醸造されたワインより劣るとされる.平成 10 年頃に始まった赤ワインブーム,さらには最近の低価格輸入ワイン市場の拡大によるワインブームの中で,わが国で生産されたブドウを 100%使って醸造する高品質の国産ワイン(平成 30 年 10 月から「日本ワイン」と表示できることになった)がいっそう求められるようになって,ヨーロッパブドウの国際的な上級ワイン用品種の国内生産量が増大している.ワイン用品種の栽培は,ワイナリーの自社園や,ワイナリーとの契約栽培によって行われているものが多い.

(1) 今日の生食用 3 大品種

'巨峰'…昭和 12 年(1937)に静岡県で大井上康が'石原早生'(欧米雑種品種'キャンベル・アーリー'の四倍体巨大変異)に'センテニアル'(ヨーロッパブドウ'ロザキ'の四倍体巨大変異)を交雑して育成した,四倍体の紫黒色大粒品種(欧米雑種品種)である(図 4-3a).昭和 20 年(1945)に'巨峰'と命名,発表された.

大粒できわめて味もよいことから，第二次世界大戦中から試作が始められた．しかし，四倍体品種の特性として，特に花振るい（ブドウの生理的落花の一種で，開花から2週間後頃までに未受粉や受精不良のために落花，または受精しても成長が停止して落果する現象）が多発したことから，経済品種として成立するまでには長い年数を要した．例えば，昭和30年代に各地で栽培が始まったものの，本格的に増殖されたのは花振るい防止技術が確立した昭和40年代の中頃から，長野県を中心に全国に急速に普及して，わが国の主要栽培品種に成長し，大粒系ブドウブームの先駆けとなった．

現在の主な産地は，長野県，山梨県，福岡県などである．果実の特性は，果粒重が11〜13g，果粒は短楕円形，果房は円錐形，果房重は350〜400g，多汁で食味よく，品質上である．しかし，成熟期に高夜温となる地域では果皮が紫黒色にならないで茶褐色となる着色不良と，収穫後に脱粒しやすいことが問題点としてあげられる．露地栽培の収穫期は，関東地方の場合，8月下旬から9月上旬で，施設栽培も多く行われ，4月から露地ものの収穫時期までに収穫期を迎える種々の作型がある．ジベレリンによる無核化（種なしブドウの作出）の栽培技術が確立され，有核（種あり）果実の生産よりも生産が安定して，また，食べやすさを求める消費者嗜好とも合致して，無核果実の生産が増えている．なお，'巨峰'は第二次世界大戦後に品種登録の出願がされたものの，花振るい性，無核小粒果の着生および脱粒性があるために，栽培価値がないとして認められなかったので，'巨峰'という名称は品種登録された名称ではなくて，商標登録された果実の名称である．

'デラウェア'…1850年頃，アメリカのニュージャージー州で偶発実生として発見されたとされ，1855年頃にオハイオ州のデラウェアで命名・発表された赤灰色小粒品種（欧米雑種品種）である（図4-3b）．わが国へは，明治15年（1882）に東京都の小澤善平によって導入された．耐病性で栽培しやすく，甘い食味が好まれて，昭和初期に産地が形成され，わが国の主要栽培品種となった．

果粒重は1.5g前後と小さく，有核で食べにくいという短所があったが，昭和35年（1960）にジベレリンによる無核化の栽培技術が確立されるとともに，熟期が約20日間も早まることから，画期的な付加価値が付けられた．また，昭和40年代から始まる施設栽培の本格的普及においても，ブドウの代表的な品種と

なった．果粒は円形，果房は円筒形，果房重は100〜150g，品質中である．ジベレリンによる無核果実の露地栽培の収穫期は，関東地方の場合，7月下旬から8月上旬である．現在の主な産地は，山形県，山梨県，大阪府などである．

'ピオーネ' …昭和32年（1957）に静岡県の井川秀雄が，'巨峰' に 'マスカット・オブ・アレキサンドリア'（ヨーロッパブドウ）の四倍体を交雑して育成した，四倍体の紫黒色大粒品種（欧米雑種品種）で，昭和48年に種苗名称登録された（図4-3c）．露地栽培では無核小粒の着果が多く，さらに，花振るい性が '巨峰' より強いことから，有核果実の栽培は '巨峰' より難しい品種であるが，ジベレリンによる無核化の栽培技術が確立されて安定生産ができるようになったので，平成2年（1990）以降に急速に増殖された．

現在の主な産地は，岡山県，山梨県などである．果粒は '巨峰' より一回り大きい12〜15gで，倒卵形．果房は円錐形．果房重は350〜400gである．品質は '巨峰' よりやや優れ，露地栽培の収穫期は，関東地方の場合，8月下旬から9月上旬で，'巨峰' よりも5〜7日遅い．'巨峰' と同様に，施設栽培も多く行われている．

図4-3 ブドウの生食用品種
a：巨峰，b：デラウェア（写真提供：松井弘之氏），c：ピオーネ，d：甲州（写真提供：マンズワイン（株）），e：マスカット・オブ・アレキサンドリア（写真提供：大川克哉氏），f：赤嶺，g：ロザリオ・ビアンコ，h：藤稔，i：シャインマスカット，j：ナガノパープル（写真提供：山下裕之氏）．

(2) 栽培面積が近年になって著しく減少した生食用品種

'キャンベル・アーリー'…アメリカのオハイオ州デラウェアのキャンベル（G. W. Campbell）が交雑育種した，濃紫黒色中粒品種（アメリカブドウに近い欧米雑種品種，1892年初結果）である．わが国へは，明治30年（1897）に新潟県の川上善兵衛によって導入された．気候適応性が広いので，岡山県を中心に，北海道から九州まで，全国に普及したが，現在は北海道と東北地方を中心に栽培が行われている．耐病性が強く，結実がよく，栽培が容易であるが，着色先行型で果肉が未成熟の状態で収穫されると酸味が強いため，完熟果での収穫が必要とされる．果粒重は5～6g，果粒は円形，果房は円筒形，果房重は300～400gである．foxy flavorが強く，品質中である．

'ネオ・マスカット'…岡山県の広田盛正が，大正14年（1925）に'マスカット・オブ・アレキサンドリア'に'甲州三尺'（ヨーロッパブドウ）を交雑して育成し，昭和7年(1932)に発表された，黄緑色中粒品種である．露地栽培できるヨーロッパブドウとして昭和20年代中頃より，山梨県，岡山県，香川県を中心に普及したが，現在の栽培面積は少ない．また，黄緑色であることから，完熟果での収穫が必要とされる．果粒重は6～8g，果粒は円形，果房は円筒形，果房重は350～400g，マスカット香を有し，品質上である．

'マスカット・ベーリーA'…昭和2年（1927）に新潟県の川上善兵衛が'ベーリー'（アメリカブドウ）に'マスカット・ハンブルグ'（ヨーロッパブドウ）を交雑して育成した，紫黒色中粒品種（欧米雑種品種）で，昭和15年に発表された．昭和30年頃から，山梨県，岡山県，広島県に普及した．ジベレリンによる無核化技術が確立されており，ワイン兼用品種でもある．豊産性で，果房が大きい．'キャンベル・アーリー'と同様に，着色先行型であるので，収穫期に注意する必要がある．寒冷地では酸の減少が不十分となるため，関東以西が主産地となっている．果粒重は6～7g，果粒は円形，果房は円錐形，果房重は350～400gである．わずかなマスカット香を有し，品質中である．

(3) 今後増大すると期待される生食用品種

'甲州'…淡紫色中粒品種で，ワイン兼用品種でもある（図4-3d）．果粒重は4

〜5g, 果粒は短楕円形, 果房は円錐形, 果房重は250〜300gである. 品質上とされ, 日持ちと貯蔵性はともに優れているが, 肉質は塊状で, マスカット香がない. また, 適地は狭く, 夏季高温で雨が少なく, 成熟期となる秋季の昼夜温の温度較差の著しいところで優品が生産される. 現在は主に山梨県で栽培されており, 露地栽培の収穫期は, 山梨県の場合, 9月下旬から10月上旬である.

'マスカット・オブ・アレキサンドリア'…エジプト原産とされているが, 来歴は明らかでなく, 品質極上の黄緑色大粒のヨーロッパブドウである (図4-3e). わが国には明治元年 (1868) に導入されたものの, 営利栽培が始められたのは明治19年に岡山県でガラス室栽培が始められたのが最初で, それ以来現在まで, 主に岡山県で栽培されている. 高温と乾燥を好み, 病害に弱いので, 露地栽培は困難で, わが国ではガラス室用品種として栽培されている. 果粒重は11〜13g, 果粒は短楕円形, 果房は円錐形, 果房重は500〜600gである. 甘味が強く, 酸味は弱く, 強いマスカット香があり, 食味はきわめて優れている. 収穫期は, 岡山県の場合, 無加温栽培では8月下旬から, 加温栽培では5月下旬頃からである.

'甲斐路'…山梨県の植原正蔵が, 'フレーム・トーケー' (ヨーロッパブドウ) に 'ネオ・マスカット' を交雑して育成し, 昭和52年 (1977) に種苗名称登録された鮮紅色大粒品種である. 食味がよく裂果のないヨーロッパブドウとして注目され, 山梨県を中心に栽培されている. 果粒重は9〜15g, 果粒は長卵形, 果房は円筒形, 果房重は500g程度である. 甘味が強く, 酸味は弱く, 香気はない. 直射日光で着色する品種のため, 果房を直射日光に当てる必要がある. 耐病性は 'ネオ・マスカット' よりも弱い. 露地栽培の収穫期は, 山梨県の場合, '甲州' と同時期の9月下旬から10月上旬である.

'甲斐路' の早熟の着色系枝変わりが各地で発見され, 中でも '赤嶺'(せきれい) (図4-3f) は産地の評価が最も高い品種で, 親品種の '甲斐路' 以上に生産されるようになっている. しかも, '赤嶺' は熟期と着色以外の特性が '甲斐路' とほとんどかわらないことから, その果実は '赤嶺' としてではなく, 多くは「早生甲斐路」あるいは単に '甲斐路' として出荷および販売されている.

'ロザリオ・ビアンコ'…山梨県の植原宣紘が, 昭和51年 (1976) に 'ロザキ' (ヨーロッパブドウ) に 'マスカット・オブ・アレキサンドリア' を交雑して育成し,

昭和62年に品種登録された，黄緑～白黄色大粒品種である（図4-3g）．耐病性は'ネオ・マスカット'と同程度で，裂果がほとんどない，露地栽培できるヨーロッパブドウである．果粒重は8～14g，果粒は楕円形，果房は円錐形，果房重は400～600gである．果皮は薄くて皮ごと食べることもでき，甘味が強く，酸味は弱く，香りはないが，品質極上である．露地栽培の収穫期は，関東地方の場合，9月上中旬で，脱粒はなく，輸送・貯蔵性もある．ジベレリンによって無核化も可能で，無核化栽培を行っている地域もある．

'藤稔'（ふじみのり）…神奈川県の青木一直が，昭和53年（1978）に「井川682号」（欧米雑種品種の'クロシオ'にヨーロッパブドウの'フレーム・トーケー'とヨーロッパブドウの'オバーレ'の雑種を交雑）に'ピオーネ'を交雑して育成し，昭和60年に品種登録された，四倍体の紫黒色巨大粒品種（欧米雑種品種）である（図4-3h）．花振るい性は'巨峰'と同程度であるため，結実管理には'巨峰'同様の注意を必要とする．果粒重は15～18g，果粒は短楕円形，果房は円筒形，果房重は350～600gである．果肉は'巨峰'と比べてやや軟らかく，甘味が比較的強く，酸味は中～弱で，弱いfoxy flavorがあって，品質上である．ジベレリンによる無核化が可能で，無核果実では果肉がやや硬くなるので，食味が向上する．

'シャインマスカット'…農林水産省果樹試験場安芸津支場（現・農研機構果樹茶業研究部門ブドウ・カキ研究領域（安芸津））で昭和63年（1988）に「安芸津21号」（アメリカブドウの'スチューベン'と'マスカット・オブ・アレキサンドリア'の雑種）に'白南'（はくなん）（ヨーロッパブドウ）を交雑して育成し，平成18年（2006）に品種登録された，黄緑色大粒品種（欧米雑種品種）である（図4-3i）．ヨーロッパブドウの食味を持つ一方で，一定の耐病性があって裂果もしないので，露地栽培ができる．果粒重は10g程度，果粒は短楕円形，果房は円筒形，果房重は400～500gである．果肉は崩壊性で，甘味が強く，酸味は弱く，マスカット香がある．果皮は厚くなく渋味もないので，皮ごと食べられる．裂果はほとんどなく，脱粒性は'巨峰'より弱く，日持ち性は'巨峰'より長いものの，穂軸が褐変しやすい．露地栽培の収穫期は'巨峰'と同時期で，関東地方の場合，8月下旬から9月上旬である．ジベレリンによる無核化が可能で，無核果実では有核果実よりも果粒重が1g程度増大するとともに，穂軸が褐変しにくくなる．

'ナガノパープル'…長野県果樹試験場において，平成2年（1990）に'巨峰'に'リ

ザマート'（ヨーロッパブドウ）を交雑して育成し，平成16年に品種登録された，皮ごと食べることができる三倍体の紫黒色大粒の無核品種（欧米雑種品種）である（図4-3j）. 受精は非常に不安定で，ときには種子が形成されるが，ほとんどは無種子か，しいな状の種子の痕跡がある．自然状態では強い花振るいを起こし，小果粒がまばらに着生した商品価値のない果房しか得られないため，果実生産に当たっては花穂（果房）へのジベレリン処理が不可欠という特性を有している．果粒重は10〜14g，果粒は倒卵形，果房は円筒形，果房重は400〜500gである．果皮の剥皮は困難で，果肉はやや硬く歯切れがよく，甘味が強く，酸味は弱い．'巨峰'同様のfoxy flavorがあり，育成地（長野県須坂市）での収穫期は9月上旬頃である．また，収穫期前の降雨によって裂果が発生する場合があることから，施設栽培が望ましい．

（4）ワイン用品種

'メルロー'…フランスのボルドー原産で，上級赤ワイン用の品種である（図4-4a）. 降水量が少なく，比較的冷涼な地域で良品の生産が可能である．耐病性と耐寒性は中程度で，酸性土壌には適さない．果粒重は1.8g程度，果粒は円形，果房は有岐（岐肩を有していること，☞4.4)「結果習性」）円錐形，果房重は300g程度，果皮色は青黒色，糖度（Brix）は17〜18度，酸味が強く，豊産性で，長野県での収穫期は10月上中旬である．長野県および山形県で多く栽培されている．

図4-4　ワイン用品種
a：メルロー，b：シャルドネ，c：カベルネ・ソービニヨン．（写真提供：山下裕之氏）

'シャルドネ'…フランスのシャンパーニュ原産で，上級白ワイン用の品種である（図4-4b）．比較的冷涼な地域で良品の生産が可能である．耐病性は比較的強く，耐寒性は中程度で'デラウェア'より若干弱く，酸性土壌に適さない．果粒重は1.6～1.7g，果粒は円形，果房は有岐円筒形，果房重は150～200g，果皮色は黄白色である．糖度は18度程度であるが20度以上になることもあり，酸味が多い．裂果は少なく，豊産性である．長野県での収穫期は9月下旬頃であるが，良質なワインの原料とするためには10月に入ってから収穫が行われる．長野県と山形県で多く栽培されている．

'カベルネ・ソービニオン'…原産地は明らかでないが，'ソービニオン・ブラン'と'カベルネ・フラン'との自然交雑によって発生した，上級赤ワイン用の品種である（図4-4c）．比較的温暖で，乾燥した地域の水はけのよい土壌で良品の生産が可能である．耐病性は中程度で，耐寒性は弱い．果粒は小さく，円形．果房は有岐円錐形．果皮色は紫黒色で，甘味および酸味はともに強い．収量は少ない．山梨県での収穫期は10月中旬である．山梨県と山形県で多く栽培されている．

3）台木の種類と特徴

ブドウの苗木は，一部の品種を除いて，挿し木繁殖が容易である．しかし，栽培品種の多くは，フィロキセラ抵抗性の台木に接ぎ木した苗木を用いることが多い．また，台木は品種によって樹勢および耐干・耐湿性などが異なり，果実の品質と収量などに及ぼす影響も異なることから，栽培地の土壌や気象条件，ならびに栽培品種の特性と作型などを考えて，穂木品種の特性を十分発揮させるための選択が重要である．

台木用の品種は多数育成されているが，基本はフィロキセラ抵抗性がアメリ

表4-1 台木に用いられる基本種の特徴

基本種	特　徴
V. riparia	河岸湿潤地帯に自生し，酸性土壌に強く，発根は容易で矮性，早熟で，収量は少なく，耐干性が弱い
V. rupestris	砂礫乾燥地に自生し，高木性，晩熟で，収量多く，耐干性が強い
V. berlandieri	山頂および傾斜の乾燥地に自生し，アルカリ性土壌に強く，矮性，早熟で，収量は多い

（吉田義雄ら（編）：『最新果樹園芸技術ハンドブック』，朝倉書店，1991を参考に作成）

表 4-2 接ぎ木した栽培品種の生育に及ぼす主要な台木用品種の特性

台木用品種，（ ）内は育種親の種	樹勢	深根性	耐寒性	耐干性	耐湿性	収量	熟期	品質
グロアール・ド・モンペリエ（V. riparia）	矮性	浅	やや強	やや弱	強	少	極早	良
101-14（V. riparia × V. rupestris）	準矮性	浅	強	やや弱	やや強	やや少	極早	良
3306（V. riparia × V. rupestris）	準矮性	中	強	強	極強	やや多	やや早	良
3309（V. riparia × V. rupestris）	準矮性	中	極強	極強	中	やや多	中	良
420A（V. berlandieri × V. riparia）	準矮性	中	極強	極強	中〜強	中	やや早	極良
テレキ 5BB（V. berlandieri × V. riparia）	準矮性	やや浅	強	極強	やや弱	中	やや早	優良
テレキ 5C（V. berlandieri × V. riparia）	準矮性	中〜深	極強	強	強	中	早	優良
SO4（V. berlandieri × V. riparia）	準矮性	やや深	強	強	強	中	やや早	優良
イブリフラン（V. rupestris × V. vinifera）	高木性	深	弱	やや弱	やや強	中	晩	中
1202（V. vinifera × V. rupestris）	高木性	深	弱	強	極強	中	晩	中

（松井弘之ら：『果樹』，実教出版，2014；吉田義雄ら（編）：『最新果樹園芸技術ハンドブック』，朝倉書店，1991 を参考に作成）

カブドウの中でも比較的強い V. riparia（リパリア），V. rupestris（ルペストリス）および V. berlandieri（ベルランディエリ）の3つの種を用いて，純粋種か，それらの2つの種を交雑したものか，いずれかの種とヨーロッパブドウを交雑したものである．3つの種の特徴は表 4-1 の通りである．現在，主に利用されている台木用の品種は，準矮性で環境適応性が広く，早熟で品質向上性が高く，総合的に優れたテレキ系，101-14，3309 などである（表 4-2）．

3．形　態

1）分枝性と樹形

(1) 分　枝　性

ブドウの新梢には2列に互生して葉を着け，各葉腋に腋芽を形成する．巻き

ひげまたは花穂は葉と対生する．巻きひげは枝の変形と考えられており，花穂と相同器官である．巻きひげまたは花穂は，ヨーロッパブドウならびにアジア野生ブドウおよびアメリカブドウの多くの種において2節続けて着生し，次の1節には着生せず，それ以後はこれを繰り返すもの（間続性巻きひげ，図4-5左）がある一方で，アメリカブドウの *V. labrusca* およびそれとの交雑品種の一部において連続的に着生するもの（連続性巻きひげ，図4-5右）がある．

　ブドウの分枝性については諸説があって，主軸は巻きひげで終わり，それより先の主軸状の部分は腋芽の主芽（外観上の腋芽は本来の副芽）が伸長した側枝

図4-5　間続性巻きひげ（左）と連続性巻きひげ（右）

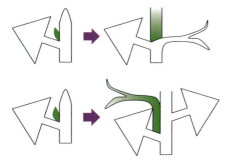

図4-6　ブドウの仮軸分枝説（上）と単軸分枝説（下）
（原　襄：『植物形態学』，朝倉書店，1994を参考に作図）

（側軸）であり，本来主軸である巻きひげの部分が横に押し倒されて，あたかも側軸が主軸のように伸長するとする仮軸分枝説（図4-6上）や，長く伸びる新梢を単軸と見て，巻きひげは1つ下の節の葉の葉腋に発生する側軸であり，巻きひげの発生した位置から1つ上の節までが主軸と合着するとする単軸分枝説（図4-6下）などがある．しかし，いずれの説も間続性巻きひげ

か連続性巻きひげかについては言及されていない．最近，腋芽の発達の詳細な解剖学的観察などから，ブドウの間続性巻きひげを持つ新梢は単軸分枝的に成長するという説が提唱された．しかし，新梢に連続性巻きひげを持つ V. labrusca がどちらの分枝型に属するかまでは言及されていない．

(2) 樹　　形

ブドウはつる性の果樹であり，巻きひげが何らかの物に巻きついて登はんおよび成長するので，人為的にどのような樹形にも育てることが容易であることから，いろいろな樹形が考案されている．ブドウの栽培品種の仕立て方には，棚仕立て（平棚仕立て），垣根仕立て，および株仕立て（棒仕立て）などがある．

棚仕立て…わが国で最も多く用いられている仕立て方である．その理由として，①個々の葉が太陽光を有効に利用できる，②つる性であるブドウでは枝の配置が容易で管理が一律に行える，③季節風や台風などに強い，④棚面が高く風通しがよいので病害が少ない，⑤土地の利用効率が高い，⑥枝を自由に伸長させて樹体の拡大が十分に可能となる，⑦綿密な花穂・果房管理のための作業能率がよい，⑧他の仕立て方と比べて最も多収を望むことが可能となる，などがあげられる．一方，短所としては，起伏の激しい土地では管理しにくいことがあげられる．

わが国で行われている棚仕立てには，山梨県の‘甲州’の栽培をもとに発達し，樹勢の強い‘巨峰’，‘甲斐路’，および‘デラウェア’などでも行われている長梢剪定仕立てと，岡山県の‘キャンベル・アーリー’の栽培を中心として確立された短梢剪定仕立てとがある．長梢剪定とは，結果母枝上に 6 芽以上残して枝を剪定する方法である．長梢剪定仕立てでは，主幹に近い位置から発生する新梢ほど樹勢が強くなりやすいので，樹形には，均一な新梢成長が得られる，平地で行われる X 字形整枝（図 4-7）と，傾斜地で行われる V 字形整枝（オールバック整枝）がある．また，短梢剪定とは，すべての結果母枝を 1〜2 芽残して剪定する方法（図 4-8）であり，技術的に容易である．棚の上にビニルを張るトンネル被覆栽培なども容易となる．短梢剪定仕立ての樹形には，平地で行われる一文字整枝（T 字形整枝）や主枝双方二分整枝（H 字形整枝）と，傾斜地で行われる U 字形整枝（オールバック整枝）などがある．

垣根仕立て…世界のブドウ栽培地，特にワイン用品種の栽培地の多くで用いら

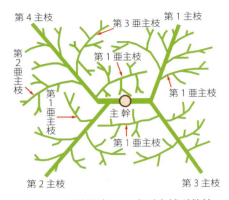

図 4-7 長梢剪定の X 字形自然形整枝
(土屋長男:『葡萄栽培新説』, 1956 より作成)

れている仕立て方である．その理由として，①収穫および剪定の機械化を図ることができる，②果房に十分な日光が当たり，着色および糖蓄積などの成熟促進が図られ，ワインの品質に重要な酸や香気などの成分が低下する前に収穫可能となる，などがあげられる．わが国でも主にワイン用品種や根域制限栽培などに用いられ，地表から 0.5 ～ 1m の高さに 2 ～ 4m の長さの水平

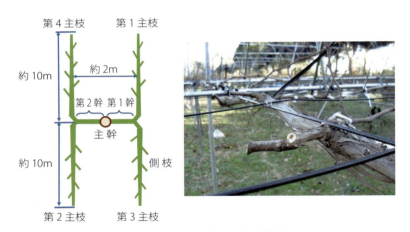

図 4-8 短梢剪定の H 字形整枝
(左は太田敏輝:『葡萄栽培法』, 1952 を参考に作図；右は写真提供：大川克哉氏)

主枝を配置し，それから新梢（結果枝）を誘引角度 90°（垂直）～ 60°に伸長させる仕立て方が多い．

　樹形には，主枝の本数と配置などによっていくつかの方式があるものの，剪定は前年生枝（結果母枝）の 2 芽を残す短梢剪定を行い，結果枝を垂直に伸長させるコルドン仕立て（図 4-9）や，結果母枝の 6 ～ 7 芽または 3 ～ 4 芽を残す剪定を行って主枝と平行に配置し，結果枝を V 字形に伸長させる改良マンソン仕立て（図 4-10）などがある．

図 4-9 コルドン（片側水平コルドン）仕立て

図 4-10 改良マンソン仕立て
枠内は結果母枝の配置の様子.

株仕立て（棒仕立て）…世界的には，夏に高温乾燥地での粗放的な栽培に用いられている仕立て方である．連年にわたる短梢剪定によって骨格枝上の結果枝の基部がこぶ状になったものは芽座(がざ)（図 4-11）と呼ばれ，樹高 1m 前後の主幹の上部に芽座を配置して，そこから必要数の結果枝を放射状に伸長させる方式が

図 4-11 芽　座

株仕立てと呼ばれる．一方，主幹の高さを 2m 前後にして，主幹の下部から上部まで適当な間隔で芽座を配置し，それらから結果枝を放射状に伸長させる方式が棒仕立てと呼ばれる．いずれの仕立て方においても，結果枝を誘引せずに自然に下垂させるので，果房が枝葉に覆われるため，果実品質は優れない．

2）花序型と摘花

花序型…ブドウの花穂は新梢（結果枝）の基部数節に 1～数個，葉に対生して着生する（図 4-12）．花穂の分枝型は，穂軸（主軸）の側方に支梗（側軸）が形成される単軸分枝で，花序型は支梗を単位とした総状花序が組み合わさってできた複総状花序である．花穂基部の支梗が頂部のそれよりも長い円錐花序をつくる．

摘　花…わが国の生食用ブドウの栽培で行われる摘花とは，良品質の果房を安

図4-12 新梢に着生した花穂

定的に生産するために着穂数を開花前に制限する摘房と，花振るいの防止や花穂の形を整えるために開花数日前から行う花穂整形（花穂の切込み）とがある．摘房は早い時期に行った方が養分消耗から見て効果的であるが，最終的に残す果房数は，品種，作型，着粒の状態，花振るいの程度および結果枝の強弱などによって，結実後に行う摘房と合わせて決定する．例えば，花振るいが著しい'巨峰'では着葉数が2～3枚の弱い結果枝以外は結実後まで放任して，結実後に摘房を行い，結実性が高い'デラウェア'では開花前に80％，結実後に20％の割合で摘房を行う．一方，花穂整形では，いずれの品種においても，花穂に岐肩（副穂）がある場合は必ず基部から切除する．果房が大きくなる品種では，各支梗が長く伸長するので，花穂基部の長い支梗を品種によって1～数個切除するか，あるいは支梗の基部の花蕾のかたまりを2～3個残して，その先を切除し，さらに，花穂の先端も切りつめる．また，ジベレリンによる無核化によって穂軸や支梗が硬化し，脱粒しやすくなる'巨峰'や'ピオーネ'などでは，果粒が密着した果房を形成させるために，花穂の先端部の支梗を10数個残し，それから基部のすべての支梗を切除する．

3）花と果実の形態および可食部位

花の形態…ブドウの花は両性花と偽両性花に分けられる．両性花は雌蕊と雄蕊がともに機能しているが，偽両性花では雌蕊が不完全な機能的雄花と，雄蕊が不完全な機能的雌花とに分けられる．栽培品種の花ではほとんど両性花であるが，一部の品種では雄蕊反転性の機能的雌花もある．野生種や多くの台木用品種では偽両性花であるとともに，雌株と雄株に分かれる．花は小さく，萼はきわめて小さい．ブドウ科は離弁花類に分類されているが，ブドウの花弁は合着して花冠を形成し，開花時に基部から離脱する．雄蕊は花弁と対生する．子房上位で，通常2心皮である．したがって，隔壁によって2室に分かれ，各子室に2個の胚珠

が倒生する．子房基部の花床が肥大して花盤となり，蜜腺を持つ．

果実（果粒）の形態と可食部位…ブドウの果房は多くの果粒（果実）が集合して形成されているので，日常生活においてブドウの1つの果実という場合には，1つの果房（果序）を指している場合と，1個の果粒を指している場合とがある．果粒は漿果で，子房が肥大した真果である（図4-13）．有核品種では，果粒に通常1～4個の種子が形成される．可食部は子房が発達した果粒全体で，外果皮，中果皮，内果皮，および隔壁（胎座）で構成されている．外果皮は最外層がクチクラで覆われ，2～3の表皮細胞層と3～4の亜表皮厚膜細胞層からなり，亜表皮厚膜細胞層には芳香物質，色素およびタンニンなどが含まれている．25～30の柔組織細胞層からなる中果皮は周囲維管束を境として外壁と内壁に分けられるが，柔軟多汁の果肉質となって可食部の大部分を占める．内表皮を含む内果皮は1～2の細胞層からなり，きわめて薄く，種子に接している．成熟した果粒を潰したときに分離する皮の部分は外壁の亜表皮厚膜細胞層と接している部分を境として剥れる．果粒の大きさは，同じ品種であっても，通常は栄養状態がよいほど，種子数が多いほど大きくなる．また，果粒の形はさまざまで，円形，長円形，楕円形，扁円形など，10種類程度に分類されている．

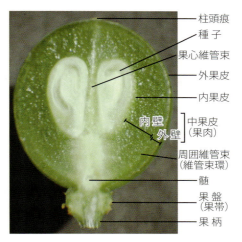

図4-13　果実の形態（縦断面図）
（写真提供：松井弘之氏）

4．生理生態的特性

1）休　　眠

休眠は，短日や温度などの環境要因によって誘導される（図4-14）．ブドウにおける自発休眠覚醒のための低温要求時間は，他の落葉果樹に比べるとやや短い．

0〜7℃の積算時間で換算すると，400時間程度で自発休眠から覚醒する．露地では，品種によっても異なるが，一般に8月下旬から徐々に休眠に入り，10月中旬から11月上旬に最も深くなる．その後，自発休眠から次第に覚醒して，1月中旬には80％以上の芽が覚醒する（図4-15）．自発休眠が不十分な樹では，萌芽が不揃いとなったり，萌芽しないこともある．その場合には，休眠打破剤が使用される．休眠打破剤の処理時期としては，自発休眠終了期での散布が効果的である．

ブドウでは，ハウスを利用した二期作，早期加温栽培または無加温栽培などが行われているので，休眠打破剤の使用適期は，収穫後の萌芽前とされている．例えば，ブドウの二期作では，5月中旬の収穫後に剪定が行われたのちに休眠打破剤が処理されて，果実が12月に収穫されたあとの1月に再び休眠打破剤が処理される．休眠打破剤として現在は3種類の製剤（商品名：CX-10（シアナミド

図4-14　ブドウの生活環

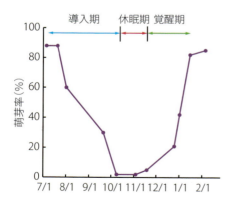

図4-15　'デラウェア'における自発休眠の導入と覚醒
切り枝を温室に搬入後30日の萌芽率．（堀内昭作ら，1981）

10％），ヒットα13（シアナミド13％），ヒットα10（シアナミド10％））が農薬登録されている．休眠打破剤の処理効果は葉芽の方が花芽よりも早く現れる．シアナミド剤は，低温要求量の30％までの低温量を補う効果がある．内生植物ホルモンは，休眠の進行に伴ってアブシシン酸（ABA）が上昇し，ジベレリン（GA）が減少して，休眠の覚醒に伴ってABAが減少し，GAが増加する．

2）栄養成長と幼若性

ブドウの種子を播種して，発芽した実生を育てると，一般に開花まで5年程度を要し，この期間が幼若期と呼ばれる．ただし，実際のブドウ栽培においては台木に穂木品種を接ぎ木した苗木を植栽するので，早ければ植栽後2年目に開花および結実するが，栄養成長が旺盛な場合には若干遅れる．このように，ブドウが開花に至る期間は，他の果樹に比較して短い．植栽後8〜9年目に盛果期に達し，経済樹齢としては30年程度続く．

3）花芽の分化と発達

ブドウの花芽は，新梢の腋芽が花芽となる側生花芽で，その中に，花穂始原体，葉および枝となる原基が含まれる混合花芽である（図4-16）．花穂始原体は，結果枝となる．新梢の基部から頂部に至る各節の葉腋に，新梢が50cmほど伸長した5月下旬から7月にかけて分化していく．さらに，花穂始原体の中に1つ1つの花が分化する．ブドウでは花芽分化に関与する遺伝子として，ブドウ *TFL1A*（*Terminal Flower1A*, *VvTFL1A*）およびブドウ *FT*（*FLOWERING LOCUS T*, *VvFT*）の存在が確認されている．一般的に *TFL1* は幼若相の維持に関連し，*FT* は花芽分化の促進に関連している．

4）結 果 習 性

花芽は翌年の春に萌芽して，新梢を伸ばしながら展葉し，花穂を発達する．わが国で栽培されている多くの品種では，花穂は新梢の基部から3節目と4節目に第1花穂と第2花穂が形成され，次に1節超えて，6節目と7節目に第3花

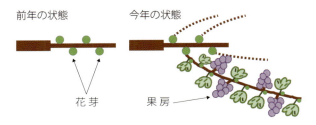

図4-16　ブドウの結果習性

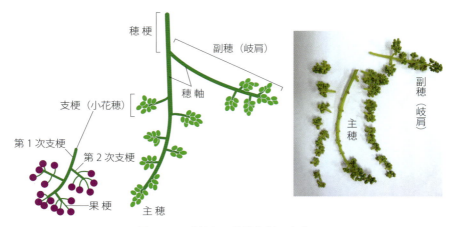

図 4-17 ブドウの花穂各部の名称
（写真提供：大川克哉氏）

穂と第 4 花穂が形成される．品種によっては，第 3〜5 節目に連続して花穂が形成される場合がある．花穂は主穂と副穂（岐肩）で構成され，果粒は主穂と副穂から発生した支梗に着生する（図 4-17）．樹体の栄養条件が良好な場合，花穂数が多くなる．

5）開花と結実

ほとんどの栽培品種は自家受精によって結実する．受精後，子房（果粒）が肥大するが，開花直後からたくさんの花が落花することがある．この現象は花振るい（shatter）と呼ばれ，ブドウ特有の呼称であるが，他の果樹の早期落果（June drop）に類似する現象である．ブドウ以外の果樹での早期落果は，一般に，受精後 2 週間頃から起こるが，ブドウでは開花直後から起こるので，このように呼ばれる．ブドウの萌芽から開花期頃までの生育は，前年に枝あるいは根に蓄えられた貯蔵養分を消費して行われるが，その後は展葉していく葉で合成された光合成産物を養分として生育する．したがって，この時期は，盛んに伸長していく新梢と花穂あるいは果房との間で養分（炭水化物）吸収の競合が起こる不安定な時期といえる．したがって，新梢の成長を助長する強剪定あるいは窒素の多用は，花振るいを助長する（図 4-18）．また，単為結果を促すジベレリンの処理は，花振るいの抑制に大きな効果を示す．

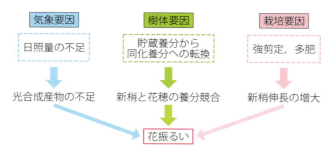

図 4-18　ブドウの花振るいの誘導要因

6）果実の発育と成熟

　ブドウは果房全体の品質で商品性が左右される．それゆえ，着果量の調節は果房整理（摘房）と，果房内の着粒管理（摘粒）によって行われる．摘房の時期が早いほど，残された果房では養分が有効に利用されるので，一般には開花前に一度行い，開花後は数回に分けて行われる．摘房では1本の新梢に2果房を残すことを基本とするが，'巨峰'などの大粒品種では1新梢に1果房を残して摘房する．摘粒は，着粒状態が明らかになる満開後15日以降に行い，満開後40日頃までに終了する．果房の形が円筒形から円錐形になるよう摘粒する（図4-19）．

　ブドウの果粒重および果粒径について発育期から収穫まで成長曲線を描くと，二重S字型成長曲線を描く．成長曲線は第Ⅰ期（細胞分裂期と急速な細胞肥大期），第Ⅱ期（果実の肥大が低下して，種子が硬化する硬核期），ならびに第Ⅲ期（果

図 4-19　摘粒後の'巨峰'の果房
満開後15日．（写真提供：大川克哉氏）

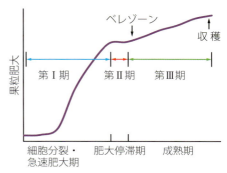

図 4-20　ブドウの果粒の成長曲線

実の肥大に加えて成熟が進む時期）に分けられる．第Ⅱ期から第Ⅲ期の変わり目には，果実の表皮の濃緑色が淡くなり，果肉硬度が低下する．ブドウではこの時期をベレゾーン（フランス語：Véraison）と呼ばれている（図4-20）．果実の発育期から成熟期への転換期をこのような特別な名称で呼んでいるのはブドウのみである．ブドウは成熟期に呼吸上昇が見られない非クライマクテリック型果実である．非クライマクテリック型果実では成熟期に内生ABA濃度が上昇するので，果実の成熟と着色に関連している可能性がある．

7）収穫と貯蔵

ブドウの果実は比較的に果実表皮の水分透過抵抗値が小さいので，果実の水分損失が大きい．また，低湿度条件下では穂軸が褐変する．そのため，鮮度保持には高湿度条件（相対湿度90〜95％）と低温（0℃）が有効である．鮮度保持の実験として，二酸化硫黄ガスを充填した鮮度保持フィルム（低密度ポリエチレンフィルム）中でブドウの果実を貯蔵した場合，穂軸の褐変と果実の腐敗が抑制されて，4ヵ月間の貯蔵が可能となるが，実用的にはさらなる検討が必要である．

8）果実の可食成分と機能性

果粒の糖含量は，ベレゾーン期以降急激に増加する．収穫期の'巨峰'の糖含量と組成割合はグルコースが81.3g/kgで46.1％，フルクトースが94.5g/kgで53.6％，スクロースが0.55g/kgで0.3％である．有機酸の含量と組成割合は，酒石酸が4.6g/kgで52.9％，リンゴ酸が3.5g/kgで40.2％，その他が0.6g/kgで6.9％である．ベレゾーン期以降に着色する品種ではアントシアニンが合成される．ブドウのアントシアニンは主にマルビジン系，ペオニジン系，ペチュニジン系，シアニジン系，およびデルフィニジン系の5種類であり，それぞれ異なるUDP糖を結合して，23種類程度によって構成されている（図4-21）．これらの中では，マルビジン系アントシアニンが最も多い．アントシアニンはポリフェノールの一種なので，アントシアニン濃度が高いほど強い抗酸化活性を示し，多くの機能性が報告されている．例えば，ヒト皮膚繊維芽細胞にUV-Bを照射した場合，アントシアニン濃度が高い'ピオーネ'の果皮からの抽出成分を添加すると，UV-B障害が軽減される．

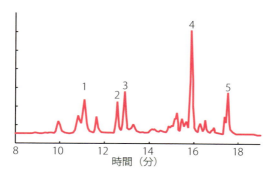

図 4-21 高速液体クロマトグラフィー（HPLC）で分析したブドウ '巨峰' 果皮のアントシアニン

1：Malvidin-3,5-O-diglucoside，2：Peonidin-3-O-glucoside，3：Malvidin-3-O-glucoside，4：Malvidin-3-O-(trans-6"-O-coumaroyl)-glucoside,5-O-glucoside，5：Malvidin-3-O-(trans-6"-O-coumaroyl)-glucoside．（近藤　悟ら，2014）

5．栽培管理と環境制御

1）生育制御と環境制御

新梢管理…各品種において，結実が良好な新梢は 1.5m 程度で伸長を停止する．したがって，これ以上に新梢が伸長する場合は，伸長を抑制するような管理を行う必要がある．新梢伸長を抑制する方法として有効なのは摘心である．摘心の目的は，結実の促進を図ること，新梢への養分蓄積を図ることである．結実促進を目的とする場合は，いずれの品種においても開花前 1 週間頃が適期である．この時期で摘心すると，その後に副梢の発生が見られる．摘心は，程度を誤ると必要とする葉数の確保ができなくなるので，伸長程度の強い新梢に限定して行われる．一方，新梢への養分蓄積を目的とする場合は，葉数が 20 枚程度確保された時点を目安に摘心が行われる．

補光栽培…1 月以降に行われる加温栽培においては，栽培期間を通じて日照時間が不足するので，果粒の肥大が低下し，新梢の成長が不良になる場合がある．その対策として，人工的に光合成に有効な波長域（400〜700nm）の光を照射して成長促進を図ることが行われ，補光栽培と呼ばれる．ブドウの補光栽培で

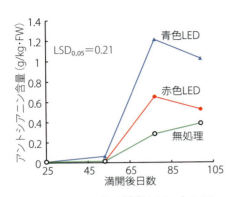

図 4-22 LED による補光とアントシアニンの合成
（近藤 悟ら，2014）

は，従来からメタルハライドランプやナトリウムランプなどが使用されているが，発光ダイオード（light emitting diode，LED）の利用が増えている．LED は特定の波長を発光することができるので，従来のランプに比べて消費電力が少なく，寿命も長い．クロロフィルの吸収波長域は主に 400～500nm（青色光）と 600～700nm（赤色光）なので，これらの波長の LED が用いられる．ブドウの光補償点は温

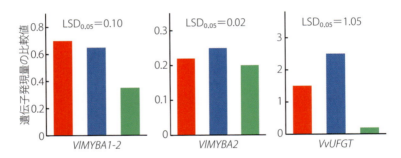

図 4-23 LED による補光とベレゾーン期におけるアントシアニン合成関連の遺伝子発現
■：赤色 LED，■：青色 LED，■：無処理．（近藤 悟ら，2014）

度によって異なるものの，光合成光量子束密度（PPFD）が 3.7～37μmol/m²/s の範囲にあるので，これより強い光での照射が有効となる．また，満開後 25 日から収穫まで，日没後 3 時間および日の出前 3 時間に青色または赤色 LED 光（PPFD 50μmol/m²/s）の照射は，'巨峰' のアントシアニン含量（図 4-22），ブドウ MYBA1-2（VlMYBA1-2），ブドウ MYBA2（VlMYB2），およびブドウ UFGT（UDP glucose flavonoid 3-O-glucosyltransferase，VvUFGT）のアントシアニン合成に関連する遺伝子発現（図 4-23）と糖含量を上昇させる．

2）施設栽培

わが国のブドウの結果樹面積は平成26年（2014）現在，18,800haであるが，収穫時期の前進と病害の軽減などを目的として，何らかの施設内（ガラス室，ビニルハウス，雨除けなど）で栽培される割合が増えている．全国のガラス室およびビニルハウス内で栽培されるブドウは，全栽培面積の約19%に達している．施設栽培面積は山形県（'デラウェア'），岡山県（'マスカット・オブ・アレキサンドリア'），福岡県（'巨峰'）で多い．施設栽培におけるブドウの収穫時期は，被覆の時期および加温の有無と時期によって異なる．施設栽培では，露地栽培で発生の多い遅腐病，べと病などは減少するが，ハダニなどの害虫が多く発生するので，防除を徹底する必要がある．

早期加温栽培…加温の開始時期に関しては，自発休眠の覚醒時期を考慮する必要がある（☞4.1「休眠」）．自発休眠の覚醒前に加温すると，萌芽の遅れもしくは不揃いが起こる．一般に，ブドウは1月上旬までに自発休眠から覚醒しているので，加温の開始時期としてはこの時期以降が目安となる．休眠打破を確実にするのであれば，休眠打破剤の散布後に加温を開始する．被覆開始から施設内の温度を徐々に上げていくが，被覆開始後の最初の1週間は無加温とし，それ以降に加温を行う．昼温は25～35℃を維持するように被覆と換気を行う．夜温は設定温度が高いほど萌芽が早くなり，開花期も早まる．15℃以上に管理すると，2月中旬に萌芽，3月中旬に開花，6月上旬に収穫期を迎える（図4-24）．加温の開始とともに新根の成長も徐々に始まるので，灌水は適時行う．

普通加温栽培…自発休眠が終了した2月から加温を開始する作型である．他

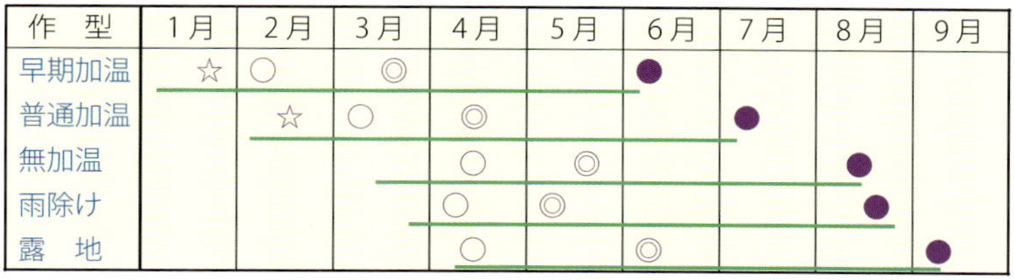

作　型	1月	2月	3月	4月	5月	6月	7月	8月	9月
早期加温	☆	○		◎		●			
普通加温		☆	○		◎		●		
無加温				○	◎			●	
雨除け				○	◎			●	
露　地					○	◎			●

図4-24 '巨峰' の作型と収穫期
☆：加温開始期，○：萌芽期，◎：開花期，●：収穫期．（高橋国昭：『ハウスブドウの作業便利帳』，1993を参考に作成）

発休眠期に入っているので，休眠打破剤の処理の必要はない．早期加温栽培に比べて加温開始時期が遅れる分だけ，萌芽期，開花期，収穫期が遅れる．

無加温栽培…ビニル被覆のみで，特に加温を行わない作型である．一般に，被覆時期が早いほどその後の生育が進み，露地栽培に比べて1ヵ月以上収穫が早まる．この作型では萌芽と開花が早まるが，その後の低温によって霜害の可能性もあるので，そのような際に加温することもある．

雨除け栽培…ブドウの果房に降雨がかからないよう，樹の上部のみを被覆する方法である．生育促進効果はほとんどないが，裂果や病害の発生が抑えられる．

3）植物成長調整物質の利用

（1）ブドウの無核化栽培技術

ジベレリンによるブドウの無核化は，わが国で開発された技術である．当初は'デラウェア'の果房の伸長を促進して密着果粒の裂果を防止することを目的として昭和33年（1958）に試験されたが，無核化作用のあることが発見されて，それ以降検討が重ねられて現在に至っている．当初は'デラウェア'を主体に検討されたが，現在は'巨峰'，'ピオーネ'など，消費者に人気の高い'巨峰'系四倍体品種をはじめとして，経済的に栽培されるほぼすべての品種で無核化が可能となっている．大粒品種を用いた無核果実の生産は，これからのブドウ栽培の主流になると考えられる．

ブドウの無核果実の生産に当たってはジベレリン（商品名：ジベレリン粉末，ジベラ錠など．有効成分：ジベレリン）の果房浸漬処理を行うが，着粒の安定および無核化の促進のために，合成サイトカイニンであるホルクロルフェニュロン液剤（商品名：フルメット液剤．有効成分：ホルクロルフェニュロン0.1％）あるいは抗菌薬であるストレプトマイシン液剤（商品名：ストマイ液剤20，アグレプト液剤．有効成分：ストレプトマイシン硫酸塩25％）を混入しての使用も可能である（表4-3）．

品種によって処理時期と処理濃度が異なる．'デラウェア'と米国系二倍体品種では，1回目の処理を満開予定日前約14日に100ppm，2回目は満開後約10日に75～100ppmの濃度で行う．一方，'巨峰'，'ピオーネ'などの'巨峰'系四倍体品種では，1回目の処理が満開時～満開後3日に12.5～25ppm，2回目の

表 4-3 ブドウの無核果実の生産に農薬登録されている植物成長調整剤

使用目的	農薬名	処理方法
無核化 果粒肥大促進	ジベレリン液剤 ジベレリン粉末 ジベレリン錠剤 ジベラ錠 ホルクロルフェニュロン剤 ストレプトマイシン液剤	①デラウェア，ヒムロットシードレスを除く米国系二倍体品種の2回処理法： 満開予定日前約14日（1回目）と満開後約10日（2回目） ②巨峰系四倍体品種・二倍体欧州系品種の2回処理法： 満開時〜満開後3日（1回目）と満開後10〜15日（2回目） ③巨峰系四倍体品種の1回処理法：満開後3〜5日

処理が満開後10〜15日に25ppmの濃度で処理する．欧州系二倍体品種では，1回目が満開時〜満開後3日に25ppm，2回目が満開後10〜15日に25ppmの濃度で処理する．開花前にジベレリン処理を行う'デラウェア'などでは，処理時期が遅れると種子が混入するが，ストレプトマイシン200ppmをジベレリンと混用すると無核化が促進される．

最近では着粒の安定のためにジベレリンにホルクロルフェニュロンを混用して処理される場合が多くなっている．通常，1回目のジベレリン処理時に2〜5ppmとなるように混用し，2回目に混用する場合は5〜10ppmになるようにする．また，2回にわたるジベレリン浸漬処理を省力化することを目的として，'巨峰'系四倍体品種において，ジベレリンの1回処理技術が確立されている．すなわち，通常の2回処理体系の1回目（満開〜満開後3日）よりも遅い，満開後3〜5日にジベレリン25ppmおよびホルクロルフェニュロン10ppmを混用して処理する．この処理体系で，2回処理体系と同等の品質の果実が生産できる．

(2) 無核化の機構

ジベレリンは果樹の栽培において，果実の肥大促進，果実のサビ防止，単為結果の誘導などに利用されている．ジベレリンは化学的に構造の異なる種類が135以上発見されているが，実際に生理的に活性があるのはGA_1，GA_3およびGA_4であり，このうちでブドウの無核化に利用されるのはGA_3のみである．ジベレリン処理がブドウの無核化を誘導するメカニズムとしては，花粉管の成長障害が報告されている．すなわち，ジベレリン処理された'デラウェア'の雌蕊内での花粉管の伸長は，特に子房上部で著しく抑制される．そのため，胚珠が不受精となっ

て無核果粒となる．この他には，花粉の発芽能力低下，花粉管伸長阻害物質の増加，および胚のう発達の遅延もあげられている．

　1回目のジベレリン処理によってブドウの果粒は単為結果して着果するものの，種子からのジベレリンをはじめとした植物ホルモンが供給されないので，果粒の肥大が劣る．そのため，2回目のジベレリン処理が必要となる．サイトカイニンは植物の細胞分裂の促進に関わることから，ジベレリンと同時に処理すると相乗的な効果が発揮される．ホルクロルフェニュロン10ppmとジベレリンの混用処理1回で着果安定と肥大促進の両方の効果が得られるのは，このような作用によるものである．

　抗菌薬であるストレプトマイシンは，タンパク質の合成阻害によって細菌の増殖を抑制する．ストレプトマイシン処理によってブドウの無核化が誘導されるメカニズムは，胚珠の発育阻害，花粉の発芽率の低下，および花粉管伸長の抑制であることが示されている．

(3) 新梢伸長抑制剤の作用機構

　現在，果樹に農薬登録されている新梢伸長抑制剤は，ジベレリン合成阻害剤である．ブドウで使用されるメピコートクロリド液剤（商品名：フラスター液剤．有効成分：メピコートクロリド44％）はジベレリン合成経路の比較的上流の酵素であるエント-コパリル2リン酸合成酵素を阻害することによって，下流のジベレリン合成を阻害する（図4-25）．この薬剤の散布によって新梢伸長をはじめとした栄養成長が抑制されることを通して，ブドウの花振るいの防止効果も認められている．品種によって反応が異なり，'巨峰'系四倍体品種ではメピコートクロリド液剤の500～800倍希釈液，欧州系二倍体品種では1,000～2,000倍希釈液が処理される．

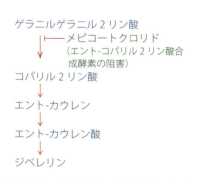

図4-25　ジベレリン合成経路における生合成阻害剤の作用部位

6．主な生理障害と病害虫

1）生　理　障　害

　花振るいと脱粒…2.2)(1)「今日の生食用3大品種」と4.5)「開花と結実」などで解説した通りである．

　マグネシウム欠乏症…葉脈間にクロロシス（クロロフィル欠乏症）が発生する．貯蔵養分から同化養分に切りかわる開花期頃から，新梢の基部葉に徐々に現れる．症状が激しい場合，糖含量と果粒重が低下する．対策として，苦土石灰などのマグネシウム資材を施肥するが，速効的には2％程度の硫酸マグネシウム溶液の葉面散布が効果的である．

　ホウ素欠乏症…新梢先端部に枯死症状が表れる．また，果粒の一部の組織が枯死し，肥大不良となる．対策として，ホウ砂を10a当たり2〜3kg施用する．

　裂　果…果実表皮にあるクチクラ層の小さな亀裂からの吸水，あるいは根からの吸水によって細胞膨圧が上昇して裂果する．裂果は，ベレゾーン期以降の果実成熟期に多く発生する．ブドウ棚の上部などをベレゾーン期前に塩化ビニルフィルムで被覆することによって防止することができる．

　縮果病…果粒の肥大が停滞する発育第Ⅱ期以降に，黒褐色の斑点が果実の表皮と果肉に発生する．ハウス栽培のブドウで発生が多いことから，高温や，カルシウム欠乏，植物ホルモンとの関連が指摘されている．

　ねむり病…春の萌芽時の生育障害の総称である．凍寒害によるものが多く，枝の炭水化物含量の不足による耐凍性の低下などによって発生する．徒長する枝は凍害を受けやすいので，窒素の過剰施肥や強剪定を避ける．また，毎年凍害を受ける地域では，防寒資材を主幹部に巻き付けるなどの対策を行う．胴枯病菌によって，同様な症状が2年生以上の枝に見られる場合がある．芽枯病と呼ばれ，5月頃に枯死した芽に小さな亀裂が生じて，小さな黒粒が生じる．伝染は柄胞子によって起こるので，被害枝は切り取って焼却する．

2）ウイルス病

リーフロール病…8月下旬頃から葉が裏側に巻きはじめ，葉脈部分を残して赤くなる症状が見られる．果実は着色が劣り，糖濃度も低下する．

モザイク病…新梢の萎縮，新葉のモザイク状の斑紋の他，幼果に濃い緑色の斑点が生じる．果実の肥大と着色が劣り，果肉も硬い．品種による感受性の違いが明確で，'甲斐路'，'デラウェア'，'甲州'での病徴発現は軽い．

萎縮病…新梢の萎縮症状は先端部ほど顕著で，被害は2～3年生の幼木に多い．病原ウイルスは接ぎ木およびフタテンヒメヨコバイによって媒介される．

3）糸状菌による病害

晩腐病…病原菌は前年の枝で越冬する．病徴は果実の成熟期以降に多く表れる．果実の発育期後半に降雨が多いと発病率が高くなるので，雨除け栽培すると発病率を低下させることができる．

黒とう病…病原菌は前年の枝で越冬し，萌芽期以降の降雨によって新梢，葉，果実に感染する．いずれの部位においても，最初に褐色の小斑点が表れ，病状の進行とともに斑点が拡大する．一般に，欧州種での発生が多い．

べと病…病原菌は落葉した被害葉の組織内において越冬する．5月の展葉期頃に遊走子が風雨によって運ばれ，葉などの柔らかい組織に感染する．欧州種での発生が多い．

灰色かび病…5月の展葉期頃から胞子が風雨によって運ばれ，葉と花穂などが感染する．開花前の降雨は発生を助長するので，雨除け栽培することによって発病率を低下させることができる．

輪紋病…5月の展葉期頃から胞子が風雨によって運ばれ，葉に発病する．雨除け栽培することによって発病率を低下させることができる．

4）害　　　虫

ブドウの重要害虫には，フィロキセラ（☞ 1.3）「北アメリカ種群からアメリカブドウの発生過程」）の他，ブドウハモグリダニ，チャノキイロアザミウマ，コウモリガ，ブドウトラカミキリなどがある．

第5章

ナ　　シ

1．種類と分類

1）原　産　地

　ナシはバラ科（Rosaceae），ナシ亜科（Pyroideae または Maloideae），ナシ属（*Pyrus*）の植物である．基本染色体数は x = 17 で，大部分が二倍体である．ナシ属の起源となった植物は第三紀（6,500〜5,500万年前）に中国西部から南西部の山岳地帯で発生したとされる．ここから東西に伝わって種分化を遂げ，中国東部でアジアナシ群が，中央アジアや西アジアでセイヨウナシ群が形成されたといわれている．

　ナシ属は生殖的隔離がされておらず，雑種を生じやすい．そのため種の分類は難しいが，基本種は22種であるとされている（表5-1）．アジアナシ群は主に東アジア温帯地域に分布し，2心室の小さい果実のマメナシ種と5心室の大果種に区分される．マメナシ種は主に観賞用や台木として利用され，わが国にもマメナシ（*P. calleryana* Decne. var. *dimorphophylla* Mak.）が愛知県，三重県などの東海地方に自生している．大果種のホクシヤマナシ（*P. ussuriensis* Maxim.）とヤマナシ（*P. pyrifolia* (Burm. f.) Nak.）は食用として利用され，わが国にもアオナシ（*P. ussuriensis* Maxim. var. *hondoensis* (Nak. et Kik.) Rehd.）が長野県や山梨県などの中部地方に，イワテヤマナシ（*P. ussuriensis* Maxim. var. *aromatica* (Nak. et Kik.) Rehd.）が東北地方に分布している．セイヨウナシ群は，地理的分布から西アジア種，北アフリカ種，ヨーロッパ種に区分される．ヨーロッパ種のセイヨウナシ（*P. communis* L.）は食用として，ユキナシ（*P. nivalis* Jacq.）はペリー酒の原料として利用されている．

表 5-1 ナシ属（*Pyrus*）の基本種とその地理的分布

		学 名	和 名	中国語名	英 名	分布地域
アジアナシ群	マメナシ種（2心室）	*P. betulaefolia* Bunge	ホクシマメナシ	杜梨	Birchleaf pear	中国北東部
		P. calleryana Decne.	マメナシ	豆梨	Callery pear	中国中部，南部
		var. *dimorphophylla* Mak.		日本豆梨	Japanese pea pear	日本
		P. fauriei Scheid.	チョウセンマメナシ	朝鮮豆梨	Korean pea pear	朝鮮半島
		P. kawakamii Scheid.	タイワンイヌナシ		Evergreen pear	中国南東部，台湾
	大果種（5心室）	*P. pashia* Buch.-Ham. ex D. Don	ヒマラヤナシ	川梨	Himalayan pear	ネパール，パキスタン，インド
		P. pyrifolia (Burm. f.) Nak.	ヤマナシ		Japanese pear	日本，韓国
				砂梨	Chinese sand pear	中国中南部
		P. ussuriensis Maxim.	ホクシヤマナシ	秋子梨	Ussurian pear	中国北東部，シベリア
		var. *aromatica* (Nak. et Kik.) Rehd.	イワテヤマナシ			日本
		var. *hondoensis* (Nak. et Kik.) Rehd.	アオナシ	日本青梨		日本
セイヨウナシ群	西アジア種	*P. amygdaliformis* Vill.		扁桃形梨	Almond-leaved pear	地中海沿岸
		P. elaeagrifolia Pall.		胡頽子梨	Oleaster-leafed pear	トルコ，ロシア，ヨーロッパ南東部
		P. grobara Boiss.				イラン
		P. regelii Rehd.		雷格梨	Regal pear	アフガニスタン，中央アジア
		P. salicifolia Pall.	ヤナギバナシ	柳叶梨	Willow-leaf pear	イラン，アルメニア，トルコ，ロシア
		P. syriaca Boiss.		叙利亜梨	Syrian pear	レバノン，イスラエル，イラン
	北アフリカ種	*P. gharbiana* Trab.		哈比那梨		モロッコ，アルジェリア
		P. longipes (Coss. & Durieu) Maire, *P. cossonii* Rehd.		郎吉普梨	Algerian pear	アルジェリア
		P. mamorensis Trab.		馬摩倫梨	Mamor mountain pear	モロッコ
	ヨーロッパ種	*P. communis* L. (*P. pyraster* Burgsd., *P. caucasica* Fed.)	セイヨウナシ	洋梨	European pear	ヨーロッパ，トルコ
		P. cordata Desv.			Plymouth pear	ヨーロッパ南部
		P. nivalis Jacq.	ユキナシ	雪梨	Snow pear	ヨーロッパ西部，中部，南部

（Bell, R. L. et al., 1996 を参考に作成）

2）来　歴

　ニホンナシ…ニホンナシ（P. pyrifolia（Burm. f.）Nak.）は，中国南部原産の砂梨（サーリー）（P. pyrifolia（Burm. f.）Nak.）が伝わり，わが国の気候風土に適応するように改良されて生まれたと考えられている．ニホンナシは古くから庭先果樹として栽培され，『日本書紀』（8世紀）にも持統天皇が五穀の助けにナシを植栽するよう奨励したことが記録されている．本格的に栽培されるようになったのは江戸時代中期（1700年代後半）からである．明治時代に入ると，'長十郎'と'二十世紀'が発見され，昭和45年頃まで主要品種として栽培された．さらに，これら2品種と在来品種から新品種が育成されている．ニホンナシは全国各地で栽培され，千葉県，茨城県，鳥取県，栃木県，長野県などが主産地となっている．平成23年度の品種別栽培面積は，'幸水'40％，'豊水'27％，'新高'10％，'二十世紀'8％，'あきづき'3％，'新興'2％，'南水'2％となっている．

　チュウゴクナシ…中国は広大で，各地域でその気候風土に適した固有の大果種が分化し，栽培されている．中国東北部では，大果種の中でも小果で耐寒性が強い秋子梨（チューズーリー）（P. ussuriensis Maxim.）が，中部では秋子梨と砂梨の雑種とされる白梨（バイリー）（P. bretschneideri Rehd.）が，南部では大果の砂梨が，西北部ではセイヨウナシとの雑種とされる新疆梨（P. sinkiangensis T.T.Yu）が分布している．中国で最も多く栽培されている品種は白梨の'酥梨（スーリー）'で，国内生産量の35％を占めている．わが国には明治時代に白梨の'鴨梨（ヤーリー）'や'慈梨（ツーリー）'が導入されたが普及せず，現在では岡山県で僅かに生産されているにすぎない．

　セイヨウナシ…セイヨウナシ（P. communis L.）は，ヨーロッパ南東部からカフカス～小アジアに分布していた野生種から育成されたと考えられている．その栽培は古代ギリシャ時代に始まり，その後，西ヨーロッパへ広がった．18世紀にはフランス，ベルギー，イギリスで多数の品種が育成された．わが国には明治時代の初期に欧米から導入されて，各地で試作された．しかし，雨が多い気候に適応せず，開花期に雨の少ない山形県，新潟県，長野県，青森県などに定着しているにすぎない．平成23年度の品種別栽培面積比と主産地は，'ラ・フランス'65％（山形県），'ル・レクチェ'8％（新潟県），'バートレット'6％（北海道），'オーロラ'4％（山形県），'ゼネラル・レクラーク'4％（青森県）となっている．

2. 育種と繁殖

1）品種の成立と分類

(1) ニホンナシの成立過程

　わが国には，ミエマメナシ，アオナシなど，小果のマメナシ種あるいはその近縁種が自生している．しかし，ニホンナシの品種とこれらとの遺伝的な関連性は低く，むしろ中国南部原産で大果種の砂梨（*Pyrus pyrifolia*（Burm.f.）Nak.）の強い遺伝的影響を受けていることが，アイソザイムおよびDNA分析によって明らかにされている．一方で，日本各地の在来種の中には，朝鮮半島や中国東北部，ロシア沿海州に分布する大果種の白梨（*P. bretschneideri* Rehd.）やホクシヤマナシ（秋子梨，*P. ussuriensis* Maxim.）と強い関連がある品種も存在する．したがって，砂梨を中心とするアジアナシ群の大果種を基にして現在の主要品種の原型となる品種が成立したと考えられている．特に，江戸時代に全国各地で品種が選抜され，果実の大型化や早生化が進んだ．このような遺伝的な背景があるので，果実の形状も，円形，楕円形，倒卵形など多様で，成熟期も大きく異なるなど，大きな種内変異が存在している（図5-1）．これらの品種は明確に分類することができないので，園芸的には次のような特性によって類別されている．

図5-1 ナシ属の果実の形態変異

(2) 青ナシと赤ナシ

 ニホンナシを含むナシ属の植物は果実の表皮の形状によって大きく2つのタイプ（青ナシと赤ナシ）に分けることができる．ナシの幼果の表皮細胞はクチクラ層に覆われており，緑色で平滑な外観を呈している青ナシは，そのままの形状で成長して成熟期には緑黄色の果実の色を呈するタイプである．一方，果実の発育途中にクチクラ層が離脱して，表皮細胞のコルク形成層が発達し，銹褐色を呈するタイプが赤ナシと呼ばれる．

 銹褐色は主働遺伝子によって支配され，劣性ホモでは銹がない青ナシとなり，ヘテロでは銹の発現が比較的少ない中間型に，優性ホモは赤ナシとなる．現在の主要品種の中で，'二十世紀' は青ナシ，'幸水' は中間型，'豊水' および '新高' は赤ナシである（図5-2）．表層のクチクラ層の発達は乾燥した気候への適応で，水分の蒸散を抑制している．青ナシを湿潤条件で栽培すると，気孔跡の微細な表皮の陥没や果実肥大に伴って生じる微小なクチクラ層の亀裂部位に微生物が繁殖し，それによってコルク層の発達が促されて銹が多発するので，商品性が損なわれる．

図5-2 代表的なニホンナシの品種
左上：幸水，右上：豊水，左下：二十世紀，右下：新高．

(3) 成熟期の差異

ニホンナシの成熟期は，おおむね開花後100日程度の極早生から，200日以上の晩生までと，品種によって大きく異なる．古くから栽培されている品種は晩生品種が多く，近代になって育成された品種では早生が増加している．現在の主要品種の中では'幸水'が早生に，'豊水'，'二十世紀'は中生に，'新高'が晩生品種に類別される．早晩性は，おおむね果実成熟期のエチレン生成量に依存している（☞4.5）「果実の発育と成熟」）．

2）主な穂木用品種の種類と特徴

(1) 交雑によって育成された品種

わが国においてニホンナシの系統的な交雑育種が開始されたのは明治時代以降で，それ以前の品種は，いずれも偶発実生である．江戸時代から明治時代の主要品種としては'淡雪'，'早生赤'などがあげられる．明治21年（1888）に'二十世紀'が松戸市で，明治26年（1893）には'長十郎'が川崎市で偶発実生として発見された．この2品種は全国的に栽培されるようになり，昭和45年（1970）まではこの2品種が栽培面積のほとんどを占めていた．

'二十世紀'と'長十郎'の発見以降に主要品種として栽培が広まったものとして第一にあげられるのは，菊池秋雄によって育成された'新高'（'長十郎'×'天の川'），'八雲'（'赤穂'×'二十世紀'），'菊水'（'太白'×'二十世紀'）である．これらのうち，'菊水'は'幸水'の種子親であり，育種上も重要な品種である．一方，'新高'は国内では栽培面積が減少傾向にあるものの，韓国では現在も栽培面積の80％程度を占める主要品種となっている．

それ以降は主に農林水産省の果樹試験場（現在の（独）果樹研究所）で育種が行われ，現在の主要品種である'幸水'，'豊水'などが育成された．さらに，最近では，'あきづき'，'王秋'など，これまでの中～晩生品種にない優れた肉質の品種が同研究所より公表されている．これらに加え，最近では'南水'（長野県），'若光'（千葉県），'にっこり'（栃木県），'新甘泉'（鳥取県），'彩玉'（埼玉県）など，各県からも新品種が公表されている．以上の品種の親子関係を見ると，いずれも'二十世紀'と'長十郎'の影響を強く受けていることがわかる（図5-3）．

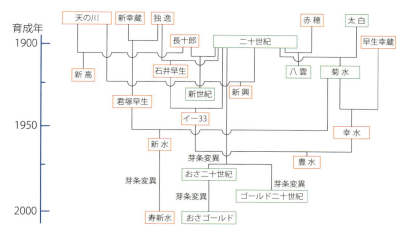

図 5-3 ニホンナシの主要品種における親子関係
☐:青ナシ，☐:赤ナシ．

（2）突然変異によって育成された品種

人為的な突然変異による育種の成果としては，'二十世紀'，'おさ二十世紀'，ならびに'新水'にそれぞれγ線を照射して，ナシ黒斑病耐病性となった'ゴールド二十世紀'，'おさゴールド'，ならびに'寿新水'があげられる．多くのニホンナシ品種は黒斑病に抵抗性であるが，'二十世紀'と'新水'は罹病性なので，多くの殺菌剤散布と有袋栽培が必須である．罹病性と抵抗性はナシ黒斑病菌の生成する AK 毒素への感受性の有無によって決定され，1 遺伝子支配である．この場合，罹病性が優性で，'二十世紀'はヘテロである．これら 3 品種は，放射線によって成長点部の L2 層までの細胞が黒斑病抵抗性となった周縁キメラである（図5-4）．

一方，ナシの栽培品種には自然突然変異（枝変わり）によって生じた品種もある．その代表例は，鳥取県で発見された自家和合性品種の'おさ二十世紀'であ

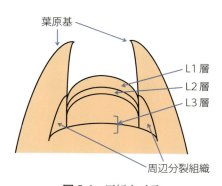

図 5-4 周縁キメラ
L1 層：表皮系を分化，L2 層：果肉や葉肉を分化，
L3 層：維管束や木部を分化．

る．'二十世紀' の不和合性の S 遺伝子型は S_2S_4 であるが，'おさ二十世紀' は S_4 遺伝子に変異が生じたものである（S_4^{Sm} と表される）．その結果，自家花粉の成長を阻害する S-RNase の活性が著しく低下したことによって自家和合性を示すようになった（☞ 4.4)「開花と結実」）．近年育成された '秋栄' と '秋甘泉' は，いずれも 'おさ二十世紀' を母本にした交雑育種によって得られた自家和合性の品種である．この他，赤ナシの '新水' と中間型の '幸水' から青ナシに変異した '清澄' と '幸菊'，'二十世紀' が早生化した '早生二十世紀' などの枝変わり品種もある．

3）台木の種類と特徴

　ナシ属の植物は挿し木繁殖が容易ではないので，実生を台木として利用する繁殖方法が一般的である．乾湿の差の大きいわが国においては，生理障害回避のために台木の選択が非常に大切である．世界的に見ても，乾燥地や寒冷地ではそれぞれの気候に適応できる台木が選択されている（表 5-2）．

　ナシの台木に用いられるのはナシ属植物の実生であり，ヤマナシ（P. pyrifolia）の中のニホンナシ（共台）と，マメナシ種の中のいくつかである（図 5-5）．その中で，ホクシマメナシは耐乾性と耐寒性が著しく強く，マメナシ（P. calleryana）は耐水性が強くやや矮性を示す．この 2 種は近年わが国における栽培で利用価値が高い台木として用いられ，生理障害の回避に効果を発揮している．

　ホクシマメナシは乾燥ストレスに対して多糖類などの適合物質を増加させる機能が高いこと，マメナシは多湿条件下で生じる嫌気ストレスに対して嫌気呼吸系

表 5-2　ナシの台木に用いられる種の土壌適応性

種　名	和　名	耐塩性	耐乾性	耐水性	耐アルカリ性	耐酸性
P. amygdaliformis		◎	◎	×	◎	×
P. betulaefolia	ホクシマメナシ	○	◎	◎	×	○
P. calleryana	マメナシ	×	◎	◎	×	○
P. dimorphophylla	ミエマメナシ	△	×	○	×	○
P. elaeagrifolia		◎	◎	△	◎	×
P. fauriei	チョウセンヤマナシ	×	×	○	×	○
P. pyrifolia	ニホンヤマナシ	×	×	×	×	△
P. xerophilax	木梨（ムーリー）	×	◎	—	◎	×

◎は非常に強い耐性，○は耐性，△は中程度の耐性，×は耐性が弱いことを示す．（Tamura, F., 2010 をもとに作成）

を発達させることによって適応していることが明らかにされている．一方，共台は最も強勢であるが，耐乾性と耐水性が弱い．また，わが国では見られないが，乾燥地や大陸内陸部で問題となる耐塩性，耐アルカリ性も台木の種類によって大きく異なるので，気象や土壌に合わせた選択が必要である．一例をあげると，ナシはアルカリ性土壌では厳しい鉄欠乏を生じるので，中国内陸部ではこの問題を，鉄吸収力の高い木梨（*P. xerophilax*）を台木として使用することで解決している．

ヨーロッパではナシ属と比較的近縁なマルメロ（*Cydonia oblonga* Mill.，英名で quince と呼ばれる）が台木として用いられている．さらに，中間台木として

図 5-5　ナシの台木に用いられる代表的な種類

図 5-6　ベルギーにおけるセイヨウナシの矮化栽培

接ぎ木親和性の高いセイヨウナシを用いた立ち木仕立ての矮化栽培が一般的となっている（図5-6）．

3．形　　態

1）分枝性と樹形

(1) 分　枝　性

3月下旬～4月に，1年生枝上で越冬していた葉芽が伸長し，新梢となって伸長する．新梢は葉を2/5の葉序で着生する．葉の形状や大きさは種類，品種や生育段階によって異なるが，円形，楕円形，卵形，倒卵形で，葉縁に鋸歯を持ち，セイヨウナシの葉はニホンナシに比べて小さい．葉腋から副梢の発生は少なく，6～7月上旬に新梢は伸長を停止する．その後，新梢の頂芽と上位節の腋芽は花芽に分化し，下位節の腋芽は葉芽となる．葉芽は尖って小さいのに対し，花芽は丸くて大きい（図5-7）．花芽を着生した枝は結果枝と呼ばれ，その長さから長果枝（30cm以上），中果枝（15～20cm程度），短果枝（1～2cm程度）に分けられる．一方，花芽が着生しないで，葉芽だけが着生した枝は発育枝といわれ，特に成長が旺盛で著しく長くなったものは徒長枝と呼ばれる．

図5-7　ニホンナシの葉芽（左）と腋花芽（中央）および萌芽した腋花芽（右）

(2) 樹　　形

　ニホンナシは，自然状態では10〜15m近くまで達する高木になる．わが国では台風による落果および枝折れを防止する目的で，主幹から主枝を2〜4本発生させ，主枝，亜主枝，側枝を平棚に水平に配置，固定する平棚仕立てが行われている（図5-8）．平棚仕立ては栽培管理の作業がしやすく，どの枝葉にも光が均一に当たるので，果実が立ち木仕立て（主幹形）に比べて大きくなる．しかし，枝を水平に固定するので，主枝の基部に徒長枝が発生しやすくなるという問題もある．

　平棚仕立ての方法は，土壌条件や品種によって異なる．水平棚仕立て（関東式）では主幹を棚面まで伸ばし，主枝を水平に誘引するのに対し，漏斗状棚仕立て（関西式）では主幹を短くし，主枝を斜めに誘引して棚に固定する方法である．水平棚仕立てでは栽培管理の作業がしやすいが，主枝の基部に徒長枝が乱立し，主枝および亜主枝の先端部の樹勢が弱まるという欠点がある．一方，漏斗状棚仕立てでは徒長枝の発生が少なく，主枝および亜主枝から発生する枝の伸長もよいが，主幹周辺にスピードスプレーヤーや草刈り機などが入りにくいという欠点がある．そこで，両者の長所を取り入れ，主幹長を90〜100cmほどにした折衷式棚仕立てが全国的に主流となっている．これらの仕立て方は，苗木の定植後に骨格枝を育成し，安定的に果実を収穫できるまで10年近くを要する．最近，骨格枝の育成期間を半減する超早期成園化技術として，定植後に複数の樹の主枝を接ぎ木で連結し，側枝を主枝から直角方向に配置するジョイント仕立てが注目されている．ジョイント仕立てでは，主枝の先端部と基部が連結されることで樹勢の均一化が図られ，剪定，誘引，受粉，摘果などの作業も簡易・省力化できる．

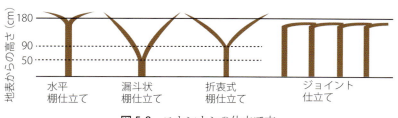

図5-8　ニホンナシの仕立て方

わが国では，セイヨウナシの樹形もニホンナシと同様な平棚仕立てが一般的であったが，棚の架設費用がかかることなどから，'ラ・フランス'などでは立ち木仕立てが多くなっている．

2）花序型と花の形態

ナシの花芽は，花序（花叢と呼ばれることもある）と1〜2個の葉芽原基を含む混合花芽である．花序には5〜9個の花（小花）が基部から先端に向かってらせん状に着生しており，一番下に着く花から1番花，2番花，…と呼ばれる．1個の葉芽原基からは4〜5枚程度の葉（果叢葉）が展開する．リンゴでは花芽の頂端に小花が分化して有限総状花序を形成するのに対して，ナシでは頂端に小花が分化しないで無限総状花序を形成するという点で異なる．

典型的なナシの花は5枚の萼片と5枚の花弁，20〜30本の雄蕊，5本の花柱に分岐した1つの雌蕊からなり，子房全体が花床（花托とも呼ばれる）に包まれた子房下位花である（図5-9 左）．子房は5枚の心皮が合着して中軸胎座を形成し，各子室には通常2個の胚珠が含まれる．

3）果実の形態

ナシの果実の形状は種類や品種によって異なるが，ニホンナシは扁円形から球形のものが多く，チュウゴクナシは倒卵形や紡錘形のものが多い．セイヨウナシは果梗部の肥大が果頂部に比べて劣る洋ナシ（ビン）形や倒卵形のものが多い．

果実は子房下位花の発達した偽果で，可食部（果肉部）の大部分は花床の皮層

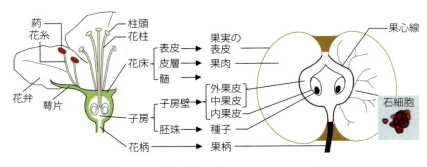

図5-9　ニホンナシの花と果実の形態

が発達したものである．果肉部と果心部は，果肉，萼片や花弁などに連絡する維管束に相当する果心線によって区切られている．果心部は花床の髄，子房壁の外・中果皮が発達した柔組織と，内果皮が革質化して形成された子室からなり，子室の中には種子が含まれる（図5-9右）．果肉中には石細胞（stone cell）と呼ばれる，二次細胞壁にリグニンが沈着した厚壁異形細胞が点在し，果心部の周りに特に多い．

4．生理生態的特性

1）休　　眠

(1) 休眠の概要

芽の休眠は，その原因によって，①他の器官の影響による休眠（頂芽優勢や葉による成長抑制など），②環境的な要因による休眠（低温，高温による他発休眠），③生理的な休眠（自発休眠）に分けることができる．ニホンナシの芽は，夏季から秋季にかけては頂芽優勢や葉の存在による成長抑制を受けている．この間に，虫害や風害などによって頂芽の欠損や落葉が起こると，新梢が再び伸長成長することからも理解できる．その後，秋季になると気温の低下に伴って芽の活動が弱くなる．さらに，10月以降になると自発休眠の導入期となり，落葉期である11月には本格的な自発休眠期となる．その後，品種固有の低温要求量を満たしなが

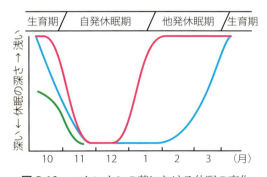

図5-10　ニホンナシの芽における休眠の変化
──：自発休眠，──：他発休眠，──：頂芽優勢などによる休眠．

ら，低温によって成長できない他発休眠期に移行する（図5-10）．ニホンナシの場合，自発休眠は低温によって誘導され，本格的な自発休眠に入るためには5℃前後の低温遭遇が必要である．

(2) 自発休眠の打破のための低温要求量

自発休眠導入後，休眠打破されるためには，品種固有の低温要求量を満たす必要がある．低温要求量の評価と自発休眠の打破時期の予測には，古くは7.2℃（45 °F）以下の積算時間が用いられていたが，近年では温度域に重み付けをした係数に，その積算時間を乗じて計算するチルユニット（CU）モデルやDevelopmental Index（DVI）モデルが用いられている．自発休眠打破に有効な温度域は品種によって若干異なっており，'二十世紀'は0～7℃が最も有効であるのに対して，'豊水'と'幸水'は10℃以下であれば休眠打破に一様に高い効果がある．ニホンナシの主要品種の中で最も低温要求量が少ない品種は'豊水'で，約800CU（チルユニット）である．次いで'幸水'が約1,000CU，'二十世紀'はやや多く1,400CU程度である．最も多いのは'新水'などで，約1,600CUである（表5-3）．

(3) 休眠の制御機構

落葉性樹木の休眠中の芽の中には高濃度のアブシシン酸（ABA）が存在するので，自発休眠との関係があると考えられている．ニホンナシの場合も，枝にABAを注入すると，芽の自発休眠が誘導される．一方，自然条件でも秋季から芽の中の遊離型ABA含量は急に高くなり，休眠打破期に低下するので，芽の休眠導入と覚醒に深く関わっていると推察されている．詳細な生理機構は今後の研

表5-3 ナシ属植物の芽の自発休眠打破に必要な低温要求量

低温要求量（CU）	種名あるいは品種名
400～800	チョウセンマメナシ，マメナシ
800～1,000	'慈梨'，'豊水'，'秋栄'
1,000～1,200	ホクシマメナシ，'早生幸蔵'，'幸水'，'新甘泉'
1,200～1,400	'鴨梨'，'長十郎'，'太白'，'二十世紀'，'八雲'，'八幸'，'新高'
1,400～1,600	'菊水'，'長寿'，'雲井'，'今村秋'
1,600～1,800	イワテヤマナシ，'白梨'，'赤穂'，'君塚早生'，'新水'，'天の川'，'新雪'，'晩三吉'，'独逸'

(Tamura, F. ら, 1998 ; Takemura, Y. ら, 2012)

究を待つ必要があるが，自発休眠の導入と打破に伴って，組織の脱水，生体膜の水透過性，ならびにオーキシン受容体に関連した遺伝子発現の増減が起こることが明らかになっているので，これらが休眠の導入に関与しているものと推察されている．

2）栄養成長と幼若性

ナシ属の植物は比較的強い幼若性を有しており，実生樹は約2m以上

図 5-11　ナシの幼木相に見みられるとげ

の樹高に達するまで花芽を着生せず，とげが発生する幼木相を示す（図 5-11）．その高さ以上に成長するためには，通常，種子の発芽から 3～5 年程度を要するため，その間は全く開花および結実しないので，育種には多年を要する．また，幼木相を示す枝を成木相に接ぎ木しても，元の実生と同様，ある一定の長さまで成長しないと成木相に転換しない．この原因は，さまざまな面から検討されていて，花芽分化・発達を促進あるいは抑制する遺伝子の発現制御が各生育相で異なることに由来すると考えられている．

3）花芽の分化と発達

（1）花芽分化・発達の形態的特性

ニホンナシの花芽は，その中に 7～8 個の小花と 2 個程度の葉芽原基を含む混合花芽である（図 5-12）．ナシの短果枝となった花芽が春に萌芽して開花および結実するとともに，花芽の中の葉芽原基が著しく節間の短い新梢となって伸長したあとに短果枝となる場合，新梢の成長点は当初 70μm 程度の直径で

図 5-12　ニホンナシの短果枝頂花芽の模式図

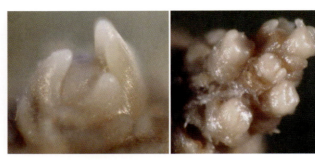

図 5-13 分化・発達中の花芽原基
左：側花の分化開始期，右：萼片形成期．

あるが，花芽分化が始まると成長点がドーム状に膨張して，直径は約1.5倍程度となる．次いで，その成長点の基部から頂部に向かって1つ1つの小花が側方に分化して，頂生花芽としての新しい短果枝頂花芽を形成する．新しい花芽の中では，小花の着生節直下の2節に新しい葉芽原基が分化していき，最後に頂端に中心花の小花が形成される．分化した小花の中には，順次萼片が形成される（図5-13）．その後，休眠期までに花弁，雄蕊，雌蕊の原基が形成される．

中果枝と長果枝および発育枝の葉芽が春に萌芽および伸長してから花芽分化する場合にも，同じように花芽分化が行われる．

(2) 花芽の種類と分化の様相

ニホンナシの花芽は，短果枝頂花芽（短果枝と呼ばれることもある）と，中果枝あるいは長果枝の頂花芽および腋花芽に分けることができる（図5-14）．さらに，分化する過程においても，以下のような特徴が見られる．

短果枝頂花芽…春季に1年生枝上の葉芽（図5-14左）が萌芽および展葉し，著しく節間の短い新梢となって伸長停止後，その頂端部近傍にいくつかの小花を分化して，短果枝頂花芽が形成される．短果枝頂花芽の分化開始時期は，前年に分化した花芽が当年（今年）の春に開花してから約2ヵ月後である．したがって，短果枝頂花芽は次年度に萌芽したのち，その中に含まれている葉芽原基が，同様の過程を経て花芽を分化する．'新興'や'二十世紀'などは，何年もこのサイクルを繰り返し，短果枝頂花芽が群生した状態すなわちショウガ芽を生じることがある．これに対して'あきづき'や'幸水'は翌春の萌芽時に花芽から展葉しない

4．生理生態的特性   *141*

図 5-14 ニホンナシの1年生枝上の葉芽（左）と腋花芽（中）および短果枝頂花芽（右）

芽（盲芽と呼ばれる）が多いので，短果枝頂花芽を維持することが難しい．一方，樹勢が強い場合は短果枝頂花芽で留まらず，葉芽原基が翌春に花芽分化しないで長く伸長して発育枝となる．

　腋花芽…ナシの場合，短果枝頂花芽より1年早く，新梢が中果枝あるいは長果枝となって，その頂芽とともに腋芽が休眠期までに花芽に分化および発達することがあり，その花芽は，それぞれ頂花芽および腋花芽（図5-14中）と呼ばれる．春に萌芽して伸びた新梢上において，腋花芽は短果枝頂花芽と比べて花芽分化時期が約1ヵ月遅い．すなわち，前年に分化した花芽が翌年の春に開花してから3ヵ月後に始まる．腋花芽の分化は新梢の伸長成長が停止して初めて開始するが，これは頂芽優勢によって腋芽の活性が高まらないことに由来する．腋花芽の着生の難易は品種と樹勢，栽培環境によって大きく異なる．

　子持ち花…花芽の中の葉芽原基は往々にしていくつかの花叢（小花の集まり）を分化して子持ち花と呼ばれる花芽となる．子持ち花の分化時期は親花と呼ばれる最初にできた花叢より遅く，7月以降に起こる．また，子持ち花の場合，親花と異なって，花叢の中で基部から順に小花が分化するのみでなく，初めに頂花が分化し，次第にその基部に向かって小花が分化する場合もある．子持ち花の中の小花は，多くの場合，変形果になりやすく，また，糖度も低くなりやすいので，蕾や開花の段階で間引かれる．

(3) 花芽分化の生理と花芽着生の調節技術

花芽分化は日長や温度の影響を受ける場合が多いが，これらの環境要因がナシの花芽分化に及ぼす影響は今でも不明である．西日本では，短果枝頂花芽の中の葉芽原基に小花が分化を開始する時期は，前年の秋に分化した花芽が翌年の春に開花してから約2ヵ月後の6月上中旬である．開花が1ヵ月早い加温ハウス栽培の場合も，やはり葉芽原基の中に小花が分化を開始する時期は前年に分化した花芽が開花してから約2ヵ月後である．両者の分化開始時期の日長はそれぞれ13時間と14.5時間であることから，この範囲では日長は花芽の分化開始に関与していないといえる．

近年，花芽分化の生理的な機構は，植物ホルモンや遺伝子発現レベルでも知られるようになった．ニホンナシの場合も，サイトカニンとGA_4とエチレンは花芽分化に促進的に，オーキシンとGA_3は抑制的に働くことが明確で，芽の中でのこれらのホルモンバランスによって花芽分化が決定される．さらに，花芽分化が始まる時期に花成誘導に関与する*LYFY*遺伝子の発現量の増加と*TFL1*遺伝子の発現量が低下しているので，植物ホルモンのレベルによってこれらの発現量が変動することを通して，花芽分化が誘導されると考えられている．

新梢を誘引すると花芽の着生が増えるが，その理由は，誘引することによってオーキシン濃度が背面の芽で低くなる結果であると考えられている．さらに，枝が曲げられたことによるストレスでエチレンが生成されて花芽の着生が促進されるともいわれている．

花芽分化を起こすには，樹体内の炭水化物と窒素が十分であることが必要である．特に，花芽分化開始期～1ヵ月間の窒素不足は花芽着生を大きく低下させるので，日当たりの確保と同時に，窒素不足にならないような施肥・土壌管理が必要になる．

4）開花と結実

ほとんどのナシは，種子が形成されないと結実，肥大しない．また，種子が形成されても種子数が少なければ，生理落果しやすく，変形果を生じやすい．'ラ・フランス'などの一部のセイヨウナシの品種は単為結果性を持ち，種子がなくて

も結実，肥大するが，単為結果でできた果実の大きさ，品質や日持ちは有種子果に比べて劣る．したがって，ナシの結実確保および果形が整った高品質・大玉生産には，受粉，受精して種子を形成させる必要がある．

(1) 開花の早晩性

ナシの開花期には種や品種による早晩性の違いがある．'鴨梨' と '慈梨' などのチュウゴクナシが最も早く開花し，次いでニホンナシ，セイヨウナシの順に開花する．ニホンナシの中では，'新高' が最も早く開花し，次に '南水'，'新興' が，続いて '豊水'，'長十郎'，'二十世紀'，'あきづき' が順に開花する．'幸水'，'晩三吉' は最も遅く開花し，この時期に 'ラ・フランス' が開花する．続いて 'ゼネラル・レクラーク'，'ル・レクチェ'，'バートレット'，'オーロラ' が順次開花していく．果枝別では，短果枝が中・長果枝よりも早く，頂花芽は腋花芽よりも早く開花する．花叢（花序）の中では基部の 1～2 番花から先端に向かって順次開花していく．開花後，葯は裂開し，花粉が放出される．柱頭は水分，脂肪酸，タンパク質や糖類などを含む浸出液に覆われ，開花 4 日後まで受精能力を持っている．

(2) 自家不和合性と受粉樹の選択

柱頭に受粉した花粉は浸出液を吸収し，15℃以上であれば受粉後 1～2 時間で発芽する．花粉管は花柱の中央にある花粉管誘導組織の細胞間隙を伸長して，受粉 3～4 日後に胚珠に達して受精する．一部の品種を除き，ナシは自家不和合性なので，同じ品種の花粉が受粉しても，花粉管は花柱の途中で伸長を停止し，受精に至らない．そのため，受精および結実には他品種の花粉が必要であるが，'二十世紀' と '菊水'，'幸水' と '新水'，'ラ・フランス' と 'バラード' のように，異なる品種間でも交雑不和合となる組合せもある．このため，ナシ園では主要品種とほぼ同時期に開花する交雑和合性の品種を受粉樹として混植し，送粉昆虫によって受粉させたり，人工受粉することで受精と結実を確実にしている．また，たとえ交雑和合性があったとしても，'新高' などの花粉量の少ない品種は受粉樹に適さない．

ナシの自家・交雑不和合性は遺伝学的に，S 遺伝子座の複対立遺伝子（S_1, S_2, S_3, S_4, …, S_n）で制御されている．例えば，'二十世紀'（S 遺伝子型は S_2S_4）は

S_2とS_4という2つのS遺伝子を持っているので,減数分裂過程を経てS_2遺伝子を持つ花粉とS_4遺伝子を持つ花粉をつくる.雌蕊はS_2とS_4遺伝子を持っているので,同じ番号のS遺伝子,すなわちS_2あるいはS_4を持つ花粉に対して自家・交雑不和合となり,S_2とS_4以外のS遺伝子を持つ花粉に対して交雑和合性となる(図5-15).

この自家・交雑不和合性の自他認識はS遺伝子にコードされる雌蕊側因子のS-RNase(S-ribonuclease)と,花粉側因子である複数のF-boxタンパク質の相互作用によって起こっている(図5-16上段).S-RNaseは柱頭浸出液および花粉管誘導組織の細胞間隙中に多量に存在していて,伸長中の花粉管に取り込まれる.花粉管と異なる番号を持つS-RNaseは,F-boxタンパク質によってポリユビキチン化されたのち,26Sプロテアソームを介して分解されることで無毒化されるのに対し,同じ番号を持つS-RNaseはユビキチン化されずにRNA分解酵素として機能していると考えられている.すなわち,和合性の花粉管は取り込まれたすべてのS-RNaseを分解できるので,伸長し続けることができるが,不和合性の花粉管はS-RNaseによって花粉のRNAが分解されるので,伸長を停止すると考えられている.

従来,S遺伝子の種類や品種のS遺伝子型は,偏父性不和合性と呼ばれる雑種後代において半数が花粉親と不和合になる現象や,品種間の交雑不和合性に基づいて決められてきた(表5-4).これまでに,S-RNase遺伝子はニホンナシ,

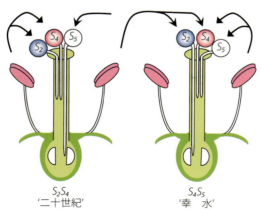

図5-15 ナシの自家不和合性の仕組み

セイヨウナシ，およびチュウゴクナシから50種類以上見つかっている．ゲノムDNAからPCRで増幅されたS-RNaseを識別し，S遺伝子型を特定する方法が開発されて，新たなS遺伝子の種類やS遺伝子型が報告されている．この方法と交雑試験を用いてS遺伝子型の情報は整理され，受粉の組合せを的確に選ぶことができるようになっている（表5-4，5-5）．ニホンナシとセイヨウナシとチュウゴクナシは生殖的に隔離されていないので，S遺伝子型が異なれば相互に交雑和合性である．

(3) 人工受粉の方法

単一品種を植えているナシ園や送粉昆虫が少ない地域では，結実確保のために人工受粉が必要になる．いくつかの品種を混植しているナシ園でも，受

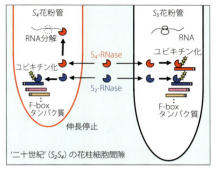
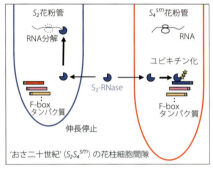

図5-16 ナシの自家不和合性における自他認識モデル
上：'二十世紀'（S_2S_4）×'幸水'（S_4S_5）の例．
下：'おさ二十世紀'（$S_2S_4^{sm}$）の自家受粉の例．
左：不和合性の花粉管．右：和合性の花粉管．

粉樹の開花期が合わない場合や，天候不良によって送粉昆虫の活動が低下した場合には，結実不良になったり，小玉果や変形果が発生する．ナシの結実を確保し，高品質な大玉果を生産するうえでは人工受粉が必須である．人工受粉には，まず初めに受粉用花粉の準備が必要となる．開花直前の蕾を樹上または加温した切り枝から採取する．葯取り器で葯だけを集め，20～25℃に設定した開葯器で加温して，開葯させる．得られた粗花粉（葯殻付き花粉）を，発芽率に応じて石松子（ヒカゲノカズラの胞子）で2～5倍増量して，梵天，綿棒，あるいは受粉機を用いて，3～5番花のうちで結実させたい1～2花を選んで受粉する．1～2番花の果実は変形果になり，6番花以降の果実は肥大が劣るので，人工受粉する必要がない．

表 5-4 ニホンナシにおける自家不和合性品種と自家和合性品種の S 遺伝子型

	S 遺伝子型	品種名
自家不和合性品種	S_1S_2	独逸，早玉，涼月*
	S_1S_3	雲井，世界一
	S_1S_4	八雲，翠星
	S_1S_5	君塚早生，長寿，あきあかり，秋水
	S_1S_6	今村秋
	S_1S_7	豊月
	S_1S_8	市原早生，明月
	S_1S_9	天の川
	S_2S_3	長十郎，北甘，吉香
	S_2S_4	二十世紀，ゴールド二十世紀，菊水，祇園，北新，なつひめ，夏さやか
	S_2S_5	早生幸蔵，八里，えみり，きらり
	S_2S_9	愛宕，サザンスイート
	S_3S_4	清玉，新世紀，筑水，あきづき，秋麗，なつしずく，若光，なつひかり，香麗，なつみず
	S_3S_5	豊水，鞍月，あけみず，彩玉，涼豊*
	S_3S_9	石井早生*，新高*，秋高*，秋泉*
	S_4S_5	早生赤，太白，幸水，新水，八幸，清澄，幸菊，愛甘水，喜水，秀玉，多摩，王秋
	S_4S_9	新興，新星，南水，南月，新甘泉
	S_4S_k	巾着
	S_5S_6	新雪
	S_5S_7	晩三吉
	S_5S_9	にっこり，かおり
自家和合性品種	$S_2S_4^{sm}$	おさ二十世紀
	$S_3S_4^{sm}$	新王
	$S_4^{sm}S_5$	秋栄，夏そよか，秋甘泉，新美月
	$S_4^{sm}S_4^{sm}$	瑞秋

*は花粉量が少ない品種を示す．

　花粉を翌年の開花期の早い品種や施設栽培される品種の受粉に使用する場合は，粗花粉をヘキサンやアセトンで処理して精製花粉をつくり，乾燥剤とともに容器に入れて密封し，−20℃以下で保存する．

(4) 自家和合性品種の育成

　人工受粉作業は開花期の数日間に集中し，多くの労力と時間を必要とする．その対策として，受粉作業をしなくても受精および結実する自家和合性品種の利用が期待されている．自家和合性の'おさ二十世紀'（$S_2S_4^{sm}$）は花柱側突然変異体（stylar-part mutant = sm）で，S_4 遺伝子から S_4-RNase を含む 236kb の塩基配

表 5-5 セイヨウナシの S 遺伝子型

S 遺伝子型	品種名
$S_{101}S_{102}$	バートレット,セニョール・デスペラン
$S_{101}S_{104}$	カルフォルニア,カスケード,ハイランド,ゴーラム,グランド・チャンピオン
$S_{101}S_{105}$	オーロラ,プレコース,ジェイドスイート,デュセス・ダングレーム
$S_{101}S_{107}$	エルドラド
$S_{101}S_{108}$	スタークリムソン,フレミッシュ・ビューティー
$S_{101}S_{119}$	ラ・フランス,バラード
$S_{102}S_{105}$	マルグリット・マリーラ
$S_{102}S_{107}$	ミクルマス・ネリス
$S_{102}S_{118}$	ゼネラル・レクラーク
$S_{102}S_{119}$	ブリストル・クロス,越さやか
$S_{103}S_{104}$	アレキサンドリン・デュイヤール(好本号)
$S_{103}S_{107}$	ウィンター・ネリス
$S_{104}S_{105}$	ドワイアンヌ・デュ・コミス,アベ・フェタル
$S_{104}S_{118}$	ル・レクチェ
$S_{107}S_{125}$	ブーレ・ボスク(カイザークローネ)
$S_{110}S_{119}$	パス・クラサン,シルバーベル

列を欠失した S_4^{sm} 遺伝子を持っている.そのため,雌蕊では S_4-RNase が合成されないので,自家受粉した場合に S_4^{sm} 遺伝子を持っている花粉(S_4^{sm} 花粉)の花粉管は伸長阻害を受けることなく,伸び続けることができる(図 5-16 下段右).S_4^{sm} 遺伝子を利用して,'秋栄'($S_4^{sm}S_5$),'新王'($S_3S_4^{sm}$)などの自家和合性品種が育成されている(表 5-4).これらの品種は着果過多になりすいので,剪定時に余分な花芽を取り除いたり(除芽),開花前に多めに摘蕾する必要がある.

5)果実の発育と成熟

(1)種子の発育

ニホンナシの胚珠では,受精後まず珠心と珠皮が発達し,開花後 20 日頃から胚乳が形成され始める.開花 1 ヵ月後頃から胚が形成され始め,成熟前に完成する.胚の発育に伴って,珠心と胚乳は消失する.この種子形成過程において,初期にオーキシンが,胚乳や胚の形成時にジベレリンが,胚の成熟時にアブシシン酸が生成される.これらの植物ホルモンは果肉細胞に供給され,果実の発育を制御している.このため,種子が少ない果実の肥大は劣り,種子を多く含む果実ほど大きく肥大する.

(2) 果実の発育

ニホンナシの果実はS字型成長曲線を描いて発育する．果実の発育過程を果実肥大量と細胞壁の発達から見ると，細胞分裂を活発に繰り返して肥大する時期（細胞分裂期），細胞壁成分を蓄積しながら穏やかに肥大する時期（細胞壁成分蓄積期），細胞容積が増大して急激に肥大する時期（細胞肥大期）と，細胞間隙が増加して緩やかに肥大する時期（成熟期）に分けられる（図5-17）．

細胞分裂期の果実にはオーキシン，サイトカイニン，およびGA_1，GA_3，GA_4が多く含まれる．これらの働きによって細胞分裂が促進され，果実の細胞数が増加する．細胞壁成分蓄積期には細胞壁多糖類が蓄積され，ナシ属の果実に特徴的な石細胞も形成される．細胞肥大期になると，赤ナシの果実の表皮ではクチクラ層が離脱し，コルク形成層が発達する．果肉内にはGA_3とGA_4が増加し，ジベレリンによって伸びやすくなった細胞壁に膨圧がかかることで，1つ1つの細胞の容積が増大していく．

'新高'や'新雪'などの晩生品種の果実は，'幸水'や'二十世紀'などの早生・中生品種よりも大きくなる．細胞分裂の期間は，早生品種では開花後約20日間，中生品種では約30日間，晩生品種では50〜60日である．晩生品種ほど分裂期間が長く，果肉細胞数は多くなるが，収穫果の細胞長に関して品種間で差は認められない（図5-18）．同じ品種でも果実の大きさは栽培管理によって変動し，細胞数が少ない果実は小玉に，多い果実は大玉になる．したがって，果実の細胞数を増やし肥大を促すことが大玉果の生産に結びつく．

細胞分裂は果実に分配される養分が多いほど活発になる．細胞分裂に必要な養分は，主として前年に樹体内に蓄積された貯蔵養分が利用されるが，開花2週間後には展葉した果叢葉の光合成産物も利用されるよ

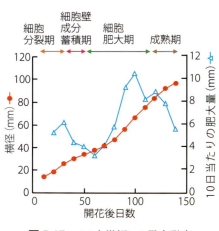

図 5-17 '二十世紀'の果実発育
（田村文男，2013を参考に作成）

うになる．貯蔵養分は開花前の根，葉，新梢の成長および花の発達過程で多量に消費される．貯蔵養分の浪費を防いで果叢葉を早期に展開させ，多くの養分を果実に分配するための栽培管理が必要となる．そのために，開花前に芽かきと摘蕾を行う．摘蕾では，主枝，亜主枝，側枝の先端，各枝の真上と真下，および子持ち花などの不要な蕾を除去する．受精・結実後，果叢内での果実間の養分競合を防ぐ目的で，満開後15〜20日までに予備摘果を行い，1果叢1果にする．残す果実には，3〜5番果の中で発育のよい果実を選ぶ．5月中旬には貯蔵養分が消失し，果実

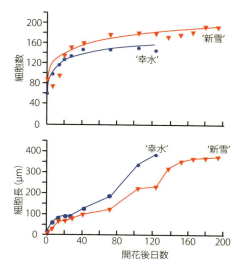

図 5-18　ニホンナシの果実発育に伴う果肉細胞数（上段）と細胞長（下段）の変化
(Zhang, C. et al., 2005 を参考に作成)

は主に，果叢葉とその近傍の葉からの光合成産物を利用して発育するようになる．1つの果実を生産するのに必要な葉数（葉果比）は'二十世紀'，'豊水'で25〜30枚程度，'あきづき'，'南水'で40枚程度，大果の'新高'では80枚程度である．葉果比を目安に満開後30〜60日までに仕上げ摘果を行う．

　満開後60日頃から新梢の伸長が次第に停止すると，光合成産物は果実に多く分配されるようになる．光合成産物は転流糖であるソルビトールに変換され，果実内へ転流される．果実内ではデンプンの分解が始まるとともに，ソルビトール脱水素酵素の活性が上昇して，フルクトースとグルコースが急激に増加する．この時期にはリンゴ酸を主とする有機酸も蓄積される．これらの可溶性糖，有機酸，無機イオンは液胞内に蓄積されて，細胞が吸水および肥大することで，果実は急激に肥大していく．窒素の過剰吸収などで新梢の伸長停止が遅れると，果実肥大は劣り，糖度も低下するので，新梢伸長を早期に停止させることが，糖度が高い大玉果の生産につながる．

(3) 果実の成熟

ニホンナシとチュウゴクナシの品種には，エチレン生成が引き金になって成熟が進むクライマクテリック型と，エチレンを生成せずに成熟する非クライマクテリック型がある．例えば，'幸水'などの早生品種と'長十郎'などの中生品種はエチレンを多く生成する．それに対して，同じ中生品種でも'二十世紀'や'豊水'はエチレン生成量が少なく，晩生品種はエチレンをほとんど生成しない．このように，ニホンナシの品種は，エチレン生成量のレベルから3つのグループ（高，中，低）に分類される（表5-6）．

エチレンは，S-アデノシルメチオニン（SAM）から1-アミノシクロプロパン-1-カルボン酸（ACC）を経て合成される．この合成経路の律速酵素はSAMをACCに変換するACC合成酵素（ACC synthase, ACS）であり，2種類のACS遺伝子（*PpACS1*と*PpACS2*）がエチレン生成量の多少に関わっている．エチレン生成量が高レベルの品種では*PpACS1*が，中レベルの品種では*PpACS2*が特異的に発現し，低レベルの品種では両遺伝子とも発現していない．*PpACS1*の発現量は*PpACS2*よりも高く，この発現量の差がエチレン生成量の多少を決めている．

成熟期になると，ニホンナシの果実ではスクロース合成酵素とスクロースリン酸合成酵素の活性が上昇してスクロースが蓄積する．ペクチンやヘミセルロースなどの細胞壁多糖類が分解され，果実は軟化して，樹上で成熟する．一方，セイヨウナシは樹上では完熟せず，収穫後にエチレンを生成して追熟するクライマク

表5-6 ニホンナシのエチレン生成量およびACS酵素遺伝子の発現と早晩性との関係

エチレン生成量		ACS遺伝子の発現		品種名		
	(μL/kg/hr)	*PpACS1*	*PpACS2*	早生品種	中生品種	晩生品種
高	≥ 10	+	+	二宮		
		+	−	淡雪，六月		
中	0.5〜10	−	+	あけみず，愛甘水，若光，八里，新水，幸水	翠星，秀玉，長十郎，菊水	
低	< 0.5	−	−		あきあかり，秋麗，二十世紀，豊水，秋栄，瑞秋，あきづき	新高，王秋，新興，にっこり，新雪，愛宕，晩三吉

＋：発現あり，−：発現なし． （Itai, A. and Fujita, N., 2008を参考に作成）

テリック型果実である．例えば，'ラ・フランス'では開花後120日前後から果肉内に蓄積したデンプンが分解され始め，フルクトースが増加して開花後165日頃に収穫される．

6) 収穫と貯蔵

(1) 収　　穫

　ニホンナシは，収穫が早いと果肉が硬く，食味も劣り，逆に遅いと過熟になり日持ちが悪くなる．したがって，果実品質，日持ち性，みつ症発生などを考慮に入れ，収穫適期を判定することが重要となる．収穫適期は満開後日数や積算温度から予測し，個々の果実の熟度が果皮色の変化を基準に判定されている．果皮色は成熟が進むと，果皮細胞に含まれる葉緑素が分解されて地色が抜け，青ナシ品種では黄緑色に，赤ナシ品種では黄褐色になる．この果皮色の変化を指標化したカラーチャートが品種ごとに作成され，その数値を目安に収穫されている．

　セイヨウナシは，早く収穫すると追熟しても香りが少なく食味も劣り，逆に遅いと味が淡白になり，内部褐変しやすい．このように，収穫期は追熟後の果実品質に大きく影響するので，収穫適期の判定がきわめて重要である．ニホンナシのように果皮色の変化から熟度を判定することは難しいので，収穫適期は満開後日数や積算温度から予測し，果実横断面のヨード反応によるデンプンの消失程度を確認して判定されている．'ラ・フランス'ではヨード反応指数が5.0〜1.0までを0.5ずつ分けた9段階の中で，2.5〜1.5になったときが収穫適期である．

　収穫作業は，果実温の低い午前中に成熟の早い果実から順に行われる．最初に日当たりのよい樹冠外周部，次に樹冠中央部，内部と，数回に分けて収穫される．

(2) 選　　果

　収穫した果実は，形状，色，傷の有無などの外観による等級と，重さによる階級に選別される．ニホンナシの選果場には光センサーの導入が進み，糖度，酸度，熟度，褐変などの内部品質も測定したうえで，品質表示して出荷されている．

(3) ニホンナシの貯蔵

　ニホンナシの日持ち性と貯蔵性は，成熟時のエチレンの生成量と関係している．

エチレンを生成する'幸水'などの早生品種は常温で5〜7日しか日持ちしないため，選果後速やかに出荷される．一方，エチレンをほとんど生成しない中生品種と晩生品種は日持ち性に優れ，'豊水'は2週間，'二十世紀'と'南水'は3週間，'新高'は1ヵ月，'新興'は2ヵ月，'新雪'と'愛宕'は翌年の3月頃まで保存できる．適期より少し早めに収穫した果実を，温度1〜2℃，湿度85〜90％の冷蔵庫に入れることで，'豊水'は50日間，'二十世紀'，'南水'，'新高'は12月末まで，'新興'は2〜3月まで貯蔵することができる．'二十世紀'は，果実をMA包装して低温で貯蔵することによって6ヵ月間，果実が凍結する寸前の氷温（−1〜0℃）で貯蔵すると7〜9ヵ月間の貯蔵が可能になったことから，この方法で海外にも輸出されている．

(4) セイヨウナシの追熟と貯蔵

収穫したセイヨウナシをそのまま追熟すると，追熟中の熟度にばらつきが生じる．そこで，0〜5℃で7〜10日間予冷してエチレンの発生を促す方法で，追熟を均一に進ませている．出庫後，早生品種の'バートレット'と'オーロラ'は7〜10日間，中生品種の'ゼネラル・レクラーク'は2週間，晩生品種の'ラ・フランス'と'ル・レクチェ'ではそれぞれ20日間と30〜40日間追熟すると，食べ頃になる．しかし，消費者が食べ頃を外観から判断するのは難しいので，産地である程度追熟を進めてから，食べ頃を表示して出荷されている．追熟果の日持ちは短いので，予冷期間を延長することで出荷が調整されている．貯蔵期間が長くなると，追熟してもなめらかな肉質にならないので，'ラ・フランス'の貯蔵可能な期間は2〜3ヵ月である．

7) 果実の可食成分と機能性

ニホンナシの可食部（果肉）は88％が水分で，その他に果肉100g当たりにタンパク質0.3g，脂質0.1g，炭水化物11.3g（糖質10.4g，食物繊維0.9g），無機成分0.3gが含まれている．これら成分中には生活習慣病の予防に効果があるといわれる機能性成分，食物繊維（不溶性食物繊維0.7g，水溶性食物繊維0.2g），ソルビトール0.8g，カリウム140mgなどが含まれている．ソルビトールは果物の中でも特に多く含まれ，生体内に取り込まれると吸水作用やpHを下げる働き

があるので便を軟らかくし，不溶性食物繊維とともに便秘解消の働きがある．水溶性食物繊維は血糖値の上昇を抑制し，カリウムは血圧を下げる働きがある．ニホンナシは，果肉100g当たり43kcalと低カロリーなので，ダイエット食品としても有用である．

5．栽培管理と環境制御

1）整枝と剪定

ナシ属の植物は高木性で，自然状態では非常に高い樹高になるが（図5-19左），わが国では江戸時代からニホンナシを平棚仕立てで栽培する技術が一般化している（図5-19右）．ニホンナシの場合，平棚仕立ては立ち木仕立てと比較して，光の利用効率が高く，旧枝（2年生以上の枝）や根への同化産物の分配が抑制され，新梢と果実への分配が増えるので，果実の肥大が促進される．さらに，摘果および袋掛けなどの集約的な管理が可能になるので，現在では，わが国だけでなく，東アジアのニホンナシの栽培は平棚仕立てで行われている．

(1) 整枝の基本

長年高収量を上げるニホンナシの園地では，主枝，亜主枝，側枝の順に樹勢が明確に区分されており，かつそれぞれの枝の先端部と基部の太さに差が少なく，

図5-19　ニホンナシの自然樹形（左）と平棚仕立て（右）

図 5-20 ニホンナシの 3 本主枝肋骨型整枝
（写真提供：吉田　亮氏）

しかも基部からの徒長枝の発生が少ない．このように整枝するためには，主枝延長枝を高く誘引する，主枝基部の除芽と夏季剪定などの新梢管理などを，植栽してから樹形が完成するまで行う必要がある．

(2) 基本的な樹形

平坦地では肋骨型が基本的な樹形であり，作業性，土壌条件および品種の持つ樹勢などに応じて，主枝の本数を 2～4 本とする（図 5-20）．植栽から当分の間は亜主枝的な側枝を残しておき，それを間引きしながら側枝を配置して，最終的には亜主枝の間隔が 1.5m 程度となるよう仕立てる．

(3) 側枝の剪定

成木における結果枝は側枝であるので，主枝および亜主枝に側枝を配置し，これを計画的に更新することで，長期にわたり安定した収量および品質が確保できる．ニホンナシは品種によって新梢（当年枝）上の腋花芽着生ならびに短果枝の維持の難易が大きく異なるので，それぞれの特性に応じて，図 5-21 のような側枝剪定方法が考案されている．

'二十世紀' や '新興' は腋花芽の着生は少ないが，短果枝が数年以上にわたって利用できる短果枝花芽着生型である．1 年目には新梢（当年枝）の先端を軽く切り返して斜め上に 30°程度誘引しておくと，翌年には葉芽が短果枝となり，さらにその次の年にこの短果枝に着果させる（図 5-21 右）．その後は毎年側枝延長枝の切返しを行って，5 年程度利用する．側枝が古くなったり，亜主枝などに対して強勢化した場合，基部から切除すると切り口付近から翌年に新梢が発生するので，これを用いて側枝を更新する．

一方，'幸水' や '豊水' は腋花芽着生型で，腋花芽の着生した新梢（長果枝となった当年枝）を水平に誘引して翌年に着果させる（図 5-21 左）．さらに，その次の年には腋花芽中の葉芽原基から分化した短果枝と側枝延長枝（新梢）に着生し

5．栽培管理と環境制御　　*155*

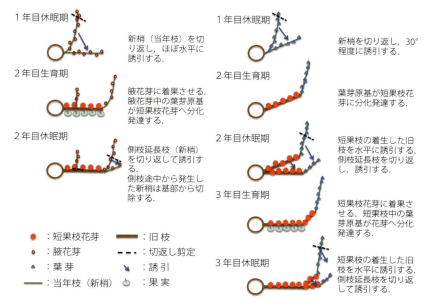

図 5-21　腋花芽着生型（左）および短果枝花芽着生型（右）品種の剪定と結実管理の方法

た腋花芽を用いて結実させる．その後，2年程度同様の剪定を行ったのち，基部から切除して側枝を更新する．

　側枝の年齢が古くなると他の部位への光合成産物の供給量が減るので，樹勢の維持のためには発育枝や結実しない新しい側枝をある程度配置することが重要であるし，計画的な側枝更新は安定的な生産に不可欠である．

2）生育制御と環境制御

　わが国では，ニホンナシの栽培においても高価格ならびに労力分散を目的とした促成栽培が西南暖地を中心に行われているが，全栽培面積に占める割合は5%程度と低い．ニホンナシは施設内で栽培すると陰葉化して個葉の光合成能が低下しやすく，加えて生育初期の施設内のように昼夜温較差が大きいと，自然条件では短果枝となる葉芽原基および花芽から徒長枝が発生しやすいといった特性を有している．したがって，光合成速度や受光態勢の面から果実生産にとってマイナス面が多い．また，果実肥大期から成熟期の間に土壌が乾燥すると果実の糖度が

高まるが，土壌の乾燥が厳しいと果肉の硬化を誘発する他，高温下ではエチレン生成が阻害されて果実の成熟が遅延するなどのデメリットがある．さらに，施設内ではハダニなどの害虫が発生しやすいので，ビニル被覆あるいは加温を早春に行い，開花終了後はできるだけ早い時期にビニルを除去する方法が一般的である．

3) 植物成長調整物質の利用

ニホンナシでは，果実の肥大促進のために開花後35日頃にジベレリンペーストを花梗に塗布する技術が一般的である．これに加え，果実の横径が38mm程度になった時点でエテホンの25ppm程度の溶液を散布すると，果実の肥大促進と成熟促進が可能になる．ジベレリン処理によっても果実肥大が促進されるが，その仕組みは主に細胞の肥大促進によるものである．ニホンナシの果肉の細胞分裂は，早生で開花後20日間程度，中生で30日間程度続き，その後は細胞肥大が盛んになるので，細胞分裂が終了した直後にジベレリン処理を行うと果実の肥大効果が高まる．

また，春季の萌芽揃いの向上，開花促進を目的として，休眠期にシアナミド剤の散布が行われることがある．

6. 主な生理障害と病害虫

1) 生 理 障 害

ナシには以下のような生理障害が生じるが，いずれも水ストレスに起因するものであることから，台木の選択，土壌改良や，排水，灌水などによって改善できる．

みつ症…果肉が水浸状になる障害で（図5-22），主要品種では'豊水'，'二十世紀'に発生するが，'幸水'には発生しない．みつ症は，果肉細胞の間隙に糖を含む溶液が蓄積するために水浸状となる．本症は，Caの不足による成熟期の細胞壁の結合低下があげられている．このCa不足は，土壌中のCa含量の不足のみならず，徒長枝の多発に伴う葉と果実との競合，雨天などによる果実の蒸散量低下に伴う果実へのCaの供給不良によっても生じる．対策としては，土壌改良，灌水，Caの補給，徒長枝の夏季剪定があげられる．

果肉崩壊症…果肉の一部がコルク状になって崩壊する症状で，'二十世紀'，'あきづき'，'王秋' などで発生する．原因は不明であるが，対策として，生育初期の灌水，夏季剪定，土壌改良などが有効であると指摘されている．

裂　果…成熟期近くになって果実に亀裂が入る症状で，果実発育後期の急激な肥効や，降雨に伴う急激な肥大によって発生する．特に，果皮組織の強度が弱い '幸水' や '八幸' に多発する他，成熟促進処理剤として用いられるジベレリン，エテホンによっても誘導される．対策としては，排水や施肥の改善があげられる．

図 5-22　みつ症

ゆず肌症…'二十世紀' などに起こるゆず肌症やセイヨウナシのハードエンドでは，細胞壁が極度に肥厚し，著しく硬い肉質となるので，商品性が全くなくなる．この症状は，梅雨によって根が傷んだ状態で干ばつに遭うと，果実に厳しい水ストレスが生じて細胞壁にリグニンが多量に蓄積することで起こる．そのため，樹園地の灌水・排水施設はきわめて重要である．さらに，近年増加した水田転換園や，重粘で排水不良の土壌では，台木の耐水性と耐乾性の両面が要求される．

サ　ビ…果実表皮の気孔孔辺細胞は果実の肥大に伴って裂開し，その周囲の細胞群は果点コルクと呼ばれる．さらに，急激な果実肥大などによって表皮組織が損傷すると傷害部分にコルクが発達する．これらは，青ナシにおいてはサビとなって果面の汚損症状として表れるので，商品性を低下させる．通風，除草による園地の湿度低下と，乾燥しやすい果実袋の選択が重要である．

2）病　　　害

ナシ黒星病…ナシの重要病害で，病害は糸状菌によってもたらされる．果実や葉にやや薄い黒い斑点が生じ，病徴が進むと，すす状の子嚢胞子を生じる．本病菌の活性は低温で高まるので，春季と秋季に発病が多い．本菌は，鱗片，落葉および罹病部で越冬し，春季に花，枝葉に発症する．したがって，これら越冬源の園外への持出し制限と，伝染期である春季の農薬防除が重要である．一方，抵抗

性のある'巾着'を利用した耐病性育種も進みつつある.

ナシ赤星病…さび病菌類であり,すべてのナシ属植物が感染する.春季の降雨によって中間宿主であるビャクシン類の樹上での冬胞子堆が膨潤して担子胞子が飛散する.胞子は1km程度も飛散するため,ナシ園の近隣にビャクシン類を植栽しないことが最も重要である他,春季の薬剤防除も重要である.

ナシ黒斑病…糸状菌であるナシ黒斑病菌が生成するAK毒素への感受性がある品種にのみ感染する.'二十世紀'ならびに'新水'は罹病性であるが,'幸水'と'豊水'など,多くの品種は抵抗性である.前述(2.2)「主な穂木用品種の種類と特徴」)のように,γ線照射によって育成された'ゴールド二十世紀'は本病原菌に対して中程度抵抗性である.

エソ斑点病…ウイルス病で,発現性と非発現性の品種がある.発現性品種では接ぎ木伝染するので,無毒検定をした母樹を用いた苗木生産が必須である.高接ぎを行う場合には無毒性と発現性,非発現性を十分考慮して行う必要がある.

3)害　　虫

ヤガ類…アケビコノハ,アカエグリバ,ヒメエグリバなどがナシに加害するヤガ類で,これらは成熟に近づいたナシの果実に穴をあけて吸汁し,その部分があとで腐敗する.昼間は山林に生息し,夜間果樹園に飛来する.本害虫の薬剤防除はほぼ不可能なので,山林に近い果樹園では550〜600nmの黄色光を発する防ガ灯を設置して夜間の行動を阻害するか,園全体にネットをかける網掛け栽培をするか,あるいは果実に袋をかけて保護することが必須となる.

その他には,アブラムシ,カメムシ,シンクイムシ,ハダニなども重要害虫にあげられる.

第6章

核 果 類

　核果類（stone fruit）は Emgler の第二分類（1964）によると，バラ目（Rosales）バラ科（Rosaceae）サクラ亜科（Prunoideae）の *Prunus* 属に分類される植物で，果実の中央に内果皮（endocarp）の発達した核（stone）が形成される．中果皮（mesocarp）が肥大して可食部となるモモ，オウトウ，スモモ，ウメ，アンズなどの他，種子が可食部となるアーモンドなどが含まれる．本章では，わが国で栽培の多いモモとオウトウについて解説する．

1．モ　　モ

1）種類と分類

　モモの学名は，従来から *Prunus persica*（L.）Batsch と表されていたが，APG Ⅲ では *Amygdalus persica* L. と表されている．高木性で温帯性の落葉果樹である．モモは，東洋では最も古くから栽培されている果樹の1つとされている．原産地は，中国の黄河上流域の陝西省，甘粛省の海抜 700〜2,000m の高原地帯であるとされている．モモの果実の核が遺跡から見出されていることから，栽培は 6,000 年以上前から行われていると見られている．また，中国国内では，光核桃（*P. mira*）や山桃（*P. davidiana* Franch.，ノモモ）など，多くの近縁種が見出されている．

　中国からペルシア（イラン）に伝わったのは紀元前2〜1世紀であるとされる．その後，アルメニア，ギリシャ，ローマに伝わり，6世紀にイタリアからフランス，13世紀には，イギリス，ドイツ，ベルギー，オランダと伝播していき，イギリスでの温室栽培につながったとされる．さらに，16世紀になると，スペインからの移民によって，北米のフロリダやメキシコに伝えられた．

図 6-1 '上海水蜜桃'(左)と'天津水蜜桃'(右)
(写真提供:(独)農研機構果樹研究所)

　中国の西部や北部にかけて北方桃品種群(華北系品種群)が分布しており，それから黄肉桃品種群や油桃品種群(ネクタリン)が生まれ，各地に広まっていったとされている．さらに，揚子江沿岸地域では，水蜜桃品種群が分化したとされるが，その中にはわが国に伝わった'上海水蜜桃'が含まれている．
　わが国におけるモモの歴史は，『古事記』や『日本書紀』に記載されている他，弥生時代などの遺跡からモモの核が出土していることから，弥生時代に大陸から伝来したものではないかと考えられている．これらは，薬用や観賞用の他，食用にも用いられたが，果実は小さく品質は高いものではなかったと見られている．それらの中には，わが国の在来種とされる野生モモ(P. persica)も含まれており，花モモ(P. persica)や，台木用として用いられている系統が含まれている．現在の白桃系統は明治時代に導入された'上海水蜜桃'や'天津水蜜桃'，蟠桃(ばんとう)によるところが大きく，特に'上海水蜜桃'が主要品種の起源となっている(図 6-1)．また，明治以前には油桃と呼ばれるネクタリンが中国から伝わっていたし，地中海沿岸地域で育種されたものも導入されていたが，高温多湿なわが国ではなかなか栽培面積が広まらなかった．明治時代には欧州系のネクタリンや黄肉モモなども導入され，育種が盛んに行われるようになった．

2) 育種と繁殖

(1) 品種分類

　モモ Prunus spp. は，環境適応性や，品種育成の経過によって，華北系，華中系，欧州系に分けられる．華北系は黄河流域で栽培された肥城桃や'天津水蜜桃'

などの北方系品種群であり，缶詰用の品種や，ネクタリン，黄肉桃品種の起源となった．華中系には，'上海水蜜桃'や蟠桃などの南方系品種群が含まれる．欧州系については，紀元前2〜1世紀に中国からペルシアに伝わったものからスペインに伝わって，スペイン系品種群が育成された．その系統が北米に伝わって黄肉モモなどが栽培され，多数の品種が育成されている．

　モモは一般的に果肉の色によって，白肉，黄肉に分けられ，肉質によって溶質（melting），不溶質（ゴム質，non-melting），硬肉に分けられる．溶質の品種は，成熟に伴って果肉が軟化するもので，多くは生食用に用いられる．一方，不溶質の果実は煮ても果肉が崩れにくく，軟化が緩慢な品種であり，加工用に使われることが多い．硬肉品種は，果実が成熟した際も軟化がほとんど起こらず，エチレン処理によっても軟化が起こらない．また，核が果肉と離れやすいかどうかで，粘核（cling stone）と離核（free stone）とに分けられる．染色体数は $2n = 32$ のものが多く，わが国で栽培されているものに倍数体は存在しない．

　この他，モモは，果実表面の毛の有無と果実の形態によって，普通モモ（毛桃，有毛），油桃（ネクタリン，無毛），蟠桃（バントウ）とに分けられる（図6-2）．普通モモは単にモモと呼ばれることが多い．蟠桃は有毛のモモであるが，果実の形が扁平であるという特徴を持つ．

　わが国で生食用に栽培されているモモ（*P. persica* (L.) Batsch）の主要品種は普通モモ（毛桃）で，白肉であるが，これらは，明治初期に中国より導入された'上海水蜜桃'や'天津水蜜桃'を起源としている．明治初期に導入されたモモの

図6-2 モモ'あかつき'（左），ネクタリン'ヒラツカレッド'（中），
バントウ'筑波122号'（右）の果実
（写真提供：(独)農研機構果樹研究所）

苗木を栽培した中から，岡山県や神奈川県で '金桃'，'白桃'，'早生水蜜'，'土用水蜜'，'大久保' など，多くの品種が偶発実生として見出された．その後，交雑によって '白鳳' や，'川中島白桃'，'あかつき' などが育成された．近年では，'ちよひめ' や 'つきあかり' など，熟期や形質の新しい品種が育成されている．

ネクタリン（*P. persica* L. var. *nectarina* W. T. Aiton）は，糖，酸ともに高く，香りも高い品種群である．現在，わが国で栽培されている品種は，黄肉で離核である．

蟠桃は，果実の形が扁平な系統の総称で，白肉および黄肉のものがある．わが国での栽培は少なく，育種もほとんど行われていない．

(2) 主な穂木用品種の種類と特徴

モモの品種育成において，突然変異育種，倍数性育種，接ぎ木雑種はほとんど行われていない．一方，交雑育種は明治時代に始まり，大正6年には農林省農事試験場園芸部（現在の（独）農研機構果樹研究所）にて行われていた．当時，岡山県や神奈川県でもモモの育種が盛んに行われて，多くの品種が育成された．特に，神奈川県で育成された '白鳳' は，現在でも主要な栽培品種となっている．

早生品種では果実を収穫する時期に交雑胚が未熟であることが多いため，交雑胚の発芽力が低いことが多いので，雑種を得るのが難しい．また，現在の早生の主要な品種は，雄性不稔の形質を持つものが多いので，花粉親に用いることが難しいことなどから，早生の優良品種育成は現在でも課題となっている．モモの穂木用品種の育成においては，主に，日持ち性や，肉質などの果実品質を重要な形質としてとらえて行われてきた．

普通モモの主な穂木用品種の種類と特徴は，栽培面積の多い品種を優先して示すと，次の通りである．

'白鳳' … 神奈川県農事試験場（現在の神奈川県農業技術センター）において，'白桃' に '橘早生' を交雑して育成され，昭和8年（1933）に命名された品種である．熟期が7月中〜下旬の中生品種で，果実重は180g程度の中玉である．果皮は乳白色で，鮮紅色の着色がある．果肉は白色であり，核の近くが赤く着色する．肉質は緻密で，食味は良好である．

'あかつき' … 農林省園芸試験場（現在の（独）農研機構果樹研究所）において，

昭和27年（1952）に'白桃'に'白鳳'を交雑して育成された中生品種である．昭和54年に農林登録された．豊産性で果皮の着色が良好な白肉品種である．

'川中島白桃'…長野県の池田正元によって，'上海水蜜桃'や'白桃'の混植園から見出された偶発実生で，昭和52年（1977）に命名された．果皮の着色は良好であるが無袋栽培の際にひび割れなどが生じるため，有袋栽培が行われている．日持ち性は良好で，核割れは少ない．大玉で中生の品種である．花粉がないので，人工受粉が必要である．

現在の栽培面積は多くないものの，人気の高い品種は次の通りである．

'白桃'…明治32年（1899）に，岡山県の大久保重五郎によって偶発実生として見出された品種である．'上海水蜜桃'の実生とされている．代表的な晩生品種で，花芽の着生は良好であるが，花粉がないため人工受粉が必要である．

'大久保'…大久保重五郎によって'白桃'園において偶発実生として見出され，昭和2年（1927）に命名された品種である．大玉で豊産性の白肉品種であり，離核であることから，加工用・生食用の兼用品種として用いられる．

'日川白鳳'…山梨県山梨市の田草川利幸が，'白鳳'の芽接ぎ苗より選抜した早生品種である（図6-3左）．

'清水白桃'…岡山県の西岡仲一が，昭和7年（1932）に'白桃'と'岡山3号'の混植園で見出した偶発実生である．大玉で豊産性の中生品種である．花粉がないので，人工受粉が必要である．

'ちよひめ'…農林省果樹試験場（現在の（独）農研機構果樹研究所）において昭和48年（1973）に'高陽白桃'に'さおとめ'を交雑して育成し，昭和61年に

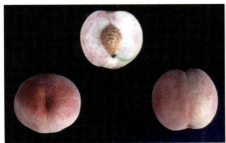 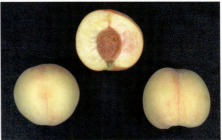

図6-3　白肉品種'日川白鳳'（左）と黄肉品種'つきあかり'（右）の果実
（写真提供：（独）農研機構果樹研究所）

命名された品種である．関東地域で6月下旬に収穫期を迎える極早生品種である．

'つきあかり'…農林水産省果樹試験場において，平成3年（1991）に'まさひめ'に'あかつき'を交雑して得られた品種である．中生の黄肉品種として，平成22年（2010）に品種登録された（図6-3右）．

'つきかがみ'…農林水産省果樹試験場において平成3年（1991）に交雑され，平成23年に品種登録された品種である．果実重が350g以上の大果である．溶質で，果肉は黄色，果皮は地色が黄色で着色が少ない，晩生品種である．

'もちづき'…農林水産省果樹試験場において，昭和60年（1985）に交雑が行われ，平成12年（2000）に登録された白肉品種で，缶詰用に適した品種である．無袋栽培でも果皮および果肉に赤色の着色が見られないモモであり，半不溶質で日持ち性が良好である．

ネクタリンの主な栽培品種の種類と特徴は，次の通りである．

'ファンタジア'…アメリカで'ゴールデンキング'と'レッドキング'とを交雑して得られた品種である．昭和45年（1970）に日本に導入された．日持ち性が良好な生食用ネクタリンである．

'秀峰'…長野県の曾根悦男が発見した偶発実生で，昭和45年（1970）に登録されたネクタリンである．大果であり，酸味が少ない．

'ヒラツカレッド'…農林水産省果樹試験場において昭和36年（1961）に'興津'に'NJN-17'を交雑して得られた実生から選抜された品種である．昭和58年に品種登録された生食用ネクタリンである．花粉が多く，自家結実性が強い．果肉は溶質で多汁である．香気や風味は良好で，豊産性である．

(3) 台木の種類と特徴

台木用品種の育種では，センチュウ耐性系統の育成が行われている．モモの台木には，'おはつもも'や，共台として栽培品種の実生が用いられる．台木の特性として，穂木品種の生育抑制程度や，挿し木発根性，接ぎ木親和性，センチュウ抵抗性，耐水性，ひこばえ発生程度，低温要求性などが異なっている．この他に，近縁種のニワウメ（*P. japonica*），ユスラウメ（*P. tomentosa*，図6-4），ミロバランスモモ（*P. cerasifera*）なども台木として用いられることがある．

矮性台木としては，ニワウメ，ユスラウメなどが知られており，これらの台木

では，穂木の成長抑制効果が認められる．しかし，果実に渋みが発生したり，樹が衰弱するなどの接ぎ木不親和が見られる．一方で，これらの台木を用いた際には，果実の成熟促進や，着色促進などが認められる．

環境耐性台木として，カナダで育成された'ハローブラッド'，'シベリアンC'などは，耐寒性が強く，ニワウメはモモやユスラウメよりも高い耐水性を有している．

図6-4　矮性台木用植物のユスラウメの結実状況
（写真提供：（独）農研機構果樹研究所）

耐虫性台木として，わが国では農林省園芸試験場（現在の（独）農研機構果樹研究所）がネコブセンチュウ抵抗性台木の育成を行っており，抵抗性系統の'オキナワ'，'寿星桃'などを花粉親にした育種が行われ，'モモ台木筑波1号'，'同3号'，'同4号'，'同5号'などが育成された．その他，'おはつもも'や'ネマガード'などが，ネコブセンチュウ抵抗性を示す台木として知られている．

'モモ台木筑波1号'…'赤芽'に'オキナワ'を交雑した個体の自殖実生から育成された品種である．赤葉系統で，ネコブセンチュウ耐性の強勢台木である．

'モモ台木筑波4号'…'赤芽'に'寿星桃'を交雑した個体の自殖実生から育成された品種である．赤葉で，ネコブセンチュウ耐性を示す．また，穂木品種の生育抑制効果がある．台木の揃いがやや悪いが，穂木品種の花芽の着生が若木のうちから良好となる．

3）形　　態

（1）分枝性と樹形

わが国において，モモは立ち木仕立てで栽培されることが多く，その整枝法は，柑橘類の開心自然形で示した模式図（☞図2-22）と同じように，2～3本主枝の開心自然形が多い．すなわち，亜主枝は，1主枝当たり2～3本とし，それから側枝を多数伸ばして，側枝が強くなって長大化しないよう更新していく．その他，主幹形や，斜立主幹形（図6-5），Y字形（図6-6）などの棚仕立ても行わ

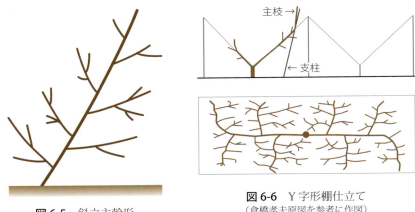

図 6-5　斜立主幹形

図 6-6　Y字形棚仕立て
（倉橋孝夫原図を参考に作図）

れている．斜立主幹形は密植栽培が可能で，作業性が高いという理由で取り入れられている．また，Y字形の棚仕立ては光環境が改善され，作業性が高く，単位面積当たりの収量も多いので，多くの地域で取り入れられているだけでなく，施設栽培でも用いられている．その他，2～4本主枝でH字形整枝などの平棚仕立てなどもある．

(2) 花序型と摘花

モモの1個の花芽には1個の花を含み，葉芽原基を含まない純正花芽である．また，花芽は新梢の上でほぼすべての葉腋に着生する側生花芽である．したがって，枝の上での着花数は多いので，摘蕾や摘果が行われる．特に，主枝や亜主枝の先端部や，結果枝の先端や基部については，開花前に摘蕾が行われる．

(3) 花と果実の形態および可食部位

モモの花は，萼片，花弁，雄蕊，雌蕊を有する完全花である（図 6-7）．萼片と花弁はそれぞれ5枚で，雄蕊は40本程度，雌蕊は1本で1心皮で構成されている．花は子房が花托筒で包まれている子房周囲花であるが子房と合着していないことと，花托筒は開花後ほとんど肥大しないで脱落するので，果実は子房が肥大した真果（true fruit）である．子房壁の内果皮は，果実発育の途中で木化（リグニン化）して核となり，その中に胚珠の発達した種子が形成される．種子は通

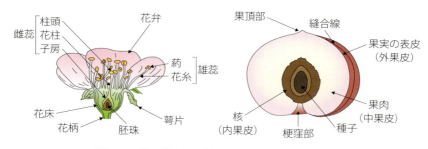

図 6-7 花の縦断面（左）と果実の縦断面（右）

常1個発達するが，2～3個発達することもある．可食部位は，中果皮が肥大した部分である．外果皮は果実の表皮となる．

4）生理生態的特性

(1) 休　　眠

モモの芽は9月下旬頃に自発休眠に入り，12月下旬から1月中旬には自発休眠が完了する．低温要求量は品種ごとに異なるが，わが国で栽培されている品種の場合，7.2℃以下の低温遭遇時間として約1,000時間程度必要な品種が多い．ハウスでの加温栽培の際には，自発休眠が完全に打破されるための低温遭遇量が必要で，不足すると萌芽の揃いが悪くなる．したがって，温暖な地域では低温要求性の低い品種が必要とされ，それに適する品種の育成が行われている．

(2) 栄養成長と幼若性

モモは，他の果樹と比較して生育が速く，幼若期が種子の発芽後2～3年とされる．花芽は3～4年目に着生し，6～7年で成木となる．接ぎ木苗を育成すると，接ぎ木した年に花芽を十分に着けるなど，経済栽培に達するまでの年数は短い．しかし，樹勢の衰弱が早いので，経済樹齢が20年程度と短い．

また，葉芽が開花の時期から成長して新梢となり，6月頃まで盛んに成長して，7月中旬以降は成長速度が遅くなる（図6-8）．根の成長は開花の約1ヵ月前から始まり，新梢と同様に4～6月に成長が盛んになるが，7月頃にいったん停止する．その後，9月中旬～10月上旬に再び根の成長が盛んになる．モモは，頂部優勢が弱いので，基部から発生した枝が強く伸びることが多い．

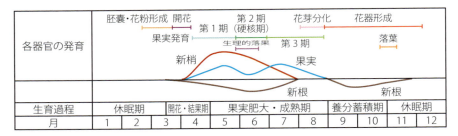

図 6-8　モモの生育過程
山梨県の'白桃'の例．(弦間 洋：『果樹園芸 第2版』，文永堂出版，1999 より転載)

(3) 花芽の分化と発達および結果習性

花芽は，7月下旬から8月中旬にかけて新梢の葉腋に分化する（図 6-9）．9月に花器ができ始め，12月上旬には萼片，花弁，雄蕊，雌蕊が完成する．胚珠や花粉は，開花2週間前頃の3月中下旬に形成される．

モモでは，葉芽と花芽が別々に形成され，1個の花芽には1個の花のみを着けて葉を着けない純正花芽である．新梢の頂芽は葉芽となり，葉腋に花芽や葉芽を着ける側生花芽である．腋芽には単芽と複芽があり，複芽は2～3芽となることが多い．中央に葉芽，両脇に花芽となることが多いが，品種や栄養状態，枝の種類（長果枝，中果枝，短果枝）などで，花芽と葉芽の着く割合が異なってくる（図 6-10）．葉芽から伸長した新梢には7～8月に花芽が分化する．

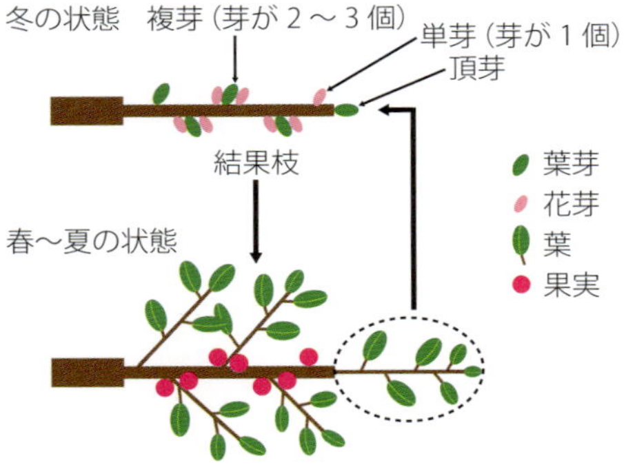

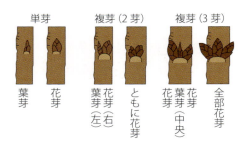

図 6-9　モモの結果習性

図 6-10　モモの単芽と複芽

(4) 開花と結実

開花の時期は，品種および系統に

よって異なるが，おおよそ3～4月と早い．花の受精可能な日数は，開花2日前から開花3～4日後頃までとされるが，温度や湿度などによって変動する．

早生の主要品種には，花粉が形成されないか，ほどんど形成されない花粉不稔（pollen sterile, pollen abortion）の品種がある．'上海水蜜桃' や '白桃' などは，不完全な花粉（無能花粉，abortive pollen）が形成されるので，完全な花粉を形成する品種の混植や，人工受粉が必要である．

(5) 結 実 管 理

人工受粉…モモは自家和合性なので，花粉量が少なくなければ受粉樹を必要としない．しかし，'白桃'，'川中島白桃'，'大和白桃'，'砂子早生' などの花粉がない，もしくはほとんどない品種では，受粉樹として花粉量の多い品種を混植しなければならない（表6-1）．花粉量の多い品種でも開花期に降雨や低温が続くと媒介昆虫が減少するので，人工受粉が必要となる．人工受粉は，開葯前の花から開葯させたのちに花粉を採取して，開花後2～4日頃までに数回行われる．

生理的落果…モモの生理的落果は，開花直後～2週間後に見られる第1期落果，開花3～4週間後に見られる第2期落果，6月に起こる第3期落果に分けられる（図6-11）．第1期落果は，前年度の貯蔵養分の不足や開花時の低温による不完全花が原因であるとされ，第2期落果は，不受精の幼果の落果であるとされている．第3期落果はジューンドロップと呼ばれ，果実間などの養分競合によって生じるとされている．この時期は硬核期の中頃であり，胚の成長が盛んな時期であるので，不適正な摘果や，前年度の貯蔵養分，施肥，剪定による樹勢管理，光合成などが関与しているといわれている．

表6-1　主な栽培品種の花粉の有無

花粉の多い品種	花粉のない品種
あかつき，白鳳，大久保，日川白鳳，清水白桃，ちよひめ，ゆうぞら，フレーバートップ，ファンタジア，秀峰	砂子早生，倉方早生，浅間白桃，川中島白桃，白桃

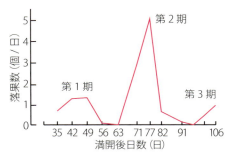

図6-11　'清水白桃' の落果波相
（則武宣幸ら，1992）

摘蕾と摘果…モモは着花数が多いので，樹体の貯蔵養分を有効に利用できるようにする目的で摘蕾が行われる．開花2〜3週間前までに，品種や樹勢，剪定程度などに応じて，全花蕾数の70〜80％が摘蕾される．

摘果は，満開3週間後頃の予備摘果に加え，第2期落果終了後の満開後6〜7週間頃に，仕上げ摘果が行われる．強摘果や硬核期の摘果は，生理的落果を誘発することがあるので注意を要する．第2期落果が遅くまで続く品種では，やや遅れて摘果が行われる．変形果や，偏肉果，果実の着生位置や向きを考慮して摘果される．

袋掛け…袋掛けは，シンクイムシ，カメムシ，吸蛾類の防除に必要な作業であり，果面の障害や裂果の防止，着色制御なども目的として行われる．特に，モモの晩生品種やネクタリンなどは，吸蛾類を防ぐために袋掛けが行われる．アントシアニンの蓄積を促進し，良好に着色させる目的で，袋掛けを行ったあとの，収穫直前に除袋が行われることもある．

(6) 果実の発育と成熟

果実の成長曲線は二重S字型成長曲線を示し，細胞分裂が盛んな第Ⅰ期，内果皮にリグニンが蓄積して硬化する第Ⅱ期，可食部である中果皮の急速な肥大が起こる第Ⅲ期に分けられる（図6-12）．第Ⅰ期は，果皮と種子の急速な成長が見られる時期で，特に中果皮の細胞分裂が盛んな時期である．その後，開花後3週間程度で細胞肥大期に移行する．このステージで種子の大きさは完成するが，胚はまだ成長していない．次の第Ⅱ期は，中果皮すなわち果肉の成長が停滞するステージであり，内果皮のリグニン化が起こる硬核期（stone hardening stage）に相当する．胚の成長が進む時期とも一致する．早生品種では，第Ⅱ期が短いか，ほとんど見られない．第Ⅲ期は，細胞分裂が行われずに細胞肥大のみ起

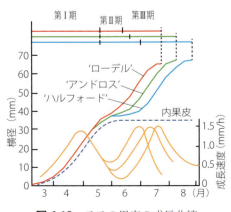

図 6-12 モモの果実の成長曲線
（Blake, M. A., 1926 を参考に作図）

こり，果実と種子が完成するステージである．また，クライマクテリック上昇が起こり，果実の成熟に伴う軟化や糖蓄積，果実表皮の着色，香気の生成などが進行する．

(7) 収穫と貯蔵

収穫した果実の選果は，従来からの重量や形状などの選果基準に加えて，近年は，光センサーによる糖度測定など，非破壊的な品質評価が可能になったので，品質の高い果実が揃って市場に流通するようになっている．

モモは，クライマクテリック型果実であり，成熟時に一時的に呼吸速度が上昇して，果実の成熟が起こる．特に，溶質のモモはエチレンによって急速に軟化が進行する．また，不溶質のモモでも緩やかに軟化が引き起こされる．そのため，果実の鮮度保持には，低温と低酸素濃度に調節して呼吸を抑制するが，エチレンを制御するなどの手法を組み合わせた方法が検討されている．モモの低温輸送温度としては0～7℃が推奨されており，予冷出荷を行うことが望ましい．

(8) 果実の可食成分と機能性

モモは中果皮の果肉部を食用とし，糖，有機酸，無機成分，香気成分などが含まれているが，機能性成分として食物繊維やポリフェノールなども含まれている．モモの転流糖はソルビトールであり，成熟した果実に蓄積する可溶性糖としてはスクロースが最も多い．その他，フルクトース，グルコース，ソルビトールなど

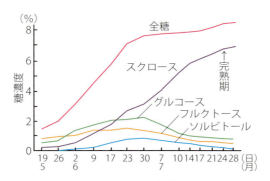

図6-13 '大久保'の果肉糖成分の消長
(垣内典夫ら，1980)

が含まれている（図6-13）．有機酸は，主としてリンゴ酸とクエン酸である．無機成分としてはカリウムが多く含まれ，香気成分としてラクトン類が生成される．渋み成分としてカテキンや，プロアントシアニジン，クロロゲン酸などが含まれていて，機能性成分として注目されている．

5）栽培管理と環境制御

（1）整枝と剪定

開心自然形では，樹冠内部に光が入るように剪定が行われる．冬季の剪定では枝の間引きを主体とし，樹勢の強い枝は弱く剪定が行われる．結果枝の切返しは葉芽の基部で行われる．夏季剪定では，芽かき，摘心，ねん枝などの新梢管理を行い，徒長枝などが除去される．

（2）生育制御と環境制御

モモは温暖で乾燥した地域の原産であるが，わが国の主要品種のもととなる'上海水蜜桃'は高温多湿な地域で育成されていたので，わが国では北海道から九州までの広い地域に適応して栽培されている．経済栽培を行うためには，年平均気温が11℃以上必要であり，生育期間中は温暖であることが重要である．

耐寒性は中程度であり，−18℃以下の低温では花芽に障害が生じ，主幹が冬季に凍結すると凍害を生じるといわれている．自発休眠の打破には一定量の低温が必要であるが，長期間低温に遭遇すると花芽の萌芽障害が生じる．開花時の低温は花に障害が生じ，開花後の晩霜害は結実を悪くする．

また，比較的乾燥した地域を原産地としているので，耐湿性が低く，耐干性が高いものが多い．耐陰性も低く，樹冠全体への直射日光が必要である．また，浅根性の植物で，根は酸素要求量が多いので，通気性の高い土壌が適する．生育期の降雨によって病害の発生や品質低下が生じるので，降水量はあまり多くないことが望ましい．

（3）施設栽培

熟期の促進，降雨の遮断，労力分散などの目的で，施設栽培が行われる．作型には，自発休眠完了直後の1月中旬以降に加温する促成栽培や，2月中旬に被覆

する無加温栽培，3月下旬以降に被覆する雨除け栽培などがある．品種は，着色が良好で，品質が安定し，萌芽力のある早生品種や中生品種が用いられる．

　加温の開始時期は，自発休眠完了前であると低温遭遇量が不足し，萌芽の不揃いや萌芽異常が生じるので，自発休眠完了後に開始される．また，開花前の高温が結実率に，開花期と果実肥大期の温度や，硬核期と果実成熟期の水分管理が果実品質に影響するので，温度管理や灌水管理が重要である．さらに，果実表皮の着色に光，特に紫外線が必要であることから，紫外線の透過率が高い被覆資材が用いられる．

　施設栽培においては，特に，モモの果実の品質を高める目的で，新梢管理や整枝剪定によって樹冠内部への受光態勢を改善したり，受光態勢によい仕立て法や整枝剪定法が用いられている．また，着色向上や，糖度の上昇を目的に，成熟期に反射シートによるマルチングなども行われる．

（4）植物成長調整物質の利用

　果実の成熟促進…エテホン（2-クロロエチルホスホン酸）が満開後70〜80日に散布されることがある．

　新梢の成長抑制…パクロブトラゾールを満開後3〜12週間の間に数回散布すると，ジベレリン生合成を抑制し，栄養成長が抑制される．

　休眠打破の促進…シアナミド剤を休眠芽に処理すると，萌芽と開花が促進される．

6）主な生理障害と病害虫

（1）生理障害

　核割れ…核（内果皮）が何らかの理由で果実の発育中もしくは成熟中に割れ，その結果，核組織や胚が壊死する現象である．果実からエチレンが生じて果実の成熟が早まり，収穫後の棚持ちが悪くなり，苦みや渋みなどが生じることが多い．通常，モモの種子として1つの胚が成長するが，2つの胚が生じる双胚果の場合に，核の内部からの圧力が増加して核が割れるともいわれている．その他に，乾燥が続いたあとの大量の降雨や，過剰摘果による果実への養分の集中，強剪定，施肥の多少などで核割れが生じることが報告されている．

果肉の水浸状褐変症…成熟果の果肉の不特定部分が水浸状あるいは褐変する現象で，みつ症や，果肉褐変症，あん入り症，果肉異常症などとも呼ばれる．発生は，品種や栽培条件，果実の部位などで異なり，果肉糖度との関連も指摘されている．

連作障害（忌地現象）…モモは樹の寿命が他の果樹と比較して短いので，改植をする機会が多い．既設のモモ園にモモの苗木を植えると，苗の生育が悪くなったり，その後の樹体の生育が不良になって枯死に至ることもある．これらは忌地現象（soil sickness）と呼ばれる．その原因としては，モモの樹体や果実中の青酸配糖体であるアミグダリン（amygdalin）やプルナシン（prunasin）が分解された際に生じるシアン化水素（KCN），ネコブセンチュウやネグサレセンチュウがモモの根に侵入した際に生じるKCN，もしくはモモの根が嫌気条件下に置かれた際に生じるKCNなどであると考えられている．その他，根に含まれるタンニンなどが生育阻害を引き起こすともいわれている．それらを防ぐために，客土が行われることがある．

(2) 病　害　虫

縮葉病…樹皮や芽の鱗片で越冬した病原菌が若い葉に伝染して，葉が肥厚，変形することで，新梢の成長に影響する．

せん孔細菌病…葉に発病すると落葉し，枝で発病すると潰瘍状になる．果実では黒褐色の凹んだ斑点が生じる．風雨によって伝染するので，防風対策が必要である．

黒星病…枝の病斑部で越冬した病原菌が春に胞子をつくり，降雨によって伝染して発病する．果実に発病すると，発育が遅れ，ひび割れが生じ，病斑部の周囲が緑色になる．

灰星病…成熟果に発病する．樹の根元や草むらで越冬した菌が，春に子のう盤を形成し，風雨によって伝染する．灰星病菌が付いた果実は，輸送・貯蔵中に増殖して他の果実に感染し，腐敗果となる．

害虫…モモハモグリガ，カメムシ，ハダニ，モモシンクイガ，吸蛾類，アブラムシなどがある．農薬散布やフェロモントラップなどの対策が行われる．さらに，ネコブセンチュウ，ネグサレセンチュウなどによる忌地現象もある．

2．オウトウ

1）種類と分類

　オウトウ（桜桃）は，モモと同じ *Prunus* 属の落葉性高木である．オウトウの果実はサクランボと呼ばれる．果樹として栽培されているオウトウは，甘果オウトウ（セイヨウミザクラ，sweet cherry），酸果オウトウ（スミノミザクラ，sour cherry），チュウゴクオウトウ（カラミザクラ，Chinese cherry）の3種類である．学名は従来から，甘果オウトウでは *P. avium*（L.）L.，酸果オウトウでは *P. serasus* L.，チュウゴクオウトウでは *P. pseudocerasus* Lindl. とされていたが，それぞれ *Cerasus avium*（L.）Moench, *C. vulgaris* Mill., *C. pseudocerasus*（Lindl.）G. Don. と表されることもある．

　オウトウの原産地はアジア西部のカスピ海および黒海沿岸部付近とされ，伝播していく過程で欧州系と東亜系ができたとされている．欧州系には甘果オウトウと酸果オウトウがあり，東亜系にはチュウゴクオウトウがある．

　甘果オウトウの原産地はイラン北部からヨーロッパ西部で，ヨーロッパでは有史以前から栽培されていたといわれている．アメリカでの栽培は，18世紀以降にイギリスとドイツからの入植者や，スペインからの宣教師などによって持ち込まれて始まったとされる．その後，18～19世紀にはアメリカで盛んに栽培されるようになった．

　酸果オウトウは，黒海沿岸部からトルコのイスタンブール辺りが原産地といわれ，西暦紀元前には地中海沿岸地域へと伝わったとされる．栽培の歴史は古く，ローマ帝国時代の記録が知られている．その後，アメリカで栽培が盛んになり，明治初期にわが国に導入されたが，わが国での栽培は少ない．

　チュウゴクオウトウは中国大陸が原産地であるとされ，前漢時代から宮廷で重要視されていたといわれている．わが国には江戸時代に渡来して一部で栽培され，明治初期には中国農事視察団が苗木を持ち帰ったことが知られている．

　わが国において本格的にオウトウが果樹として栽培されたのは，明治時代にアメリカやヨーロッパから甘果オウトウと酸果オウトウの苗木が導入されたことに

始まる．その後，各地で栽培試験が行われたが，酸果オウトウについては，経済栽培はほとんど行われず，現在，わが国におけるオウトウの経済栽培は，生食用品種の甘果オウトウのみである．

2）育種と繁殖

(1) 品種分類

甘果オウトウ…果実の糖度が高く，酸味が弱いオウトウで，主として生食用に用いられる．樹勢は旺盛で大木となる．わが国で栽培，育種されている品種はほとんどが甘果オウトウである．寒冷で乾燥した気候に適している．

酸果オウトウ…酸味の強いオウトウで，主として缶詰用などに用いられる．灌木状で矮性である．耐乾性，耐陰性があり，わが国では観賞用に栽培されるが，食用にはほとんど栽培されていない．

チュウゴクオウトウ…別名は，シナノミザクラ，シロバナカラミザクラと呼ばれる．矮性で，自家結実性があり，温暖な気候に適するので，西南暖地で栽培されている．開花期の低温に弱い．

(2) 主な穂木用品種の種類と特徴

オウトウの育種は，明治期に苗木が導入されたあと，民間および国や県の試験場で行われていた．'佐藤錦'が民間によって育成されたあと，しばらくは主要な品種の育成が進まなかったものの，主要な産地である山形県や青森県，北海道などで新品種の育成が進められている．

わが国で今日栽培されているのは次のような品種である（図6-14）．

'佐藤錦'…山形県の佐藤栄助が'ナポレオン'に'黄玉'を交雑して育成し，大正3年（1914）に命名された品種である．果実の表皮は，黄色の地に鮮紅色に着色する．果肉は黄色である．豊産性であるが，裂果が発生しやすい．糖濃度が高く，酸濃度が低いので，食味が優れ，今日の生食用品種の主流を占める．

'紅秀峰'…山形県園芸試験場で'佐藤錦'に'天香錦'を交雑して育成された品種である．平成3年（1991）に品種登録された．果実が大きく，糖度が高く酸度が低いので，今後有望な品種の1つである．

'高砂'…アメリカで1842年に'Yellow Spanish'の実生から選抜育成された品

図 6-14 オウトウの主な品種
a：佐藤錦，b：紅秀峰，c：高砂，d：ナポレオン，e：紅さやか．（写真提供：山形県）

種である．明治初期に導入された中生品種である．豊産性であるが，核が大きく，貯蔵性があまりよくない．

'**ナポレオン**' …来歴は不明であるが，18 世紀にヨーロッパで栽培されていた晩生品種である．わが国には明治初期に導入された．生食用および加工用のいずれにも適する．'佐藤錦' が流行する前の主要品種であったが，現在は少ない．

'**南陽**' …ナポレオンの実生から選抜され，昭和 51 年（1976）に登録された品種である．

'**紅さやか**' …昭和 54 年に '佐藤錦' × 'セネカ' の交雑実生で，平成 3 年 11 月に種苗登録された．収穫時期は 6 月上旬の極早生であるが，6g 前後と早生としては大玉である．果皮の色は帯朱紅色であるが，収穫後期には紫黒色になる．

(3) 台木の種類と特徴

オウトウの台木には，マザード，マハレブ，アオバザクラ，コルト（マザード × シロハナカラミザクラ）などが用いられている．マザード（*P. avium* L.）は古くから用いられており，耐湿性がある．18 世紀後にはマハレブ（*P. mahaleb* L.）

が半矮性台木として注目され，耐寒性がある．しかしながら，接ぎ木不親和性や矮化効果に関して問題になることがある．コルト台は，イギリスのイーストモーリング試験場で育成された矮性系統である．わが国では挿し木繁殖が容易なアオバザクラ（*P. lannesiana*（Carr.）Wils.）が多く用いられているが，浅根性で乾燥や寒さなどの影響を受けやすい．

3）形　　態

（1）分枝性と樹形

オウトウは，整枝剪定をしないで育てると，生育とともに主幹形に近い大木となるので，芯を抜いた変則主幹形が一般的に用いられる．その他，樹冠の中に日光が入り，樹高を高くしない開心形もよく用いられる．オウトウは，枝梢の成長が旺盛であるため，若木では樹高の制限を行い，枝が直立しやすい性質を考慮した樹形が用いられる．また，頂部優勢が強いが，樹齢が進むと下部が優勢になりやすい性質もある．一方，施設栽培では，矮性台木を用いた低樹高栽培や，棚仕立て，V字仕立て，垣根仕立てなどが用いられる（図6-15）．

（2）花序型

単軸分枝型の花叢（総穂花序）を形成する．1つの花叢には6〜8個の花が着生する．1個1個の花の花柄は長く，すべての花が半球面上に並ぶような散房花序を形成している．

図6-15　施設栽培されているオウトウの棚仕立て（左）とV字仕立て（右）
（写真提供：山形県）

(3) 花と果実の形態および可食部位

オウトウの花は，萼片5枚，花弁5枚，雄蕊40本程度，雌蕊1本からなり，バラ科サクラ亜科の特徴を示している．雌蕊は1心皮で形成され，花托筒で囲まれているが合着していないので，モモと同じように子房壁が肥大して果実となる子房周位の真果である．果実は，モモやウメとは異なって，花梗または花柄が長く伸長した先に果実が着生する．内果皮は木化（リグニン化）して核になり，その中に受精胚が発達する．中果皮が肥大して果肉となり，成熟が進むと軟化して糖が蓄積し，可食部となる．果実の表皮は外果皮で，外側にはクチクラ層が発達する．雌蕊は基本的には1本であるが，花芽分化期の高温乾燥などによって多雌蕊現象が生じることがあり，双子果の原因となる．

4）生理生態的特性

(1) 休　　眠

オウトウは，自発休眠の打破に必要な低温要求量が比較的多いので，施設栽培における加温の開始時期は，十分な低温に遭遇してからでないと萌芽の揃いが悪くなる．休眠打破に必要な低温量は，7.2℃以下の積算時間として1,400時間で，リンゴとほぼ同じである．種子の休眠打破には，5℃程度に2〜3ヵ月遭遇させる必要がある．

(2) 栄養成長と幼若性

結果年齢には4〜5年で達する．その間は栄養成長期になるが，成木と比較して新梢の成長が盛んな時期である．若木時代に生育が旺盛過ぎると軟弱徒長気味になる．果実は3年生頃から着生するが，着果しても小さく，少ない．

苗木の植付けから6〜7年過ぎると樹勢が落ち着き，花芽が着生して結実期となる．春に萌芽，展葉後，新梢が盛んに伸長するが，7月になると伸長が遅くなり，やがて停止する．新梢の停止時期が幼木よりも早まる．その後10〜25年で盛果期となる．

(3) 花芽の分化と発達および結果習性

　花芽は腋芽に着生し，頂芽は葉芽となる．花芽は7月から8月にかけて分化する．前年枝の頂芽や，それに続く腋芽は葉芽になり，その後発育枝となる．花芽は基部の腋芽に形成される（図6-16）．1年生枝の基部にある腋芽は夏の間に副梢となってやや伸長して短果枝となり，それに6～8個の花芽が形成されて花束状短果枝となる（図6-17）．翌春開花した花束状短果枝は，結実後，わずかに伸び，再び短果枝となる．果実生産は，主として，この花束状短果枝で行われることが多い．花芽は純正花芽で，1花芽中に2～3花含まれる．

(4) 開花と結実

　自家不和合性…オウトウの栽培品種の多くが自家不和合性を示し，同じ型のS

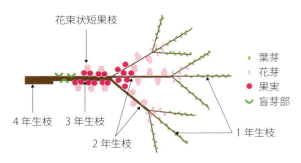

図6-16　オウトウの結果習性
（鈴木寅雄，1972）

図6-17　花束状短果枝の開花前（左）と開花時（右）の状態
（写真提供：山形県）

遺伝子を持つ品種間では自家不和合性および他家不和合性を示す．そのため，受粉樹には親和性のあるものを選ぶ必要がある．オウトウの自家不和合性は他のバラ科の果樹と同様に，配偶体型自家不和合性で，雌蕊中で発現する S-RNase と花粉側の S 遺伝子が関与することが示されている．主要品種の S 遺伝子型としては，表 6-2 の例が知られている．

表 6-2 主要品種の S 遺伝子型

S 遺伝子型	品種名
S_1S_4	大将錦
S_1S_6	紅さやか，紅てまり，高砂，北光
S_3S_4	ナポレオン
S_3S_6	佐藤錦，南陽
S_4S_6	紅秀峰，香夏錦，正光錦

(山形県園芸試験場『平成 14 年果樹研究成果情報』より作成)

(5) 結実管理

人工受粉…オウトウは，自家不和合性が強いので，人工受粉が必要である．訪花昆虫としてはミツバチやマメコバチなどが用いられるが，より確実な受粉のためには，毛ばたきなどによる人工受粉が必要である．親和性の高い花粉を用いて，開花期間中に 2～3 回受粉作業が行われる．

生理的落果…オウトウの生理的落果は，前年度の貯蔵養分の不足や，開花時の低温による不完全花によるものと，受精が完了しなかった不受精果や，果実間などの養分競合によって生じるものとがある．前者は，満開後 2 週間頃までに起こるもので，後者は満開後 3～4 週間の時期，すなわち硬核期後期であり，果実の中の胚の成長と樹体との養分競合などが関係するものと考えられている．また，樹勢が強すぎる場合にも栄養成長が盛んになって，生理的落果が生じるので，若木などでは着果が少なくなる．

摘蕾および摘果…摘蕾は花芽が膨らみ始めた時期に開始し，1 つの花束状短果枝当たり 2～3 個の花芽を残して摘み取る．着生した花芽の 50% 程度を開花前に摘み取るが，樹勢などによって程度を調節する．また，摘果は生理的落果が終わる満開 3～4 週間後に行われる．1 花束状短果枝当たり 3～4 果実を残すような摘果を行う．果実の向きや，着色，果実の形状によって摘果される．

着色管理…果実の着色促進のために，収穫期直前の時期に葉摘みを行い，反射シートを樹の下に敷くことが多い（図 6-15 右）．

(6) 果実の発育と成熟

オウトウは，他の果樹と比較して，開花してから果実が成熟するまでの期間が短く，早生品種では約40日，中生品種で45〜50日，晩生品種で60日程度である．果実の成長曲線は，モモなどの他の核果類と同様に，二重S字型成長曲線を示し，第Ⅰ期，第Ⅱ期，第Ⅲ期に分けられる．第Ⅰ期は細胞分裂が盛んな時期で，第Ⅱ期は内果皮にリグニンが蓄積して硬化する硬核期，第Ⅲ期は可食部である中果皮の急速な肥大と，果実の軟化や糖蓄積，果実表皮の着色が進行する時期である．

内果皮は，硬核期に入るまでは軟らかい組織であるが，硬核期になるとリグニンが蓄積して二次壁が発達する．果実の表皮には多くの気孔があるが，果実が発育して成熟するのに伴って，気孔としての機能を失っていく．

オウトウの果実は非クライマクテリック型果実であり，果実の成熟時に著しい呼吸の上昇は見られない．成熟に伴い果肉は軟化し，鮮紅色や暗赤色の品種では，アントシアニンが果実の表皮に蓄積する．

(7) 収穫と貯蔵

オウトウは収穫されたあと，選果場で着色不良果，不整形果，障害果などを取り除き，等級および階級に分けられる．例えば，玉ぞろいや，うるみ，果実サイズ，着色などを基準に分けられる．収穫後は，予冷を行い，低温で貯蔵される．

(8) 果実の可食成分と機能性

オウトウは，モモと同様，中果皮が肥大した果肉の部分と，外果皮（果実の表皮）が可食部になる．オウトウの転流糖はソルビトールであり，果肉に含まれる可溶性糖は，品種によって組成は異なるが，フルクトース，グルコース，スクロース，ソルビトールなどである．有機酸はリンゴ酸が多く含まれる．また，果実の表皮や果肉が赤い品種においては，アントシアニンが含まれる．

5）栽培管理と環境制御

(1) 整枝と剪定

オウトウは，自然に主幹形の大木になりやすい性質を持つが，仕立てる際には，

変則主幹形や，開心形にすることが多い．頂芽優勢が強く，直立する傾向があり，特に若木では樹勢が強く成長が旺盛であるため，そのような性質を考慮して仕立てや冬季剪定，夏季剪定が行われる．

(2) 生育制御と環境制御

オウトウは，結実や休眠，凍霜害，裂果など，栽培環境の影響が大きいので，環境制御はたいへん重要である．例えば，開花時の低温によって結実が不安定になる他，温暖な環境では低温耐性が低くなるデハードニングが進むため，開花後の急激な低温や，晩霜害に注意が必要である．また，降雨や高い湿度によって裂果が発生するので，その対策も必要である．

(3) 施設栽培

オウトウの施設栽培は，加温によって収穫時期を早める目的もあるが，施設内で栽培することによって安定して高品質果実を得るという目的も大きい．特に，オウトウは裂果がたいへん発生しやすく，病害の発生も大きな問題になることから，ハウスやテントによる雨除け栽培が行われる．また，ハウス栽培を行うことで，低温による開花結実の不安定や，霜害を回避することができる．

オウトウは，自発休眠の打破に必要な低温量が比較的多く，7.2℃の低温が1,400時間程度必要である．そのため，被覆や加温によって開花期を早め，収穫時期を早めるうえでは，低温遭遇時間が不足にならないよう考慮する必要がある．

果実表面における水滴や，土壌からの水分が裂果につながることがあるので，施設内の湿度の管理も重要である．

(4) 植物成長調節物質の利用

果実の熟期促進…エテホン（2-クロロエチルホスホン酸）を満開後の3～4週間後に処理すると果実の熟期が促進される．

副梢の発生促進…ベンジルアミノプリンを新梢伸長時に処理すると，副梢の発生が促進される．それによって，花束状短果枝の数を増加させることができる．

開花の促進や休眠打破の促進…シアナミド剤を冬季に休眠芽に処理すると，萌芽や開花が促進される．

6）主な生理障害と病害虫

(1) 生理障害

裂果…果実が成熟期に降雨などによって急速に水を吸収すると発生する．水が果実表面の気孔や根から吸収されて，果実内の膨圧が高まると，果実の表皮や果肉が裂ける．施設栽培中の湿度の変化でも生じることがある．多くの品種は裂果しやすく，栽培上の大きな問題であるため，雨除け栽培などが行われる．

双子果…1つの花に2つ以上の雌蕊が形成されることで，複数の心皮が一部結合したような形になる現象である（図6-18）．前年の花芽分化時期の高温や乾燥が影響しているとされている．

うるみ果…果肉が成熟期や貯蔵時に水浸状になる現象である．

図 6-18　双子果
(写真提供：山形県)

(2) 病害虫

灰星病…果実の表面に発生し，急速に広がって果実を腐敗させる．オウトウの最も重大な病害の1つである．春に子のう盤を生じて子のう胞子をつくり，それが花，葉，果実に風によって運ばれて感染する．

せん孔病…6月頃に子のう胞子が葉に付着し，斑点を形成したのちに，円形病斑を形成する．被害葉は9～10月に落葉する．

コスカシバ…樹皮の下で越冬し，幼虫は翌春に樹皮を食害する．食害された部位では，樹脂が出るなどの症状が現れる．

オウトウハマダラミバエ…成虫が果実に産卵し，幼虫が果肉や種子を食害する．

ハダニ類…オウトウハダニ，ナミハダニ，リンゴハダニなどがオウトウを加害する．特に乾燥条件下で発生しやすく，葉の褐変や落葉が生じる．

第7章

カ　キ

1．種類と分類

「柿食えば鐘が鳴るなり法隆寺」（正岡子規）と詠まれ，昔から日本人の心にほのぼのと秋を感じさせてくれる「柿」．『古事記』（712），『日本書紀』（720），『新撰 姓 氏録』（815）には，柿という文字が人名や地名に記載されていることから，奈良時代にはすでに柿が存在していたと考えられている．

カキ（*Diospyros kaki* Thunb.）の原産地は中国とされ，四川，雲南，浙江，江蘇および湖北の各省で純野生種が採取されている．カキの果実生産量は世界で447万 t（FAOSTAT, 2012）であり，中国，韓国，日本，ブラジル，アゼルバイジャン，イタリア，ウズベキスタン，イスラエルなどで生産されているが，中国，韓国，日本の3ヵ国で90.4％を占めている．

1）自然分類

カキは合弁花植物で，Englerの第二分類（1964）ではカキノキ目に分類されていたが，APG Ⅲでは，ツバキ科やツツジ科と同じツツジ目に移されている．栽培種のカキ（*Diospyros kaki* Thunb.）はカキノキ科（Ebenaceae）の植物で，染色体の基本数は15本（$x = 15$）である．六倍体（$2n = 6x = 90$）の品種がほとんどであるが，中には種なしの'平核無'，'刀根早生'のように，九倍体（$2n = 9x = 135$）の品種もある．

*Diospyros*のdiosとはローマ神話の天空神ジュピターの意であり，pyrosとは穀物の意である．つまり神様の食べ物という意味で，Thunberg（ツンベルグ）やLinnaeu's son（L.f.）らが付けた学名とされる．Thunbergが最も早く発表したので，現在では*Diospyros kaki* Thunb.が正式な学名と認知されている．Thunbergはスウェーデンの人で，江戸時代中期の1775年から1776年まで長崎に滞在し，江戸への参勤の機会などを利用して日本の植物の探索を行った．

2) カキ属植物の分布

カキ属植物の多くは熱帯，亜熱帯地域に分布し，熱帯アジア・太平洋地域に約200種，アメリカ大陸に約80種，アフリカ大陸に94種，マダガスカル島に約100種，合わせて500種近くあるとされている．カキ，アメリカガキ（*D. virginiana* L.），マメガキ（*D. lotus* L.），アブラガキ（*D. oleifera* Cheng）などは温帯に分布している．

Ng（1978）によれば，亜熱帯のインドシナ半島北部のベトナム北部〜タイに広く分布する *D. roxburghii*（*D. glandulosa*, $2n = 2x = 30$）が，形態的特徴や地理的分布から，現在の栽培種（*D. kaki*）の起源と推定されている．しかし，近年，葉緑体DNAやゲノムDNAの解析などから，*D. kaki* と最も近縁なのはマメガキとアメリカガキであり，*D. roxburghii* はアブラガキと近縁で，*D. kaki* とも比較的近縁であることが報告されている．

3) カキの甘渋による分類

カキは甘ガキと渋ガキに大別される．甘ガキも未熟な果実は渋いが，果実が成熟するに伴って渋味が完全に取れて甘味だけが残る．東北地方で甘ガキを栽培すると，成熟期になっても渋味が残ることがあるが，これは成熟期までの気温が低いためである．甘ガキと渋ガキの品種は，種子の有無と甘渋との関係で4つのグループに分けられる．

完全甘ガキ（Pollination Constant Non-astringent，PCNA）…種子の有無に関係なく樹上で渋が抜け，果肉にわずかに褐斑（ゴマ）ができる品種．

不完全甘ガキ（Pollination Variant Non-astringent，PVNA）…種子が多いと樹上で渋が完全に抜けるが，種子がないと全く脱渋せず，種子が少ないと種子の周辺が部分的に脱渋するにすぎない．脱渋した部分には褐斑ができる品種．

不完全渋ガキ（Pollination Variant Astringent，PVA）…種子ができるとわずかに種子のごく近くだけ脱渋し，脱渋した部分に褐斑ができる品種．

完全渋ガキ（Pollination Constant Astringent，PCA）…種子の有無に関係な

図 7-1 甘ガキと渋ガキ
a：'富有'（完全甘ガキ），b：'甘百目'（不完全甘ガキ），c：'羅田甜柿'（中国），
d：'平核無'（不完全渋ガキ），e：'愛宕'（完全渋ガキ），f：'Rojo Brillante'（スペイン）．

く樹上で渋が抜けきらず，熟柿以外は渋い．褐斑はほとんどできない品種．

　完全甘ガキには，'御所'，'富有'，'次郎'，'伊豆'，'駿河' など，不完全甘ガキには，'西村早生'，'禅寺丸'，'甘百目' など，不完全渋ガキには，'平核無'，'甲州百目'，'会津身不知' など，完全渋ガキには，'西条'，'愛宕' などがある（図 7-1）．

4）甘ガキと渋ガキの品種分布

　カキ（*D. kaki*）には，中国に 2,000，日本に 1,000，韓国に 500 以上の品種がある．多くは渋ガキ（PCA，PVA）であるが，甘ガキ（PCNA，PVNA）も分布している．日本には両タイプの甘ガキが分布しているが，韓国には不完全甘ガキ（PVNA）が 'Johongsi' と数品種のみ知られており，完全甘ガキ（PCNA）は分布していない．中国には湖北省を原産とする '羅田甜柿'（'Luo Tian Tian Shi'）と，その後発見された 5 品種のみが完全甘ガキであり，湖北省の Luo Tian 郡と Macheng 郡に局在している．AFLP と RAPD を用いた遺伝子解析で，中国の完全甘ガキ品種は日本の完全甘ガキ品種と遺伝的に異なっていることが示されている．

　日本のカキは（独）農研機構果樹研究所のブドウ・カキ研究領域（広島県東広

島市安芸津町）に600品種が保存されているが，そのうちで，完全甘ガキは，枝変わり品種などを除くと，18品種にすぎない．その内分けは'御所'，'富有'，'次郎'，'花御所'，'晩御所'，'天神御所'，'裂御所（袋御所）'，'藤原御所'，'大御所'，'生富'，'徳田御所'，'帝'（'福御所'），'御代'，'蓆田御所'，'大和御所'，'水御所'，'鷲山御所'，'吉本御所' である．

2．育種と繁殖

1）甘渋の遺伝様式

カキのタンニン物質を蓄積させる遺伝子を渋にちなんで AST（astringency）とすると，優性遺伝子は A，劣性遺伝子は a と表される．カキは六倍体なので，ある品種の遺伝子セット（遺伝子型）は，$AAAAAA$，$AAAAAa$，$AAAAaa$，$AAAaaa$，$AAaaaa$，$Aaaaaa$，$aaaaaa$ の7種類が考えられる．この中で，$aaaaaa$ が完全甘ガキであり，それ以外は完全甘ガキでないカキ（非完全甘ガキ）である．

2）中国の完全甘ガキの遺伝様式

1982年に中国の王仁梓によって中国湖北省で発見された'羅田甜柿'は完全甘ガキではあるが，日本の完全甘ガキと遺伝様式が異なる．つまり，中国の完全甘ガキの甘渋を支配する遺伝子 B は，日本の完全甘ガキの遺伝子 AST とは異なっている．この遺伝子 B は渋の蓄積を阻害する働きを持つと考えられ，遺伝子型は $BBBBBB$，$BBBBBb$，$BBBBbb$，$BBBbbb$，$BBbbbb$，$Bbbbbb$，$bbbbbb$ の7種類が考えられ，1つでもこの遺伝子 B があると完全甘ガキになる性質がある．したがって，7種類の遺伝子型のうち，$bbbbbb$ を除く6つの遺伝子型はすべて甘ガキとなる．ちなみに'羅田甜柿'の遺伝子型は $Bbbbbb$ である．しかし，成熟期でもわずかに渋が残る．中国の完全甘ガキも，日本のカキと同じように，渋をつくる遺伝子 AST を持っているので，B 遺伝子の渋を抑制する作用が完全でなければ，少し渋味が残るのかもしれないと考えられている．なお，日本のカキはすべて B 遺伝子に関して遺伝子型は $bbbbbb$ であり，渋の蓄積を阻害する作用はない．

このように，日本原産の完全甘ガキは遺伝的に劣性であるため，完全甘ガキと

非完全甘ガキを交雑すると完全甘ガキを得るとは限らない．しかし，中国の完全甘ガキを交雑親として用いると，日本の非完全甘ガキとの間でも，高い確率で完全甘ガキを得ることができる．このため，これまで利用が困難であった日本の非完全甘ガキと中国の完全甘ガキとを交雑するという方法を用いると，新たな完全甘ガキを育種することが可能になると考えられている．

3）完全甘ガキ品種作出の育種戦略

　カキの主要な育種目標は，早生の完全甘ガキを作出することである．日本原産のカキを用いて高い確率で完全甘ガキを得るためには，完全甘ガキ同士の交雑が必要となる．（独）農研機構果樹研究所ブドウ・カキ研究領域では，農林省園芸試験場興津支場時代に育成した'駿河'，'伊豆'に続いて，果実品質が高く，裂果性がないこと，早生の完全甘ガキを育成することが昭和55年頃までの大きな目標であった．その結果，10の完全甘ガキ品種（伊豆，駿河，陽豊，新秋，太秋，夕紅，早秋，甘秋，貴秋，大豊）が育成された．早生品種の代表が'早秋'であり，大果性や食味のよさの代表が'太秋'である．

　しかし，完全甘ガキ同士の交雑を続けた結果，近交弱勢によって，果実の小さな系統，樹勢の弱い系統が多くなってきた．そこで最近の育種では，平成の時代にかわった頃から，近交弱勢を回避するために渋ガキ品種も含めた幅広い品種を親に用いて完全甘ガキ品種を育成する試みが開始され，その結果として，不完全渋ガキの'太天'，'太月'が育成された．今後はこれらの品種を中間母本として完全甘ガキに戻し交雑するなどの育種戦略がとられるものと予想される．その際問題となるのは，渋ガキを親とした場合，その子孫はほとんど渋ガキになって，完全甘ガキはごくわずかしか得られないことである．このごくわずかな頻度で得られる完全甘ガキを，果実が結実する前の早期に検定し選抜することが必要不可欠となって生まれた技術が，分子マーカーによる選抜である．この方法を採用することで，育種のスピードは著しく速くなり，効率のよい育種がなされるようになっている．

4）主な穂木用品種の種類と特徴

（1）完全甘ガキ

'御所'…原産地は奈良県御所市で，最も古い完全甘ガキ品種である．江戸時代，すでに広島や山梨などの広い地方で栽培されていた．他の完全甘ガキ品種は，この品種，またはこの近縁品種と，不完全甘ガキ，渋ガキ品種との交雑の結果，成立したものと見られている．熟期は12月上旬と極晩生なので，完全に落葉してから収穫される．果実重は200g程度である．肉質は緻密で特徴があり，糖度は18度程度で，食味が優れる．

'富有'…岐阜県本巣郡川崎村（現在の瑞穂市居倉）原産である．原木は小倉長蔵の宅地内にある．元は'居倉御所'と呼ばれていた．熟期は11月中〜下旬で，果実重は280g程度．糖度は15〜16度で，果汁が多い．肉質はやや粗であるが，全国一の生産量を誇る．

'次郎'…静岡県周知郡森町にて弘化年間（1844〜1848）に松本次郎吉が町内に流れる太田川の河原にあった幼木を自宅に植えたものの，明治3年（1870）に焼失したので，焼け跡から萌芽した新芽を育成して，周辺に広がったのが起源とされている．へたすき性はないが，種子があると果頂部が裂果しやすい．果実重は280g程度，糖度は17度程度，果汁の量は中程度で，'富有'より少ない．枝変わり品種として，熟期が2週間程度早い'前川次郎'や'一木系次郎'などがある．

'伊豆'…農林省東海近畿農業試験場園芸部東海支場（現在の（独）農研機構果樹研究所カンキツ研究領域）で昭和30年（1955）に育成された．'富有'×A-4（'晩御所'בおくごしょ晩御所'）から育成された．熟期が早い高品質優良な完全甘ガキ品種として全国で600ha以上栽培されたこともあるが，樹勢が弱いことや，裂果性があり，結実性，日持ち性，収量性などが劣っていることから，現在では栽培がかなり減少している．

'太秋'…（独）農研機構果樹研究所ブドウ・カキ研究領域で，'富有'に「ⅡiG-16（'次郎'×興津15号）」を交雑して育成し，平成6年に命名登録された品種である．雄花も着生する．熟期は11月上旬頃で，果実は400g程度と大果である．果実の糖度は17度と高い．肉質がサクサクとした特徴的な食感を持っているうえに，

軟らかくなって多汁になり，条紋が出ると糖度が高くなるので，食味が非常によくなる．軟化しにくいが，へたすきが出やすく，500gを超えると特に出やすくなる．条紋をはじめとした汚損果が生じやすい．充実した母枝にしか雌花が着かないため，樹勢を強めに維持する必要がある．弱小枝には雄花が着生して，結果部位が枝先になりやすく，側枝が長くなりやすい．雄花を持つ完全甘ガキ品種なので，育種母本としても使われ，'太天'，'太月'（いずれも不完全渋ガキ品種），'秋王'（完全甘ガキ品種）が育成された．

'早秋'…(独)農研機構果樹研究所ブドウ・カキ研究領域で育成され，平成15年（2003）に登録された品種である．品質はよいものの，日持ちが2〜3日と極端に短い'伊豆'をもとに，109-27（興津2号〔晩御所'בG袋御所'〕×興津17号〔'富有'בG晩御所'〕）を交雑して育成された極早生品種で，9月下旬〜10月上旬に収穫される．食味は熟期の近い'西村早生'よりもよいといわれる．へたすき性がない．果皮色が赤く，美しい．果実重も250g程度になる．しかし，早期落果しやすい，収穫前後の樹上軟化が場合によって生じる，炭そ病に弱い，果形が不整，やや条紋が生じるなどの問題点がある．

'秋王'…福岡県農業総合試験場において，'富有'を種子親に，'太秋'を花粉親として交雑し，得られた不完全種子を胚培養することで育成された世界初の九倍体種なし完全甘ガキ品種である．不完全種子から得られた九倍体の実生は，種子親である'富有'の正常な配偶子（還元配偶子）と，花粉親である'太秋'の減数分裂をしなかった配偶子（非還元配偶子）の接合によって生じたと考えられている．収穫期は10月上旬から11月上旬．果実重は350g程度で，糖度は約20度と高く，'太秋'に似たサクサクした食感で，きわめて良食味である．

この他に，公立の試験場で育成された品種として，東京都育成の'東京紅'，鳥取県育成の'輝太郎'がある．

(2) 不完全甘ガキ

'禅寺丸'…神奈川県都筑郡柿生村（現在の川崎市麻生区）原産．建保2年（1214）に，王禅寺の再建に木材を求めた山中で発見されたとされる．江戸時代には当地に相当数栽植された．甘みが強いが褐斑が多く，肉質が粗くて硬いので，品質は不良である．昭和25年頃は450haと全国11位の栽培面積を誇ったが，現在で

は生食用としてはほとんど栽培されていない．しかし，多量の雄花を着生し，花粉量，花粉発芽率ともに著しく優れているので，受粉樹として使われている．花粉の中に巨大花粉（非還元花粉；減数分裂しないので，染色体数が 2n = 6x = 90）が出現するという特徴がある．

'甘百目'（あまひゃくめ）…起源は明らかではないが，関東地方に多い品種で，家庭果樹として全国的に分布している．果実は大きく，甘みは非常に強く，褐斑が多くて粗いものの，柔軟多汁で美味である．果皮の色が冴えず条紋があって外観が優れない．雄花も着生する．

'Kaki Tipo'（カキティッポ）…日本の '甘百目' がイタリアで栽培されるようになったと考えられている．不完全甘ガキ品種であるが，受粉樹がないため，種子が入らない．渋ガキとして栽培し，エチレン処理をして硬いうちに流通させ，消費地で熟柿として販売するか，CTSD脱渋（☞ 4.6）「果実の脱渋メカニズム」）をして硬い状態で販売される．

(3) 不完全渋ガキ

'平核無'…明治18年（1885）頃，山形県余目町（現在の庄内町）の佐藤清三郎が山形で買い求めたカキの苗木3本のうち1本を，鶴岡市の鈴木重行に分けたものが自宅に植えられ（一説には鈴木が同年，行商人から新潟県新津周辺で栽培されていた '八珍' ガキの苗木を買ったとの説もある），これを同市の酒井調良が明治25年（1892）頃良種と鑑定して推奨し，同地方に増植されて庄内柿と呼ばれるようになった品種である．無核で隔年結果性がなく，豊産で，外観がすぐれ，肉質緻密で甘みが強く，柔軟多汁で，品質はきわめて良好である．早生種として，枝変わりの '刀根早生' などがある．さらに，公立の試験場育成品種として，'刀根早生' が種子親となって育成された新潟県の '朱鷺乙女'（ときおとめ）がある．

'甲州百目'… '蜂屋'，'富士' とも呼ばれる．主に干柿として用いられる，縦に長い果形の不完全渋ガキ品種である．古くから全国的に分布している．

'Rojo Brillante'（ロッホブリランテ）…スペインの在来品種である 'Cristalino' の枝変わり品種である．250〜300gの比較的大果で，果皮が鮮やかな紅色をしている．

'Triumph'（トライアンフ）…イスラエルで栽培されている不完全渋ガキ品種

である．イスラエルでは一切の受粉樹は持込み厳禁であり，種子が入ることで褐斑が形成されて品質が落ちることを防いでいる．脱渋した 'Triumph' は「シャロンフルーツ」と呼ばれて流通している．

（4）完全渋ガキ

'市田柿'…長野県で干柿用に生産されている小果の品種である．長野県下伊那郡市田村（現在の高森町）下市田付近に多く栽培された品種で，大正中期に旧市田村（現高森町市田）の篤農家が「焼柿」と呼ばれていた在来の干し柿を「市田柿」と命名して販売していた．大きさは一口サイズと小さく，鮮やかな飴色の果肉をきめ細かい糖分の結晶が覆い，もっちりとした食感と上品な甘さが特徴である．現在の栽培面積は約 500ha，干し柿出荷量は 2,500t で，干し柿の全国シェアは 33％を占める．

'西条'…広島県西条町（現在の東広島市）原産であるといわれている．中国地方において東広島市寺家の長福寺の縁起に，同寺に鎌倉時代中頃の 1239 年に植えられたと記録されている．主にドライアイスで脱渋して生食にしたり，干柿，あんぽ柿とされる．肉質がきめ細かく，糖度が 18～20 度と高く品質が良好で，島根県，鳥取県を中心とした地域で栽培されている．

'愛宕'…愛媛県周桑郡（現在の愛媛県西条市）の原産．愛媛県と徳島県で生産され，炭酸ガス，アルコール，またはドライアイスで脱渋し，生食用として販売されている．

'天王'…京都府南山城地方で栽培されている柿渋製造用の品種である．成熟期の果実重が 60g 未満の小果で，果実は成熟前の 9 月に 20～30g で収穫される．収穫時のタンニン含量が '平核無' の 1.8 倍の 3％と高い．また，収穫時のリンゴ酸含量が 0.2％程度と多いのが特徴である．'天王' の他に，柿渋製造用の品種として，岐阜県の '田村'，京都府の '鶴ノ子' がある．

5）台木の種類と特徴

わが国では普通，カキの台木としてカキの共台とマメガキが使用されている．

共台…耐干・耐湿性が強く，いずれの品種および系統とも親和性がある．マメガキ台に比べて耐寒性がやや弱く，長野県と山梨県を除く関東以南の地方に多く

利用されている．甘ガキおよび渋ガキのいずれから種子を採取して台木にしても，接ぎ穂品種の甘渋に影響しない．樹勢が強く，高木になりやすいので，摘蕾および摘果，収穫，剪定などの管理作業の安全性や労働生産性の向上を図るための低樹高化が求められており，矮性台木の開発が行われている．その例として，静岡県農林技術研究所・果樹研究センターから出願して登録された '静カ台1号' と '静カ台2号'，宮崎大学から出願して登録された 'MKR1' がある．

マメガキ台…耐寒性が強く，甲信地方，北陸地方，北関東地方，東北地方などの寒冷地で台木として利用されている．耐干・耐湿性は共台に比べて劣り，品種によって接ぎ木親和性が良好の品種（'甘百目'，'花御所'，'平核無'，'西条' など）と，不良の品種（'富有'，'次郎' など）がある．接ぎ木不親和性の強い品種では，接ぎ木後数年間は生育するものの，その後に衰弱して枯死することが多い．

3. 形　　態

1）花の形態

カキの花は合弁花で4数性であるから，萼裂片が4枚，花冠裂片が4枚，雄蕊が4の倍数の8本で，葯が鞘状に集合している．雌蕊は1本であるが4心皮で構成されている．子房が萼裂片や花冠裂片よりも上位に着いている子房上位花である．花は雌雄異花であるが，雄蕊と雌蕊の揃った両性花を着けることもある．カキには，大部分の経済品種（'富有'，'次郎'，'平核無'，'刀根早生'）のように雌

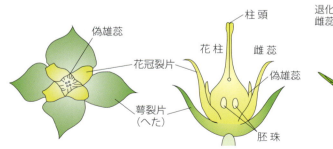

図7-2　雌花の模式図
(北川博敏：『カキの栽培と利用』，養賢堂，1970)

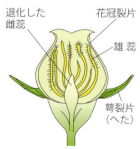

図7-3　'禅寺丸' の雄花

花しか着けない雌株の品種, '禅寺丸' や '甘百目', '西村早生' のように雌花と雄花を同じ樹に着ける雌雄同株の品種, '御所' のように雌花と雄花と両性花を同じ樹に着ける3性同株の3つに大別される. 雌花には, 退化して受精能力のない偽雄蕊と, 胚珠を作ることのできる雌蕊がある (図7-2). 雄花には, 退化して受精能力のない偽(仮)雌蕊と, 花粉を作ることのできる雄蕊がある (図7-3). 図7-4は '禅寺丸' の雌花と雄花の着生状態を示している. 雌花は雄花よりも大きいのが特徴である. 雌花は葉腋に1

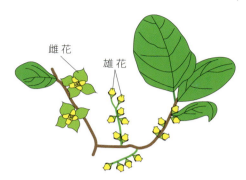

図7-4 雌花と雄花の着き方 ('禅寺丸')

つずつ着くが, 雄花は葉腋に房状に着く.

カキの雌蕊を構成している4つの心皮の境界は, 果実の溝の部分に相当する. 1つの心皮の中には通常2つ胚珠が入っている. したがって, 全部の胚珠が育つと1つの果実に8つの種子が入ることになる. このことから, 溝に沿って包丁を入れると種に当たらずに果実を切ることができる.

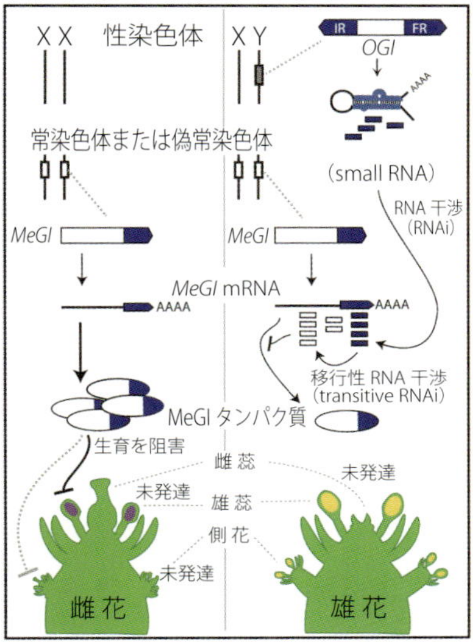

2) カキの雌雄性を決定する遺伝子

最近, カキの雌雄異株性を決定する遺伝的因子が世界で初めて解明され, サイエンス誌に掲載された (図7-5). カキ (*D. kaki*) の近縁種で雌雄異株性を示すマメガキ (*D. lotus*) の交雑集団を用いて, 性決定様式が研究された結果, カキ属の性決定は哺乳類などと同じで, XY型の

図7-5 *OGI/MeGI* システムによるカキ属植物の性決定メカニズム

雄個体ではY染色体上にある *OGI* が小分子RNAとなって相同な *MeGI* の発現を抑制する. *MeGI* は雄蕊の発達を阻害するため, 発現量が多いと雌花になるが, *OGI* によって抑制されると雄花になる. (Akagi, T. et al., 2014)

性染色体によって制御されていることが明らかにされた．遺伝子組換えによる機能解析により，*MeGI*（雌木，*Male Growth Inhibitor*）と名づけられた遺伝子は雄器官の成長を阻害して雌化を促進し，雌花をつくる働きをする．一方，Y染色体の雄特異的領域に存在する非翻訳RNA「*OGI*（雄木，*Oppressor of MeGI*）」は，小さなRNA分子（small RNA）を転写して合成し，それと相同なDNA配列を有する *MeGI* 遺伝子を認識して，その転写産物（RNA）を分解する反応の引き金となる．すなわち，*MeGI* の発現量が多く，*OGI* が働かなければ，雌花となり，*OGI* が働いて *MeGI* の転写産物RNAを分解すれば，*MeGI* の影響を受けなくなるので雄花となる．このメカニズムは，ゲノム情報がほとんどわかっていないカキの雌雄性に関して，次世代シークエンシング技術を駆使して解明された画期的な成果である．

3）果実の形態

雌花には，雄蕊が退化して花粉を作れない偽雄蕊が見られる（図7-2）．また，雌蕊の柱頭は4つに分かれており，雌蕊が4つの心皮でできていることを示している．心皮の基部は肥大して子房となり，子房は萼と花冠の着生部よりも上位にあるので子房上位果である．また，開花後に子房が肥大して果実に発達することから，カキの果実は真果ということになる．

子房が発達して果実になると，子房壁は果皮と呼ばれる（図7-6）．果皮は内側から内果皮，中果皮，外果皮に分けられる．果樹の種類によって可食部を構成する果皮の種類はさまざまであるが，カキの場合は，可食部の大部分が中果皮で占められ，種子のまわりの内果皮も可食部となっている．果実の縦断面を走向している維管束の外側が外壁，内側の中果皮が内壁と呼ばれる．

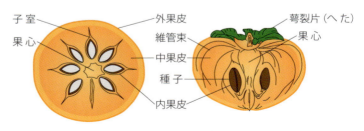

図7-6　カキの果実の形態
（吉本匠美氏 原図）

4. 生理生態的特性

1）休眠と樹体の耐凍性

(1) 休　　眠

　落葉果樹の休眠は夏に始まり，秋に最も深くなって，冬に覚醒するのが一般的である．一方，カキの休眠は8月に急速に深くなり，8～9月に最深期となる．この時期は好適条件に置かれても萌芽しない自発休眠期にある．その後，10～12月に急速に休眠から覚醒する．この時期は好適条件に置かれれば萌芽するが，葉が着生しているか外気温が低いので，実際は萌芽しない他発休眠期または強制休眠期にある．そして，3月になって外気温が高くなると，萌芽する．

(2) 樹体の耐凍性

　カキの寒さに対する樹体の抵抗性（耐凍性）は種間で異なっており，半分の個体が枯死する温度（LT_{50}）は，亜熱帯原産の台東マメガキ（*D. taitoensis*）では-12℃，温帯原産のカキ（*D. kaki*）では-20℃，寒帯原産のマメガキ（*D. lotus*）では-25℃程度である．耐凍性は枝の皮層部のアントシアニン含量が多いほど高くなる傾向がある．一般に，細胞が凍結するときに熱を放出するので，凍結直前に芽の温度が一時的に上昇する．これはexotherm（発熱）と呼ばれ，この温度が芽の耐凍性の目安となっている．

　休眠が自発休眠から他発休眠へと移行し，休眠が覚醒し始めると，芽や枝のデンプンが分解してスクロースやグルコースになるため，浸透圧が高まり凍結温度が下がるので，耐凍性が高まる．言い換えると，カキの樹体は休眠から覚醒することで，厳冬期の耐凍性を獲得しているといえる．

　逆に，春が近づいて気温が上昇すると，耐凍性が低くなり，萌芽前後の時期には-2℃程度の低温でも芽内部の組織が凍って枯死する，いわゆる霜害を受ける．霜害を防ぐために防霜ファンを設置したり，スプリンクラーで散水が行われる．スプリンクラーの散水で枝や芽が氷結すると，0℃の氷で芽が保護されるので，霜害を免れる（図7-7）．

2）結 果 習 性

図7-7 防霜のためのスプリンクラー散水で氷結したカキの樹

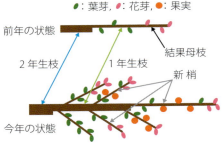

図7-8 カキの結果習性
（傍島善次：『柿と人生』，明玄書房，1980）

冬の園地でカキの樹に近づいて見ると，夏の間に伸びた枝が見つかる．これが結果母枝と呼ばれる（図7-8）．結果母枝には，先端の芽の他に，いくつかの側方の芽が観察される．先端の芽を頂芽，側方の芽が腋芽または側芽と呼ばれる．この頂芽は，夏に発育した枝が伸長を停止したときに着いていた本来の頂芽が枯死して脱落したあとに，それに続く腋芽が頂芽のように発育したものであるから，正確には偽頂芽と呼ぶべきものであるが，通常は頂芽と呼ばれている．

結果母枝の偽頂芽と，その近くの腋芽は，その中にいくつかの花の原基を持っている芽すなわち花芽なので，カキは頂側生花芽である．また，花芽の中には花と葉枝（新梢）を同時に持っていて，花芽が開いたときにそれから伸びた新梢の側方に花を咲かせるので，混合花芽に分類される．

3）花芽の分化と発達

春（3月下旬頃）になると，萌芽して新梢が伸びるが，40日経過した頃（5月中旬頃）には新梢の伸長が停止し，本来の頂芽が枯死して脱落する．このようにしてできた新梢の先端に近い腋芽の中で，花の原基が7月下旬頃より分化する．このとき，腋芽（側芽）の中でいきなり翌年開花する花の原基が分化するのではなくて，次のような順で分化する．すなわち，新梢伸長が停止して本来の頂芽が枯死して脱落すると，偽頂芽（以後，単に頂芽と記す）や腋芽の中で来年咲

く花のりん片や葉の原基がつくられる．その後に，葉原基の腋に1個の花の原基ができてくる（図7-9）．そして，7月中旬頃から葉原基の腋の分裂組織が隆起し，花の原基が分化し始める兆候が見られるようになる．

その後は一般的な仕組みに従って，花の外側の器官からできていく．すなわち，花の外側から，萼裂片（カキの場合は「へた」といわれる），花冠裂片，雄蕊群（多くのカキの雌花では花粉ができないので，偽雄蕊群となる），雌蕊が分化する．このとき，リンゴ，ナシ，モモなどでは，12月までに雌蕊の形までできあがって，厳冬期には発達が緩慢となり，3～4月の萌芽期以降に雄蕊や雌蕊の中の花粉や胚珠ができるのであるが，カ

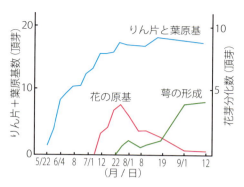

図7-9 '平核無'の腋芽の成長と花の分化過程
（原田 久，1985）

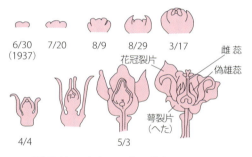

図7-10 '富有'の花の分化発達過程
（松原茂樹・川人茂樹，1938；中川昌一：『果樹園芸原論』，養賢堂，1978）

キは特殊で，10月頃までに萼裂片の初生突起ができてからは，冬の間は休止して，4月の萌芽後再び分化を開始し，花冠裂片→雄蕊群→雌蕊の形成が行われ，最後に花粉（雄花の場合）や，胚珠と胚のう（雌花の場合）ができる（図7-10）．

4）結　　実

(1) 隔年結果

カキは隔年結果が著しい果樹の1つである．結実の少ない年は，着果枝の数が少ないとともに，無着果枝では果実との養分競合がないので，C/N率が高くなったり，枝の中のデンプンや糖，不溶性窒素の含量が高まるなどによって，花芽分化に好適な栄養条件となって花芽が多く着く．一方，結実の多い年は，着果枝の

数が多くなるとともに，着果枝では果実との養分競合が起こるので，花芽分化に不適当な栄養条件となって花芽数が少なくなる．

また，リンゴの果実で指摘されているように，果実に含まれている種子からジベレリンが着果枝に浸出して花芽分化を抑制することも，隔年結果の大きな原因になっているといわれている．事実，種子が入らない'平核無'は隔年結果性が低い．隔年結果を防ぎ，毎年安定した結実を得るためには，摘蕾，早期の摘果を励行し，適正着果を心がけるとともに，剪定，肥培管理などを適切に行うことが重要である．

(2) 種子形成力と単為結果性

カキには，単為結果性のある品種と，単為結果性のない品種がある．昔から関東地方で栽培の盛んな'甲州百目'などは単為結果性が弱いので，着果安定のためには受粉樹を混植して確実に種子を発育させる必要があるが，'平核無'のように全く受粉しなくても肥大する品種もある．また，同じように受粉しても，種子の入りやすい品種と，入りにくい品種がある．したがって，カキの栽培に当たっては単為結果のしやすさ（単為結果力）と，種子形成のしやすさ（種子形成力）に注意しなければならない．

単為結果力を，一番弱いⅠから，一番強いⅥの6段階に分け，種子形成力を，一番弱い1から，一番強い6の6段階に分けて表すと，その関係は，表7-1のように表される．例えば，'平核無'では，単為結果力はⅥで非常に強いので受粉樹は必要ないが，種子形成力は1と非常に弱いので，たとえ受粉樹があったとしても種子が発育することはほとんどない．また，'御所'や'藤原御所'では，種子形成力が2なので受粉しても種子ができにくいうえに，単為結果力がⅡと弱いので，着果しにくく作りにくい品種ということになる．

'富有'における種なし果実作出の試み… '富有'の単為結果力はⅡで種子形成力が5であるから，種子が入りやすいが，種子が入らないと落果しやすい品種である（表7-1）．しかし，この'富有'を使って，ユニークな方法で種なし果実を作出する研究が行われたことがある（北島ら，1992）．例えば，結果枝に果実を3個残し，人工受粉する果実と人工受粉しない果実をいろいろ組み合わせて育てると，当然のことであるが，人工受粉した果実の結実率が高く，人工受粉し

4. 生理生態的特性

表7-1 カキの単為結果力と種子形成力との品種間差異

強/弱		1	2	3	4	5	6
強 ↑	VI	平核無 宮崎無核	尾谷	会津身不知	四ツ溝		
	V			清道柿	舎谷柿	西村早生 前川次郎	田倉
	IV	清州無核		紋平	衣紋		
	III				横野 花御所	次郎	晩御所
	II		御所 藤原御所	天神御所 西条	甲州百目	裂御所 富有 甘百目 松本早生富有	
↓ 弱	I			伊豆		水鳥	藤八 徳田御所
単為結果力 種子形成力		少 ←					→ 多

（梶浦 實，1941；中村三夫・福井博一：『果樹生産新技術 カキの生理生態と栽培新技術』，誠文堂新光社，1994を一部改変）

ないで単為結果した果実は結実率が非常に低い．したがって，3個の中で1個でも受粉して種子のある果実が混ざると，残りの単為結果した果実は養分競合に負けて落果してしまう．ところが，3個とも単為結果させると，3個とも人工受粉したものとかわらないか，それ以上の結実率が得られる．

普通のカキの産地では必ずといっていいほど受粉樹がある関係上，放任しておいても種子が入る果実が発育してくる．したがって，すべての果実を種なし果実にするには，小袋をかけて花粉を遮断するという方法があるが，労働コストの関係から実際上は不可能である．そこで，訪花昆虫を忌避する効果のあるカキクダアザミウマ防除用のオルトラン水和剤（アセフェート剤）を開花中に2回ほど散布すると，訪花昆虫を寄せつけないので，単為結果した種なしの果

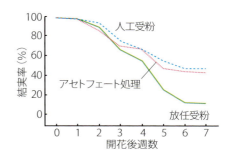

図7-11 '富有' における人工受粉樹，放任受粉樹およびアセフェート処理樹の結実率の推移

（北島 宣，1992）

実ができる（図7-11）．単為結果した種なし果実は人工受粉した果実に比べてやや扁平になるが，果実の重さ，果色，糖度などは人工受粉果と全くかわらず，良好な品質を示す．しかし，単為結果力の弱い品種は，全部の果実を単為結果させても結実率が年度によって大きく違うことに注意する必要がある．

5）果実の発育

(1) 果実の発育の仕方

カキの枝の伸長は5月中下旬に止まり，5月下旬には開花する（図7-12）．根は枝の伸長が止まった頃から成長を始め，6～7月にかけて盛んになる．果実は7月いっぱい急速に成長し，8月から1ヵ月間程度成長が緩慢になって，9月上中旬から再び急速に成長して，二重S字型成長曲線を描く．二重S字型成長曲線は，第Ⅰ期，第Ⅱ期，第Ⅲ期に分けられる．

カキの果実の細胞分裂は，部位別に停止時期が異なっている（図7-13）．維管束より内側にある中果皮の内壁は，開花後わずか17日頃で細胞分裂が停止する．一方，外壁は開花後29日頃に停止する．これに対して，表皮直下の組織（下皮）は開花後65日頃，表皮は開花後73日頃まで細胞分裂を続ける．いずれにしても，ほぼ第Ⅰ期で細胞分裂を停止し，開花後30日頃からは，分裂を停止した細胞が肥大していく．

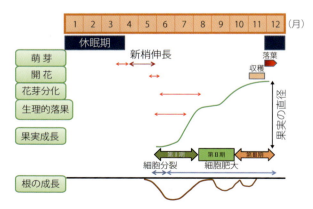

図7-12　カキの各部位の成長

(Yakushiji, H. et al.：Japanese Journal of Plant Science Volume 1 Number 2, p.48, Fig.3, GLOBAL SCIENCE BOOKS, 2007；傍島善次：『柿と人生』，明玄書房，1980を参考に作図)

カキの果実では，細胞の大きさと果実の大きさとの間にほとんど関係がない．したがって，カキのいろいろな品種において果実の重さと細胞の数との関係を見ると，果実が大きく重い品種ほど細胞数が多い．細胞数は開花後わずか1ヵ月間で決まる．この期間，果実に養分を送るソースは葉ではなく，根や幹，大枝である．これらの器官に蓄えられたデンプンが分解糖化されて果実に送られ，細胞分裂を促進している．したがって，果実の細胞数を多くして大玉生産するためには，前年の秋季遅くまで健全葉が着生す

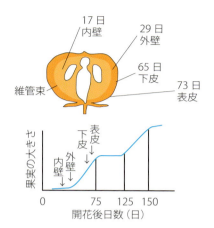

図7-13 果実の部位による細胞分裂停止時期の違い
（平田尚美ら，1978を参考に作図）

るような栽培を行い，根や幹，旧枝にデンプンが貯蔵養分として多く蓄積されることが重要である．前年に台風や病害虫によって早い時期に落葉すると，貯蔵養分が不十分となり，翌年の果実発育期に果実の細胞数が少なくなって，小果となるのはこのためである．したがって，9～10月の台風によって落葉した場合，そのときに着生している果実をできるだけ早く摘果または収穫する必要がある．また，この期間に養水分の競合をできるだけ少なくすることも大果をつくるコツとなる．そのためには，摘蕾，摘果の励行が重要である．

幼果の基部（へた部）に丸い印を付けてその後の動きを観察すると（図7-14），丸い印は果実の肥大に伴って果頂部の方に移動する．すなわち，カキの果実発育の特徴の1つに，基部の成長が盛んであることがあげられる．特に，第

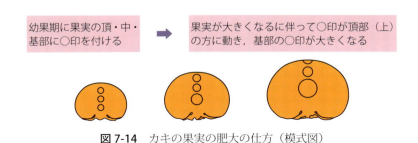

図7-14 カキの果実の肥大の仕方（模式図）

Ⅲ期の成長は果実基部の肥大に依存している．また，果実基部のへた接着部では，他の部位が分裂機能を失ったあとも，8月上中旬まで分裂機能が残ることが知られている．中国の品種には，へたの下の心皮が盛り上がった座のある品種が多いが，日本の品種でも果実肥大が遅くまで続くと，へた周辺部に座ができることがある．これも，カキの果実基部の肥大が盛んであるという特徴に基因している．

(2) 果実の発育に対するへたの役割

カキのへたは，果実に対する植物成長調整物質や酸素の供給源となっている．へたの呼吸と蒸散作用は，果実の物質代謝や水分生理などにも関与している．例えば，果実への物質転流にへたは大きな役割を果たしているので，幼果期にへたが十分発育していないと種子の発育不全をもたらして，落果する．

(3) 果実の糖の蓄積

糖の組成…カキの果実には，スクロースが80％以上を占める品種から，40％未満の品種まで幅広く存在する（表7-2）．例えば，'西条'の果実では70％以上がスクロースで占められるが，'平核無'は40％程度がスクロースである．残りは，ほぼグルコースとフルクトースが等量ずつ含まれている．また，完全甘ガキはスクロース濃度が高いのが特徴である．

糖の種類によって甘みの質に違いがあるし，甘さの程度も違う．室温（約20℃）における甘さの程度（甘味度）は，スクロースを100として表すと，フルクトースは120と甘く，グルコースはスクロースの半分の50しか甘味度がない．したがって，同じ糖濃度であれば，スクロースとフルクトースの割合が多い品種ほど甘く感じる．さらに，フルクトースは低温ほど甘くなり，例えば，5℃では140以上の甘味度になる．したがって，フルクトースが多く含まれている果実は，冷やして食べると，さらに甘く感じることになる．

表7-2 カキの主な品種の全糖に占めるスクロースとフルクトースの割合（％）

スクロースの割合	品　種
80％以上	花御所(9)，伊豆(9)，次郎(9)
75〜80％	富有(13)
70〜75％	西条(13)，愛宕(14)
40〜45％	平核無(32)

（　）内はフルクトースの全糖に占める割合（フルクトースとグルコースはほぼ等量含まれている）．
（鄭国華，1989を参考に作表）

糖の転流と蓄積…カキは，バラ科

の果樹と異なって,スクロースが転流糖であると考えられている.果実内に取り込まれたスクロースがインベルターゼによってグルコースとフルクトースに代謝される.このインベルターゼの活性が高い品種ほど全糖に占めるグルコースとフルクトースの割合が高くなるものと考えられている.カキの糖蓄積の最適温度は,おおむね,昼温25℃,夜温20℃であり,それほど著しい昼夜の温度較差は必要でない.呼吸による消耗は温度が高いほど大きいが,低温では転流量が著しく低くなるので,果実での糖の蓄積はある程度温度が高い方が進む.恐らく,カキは果樹の中でも転流の最適温度が比較的高い部類に属している.'平核無'の場合,寒冷地の果実よりも暖地の果実の方が糖度が高く甘いのも,第Ⅱ～Ⅲ期の発育温度の違いが影響しているものと推察される.

カキの乾物生産の特徴…果肉の乾物率の時期別変化を見ると,'西条'は全期間を通じて他の品種よりも乾物率が高い.このことが,'西条'が高糖度であることの1つの原因であると考えられている.また,'平核無'の糖度と全糖含量の時期別変化を見ると,生育前半の9月半ばまでは糖度の増加が小さく(図7-15),9月以降に糖度の増加が大きい.すなわち,収穫1ヵ月くらい前から急速に糖の蓄積が進むので,そこからの管理を特に入念にしなければならない.

過繁茂の防止…糖を合成する器官は葉であるから,葉をたくさん着けることが糖度の高い果実を多く収穫するためのポイントになる.しかし,葉の茂り方が過度になると,収量が低くなり,糖度も低くなる.果実生産量を多くし,しかも糖度の高い品質のよい果実を生産するためには,最適の茂り方(最適葉面積指数)になるように整枝および剪定する必要がある(図7-16).最適葉面積指数は,リンゴ,ブドウでは3程度,ウンシュウミカンでは5～6程度,棚作りのナシでは2～2.5程度といわれるが,カキでは3～4程度と見られている.

過繁茂を防ぐためには,春から夏にかけて発生する徒長枝を夏季に剪定することが必要である.また,徒

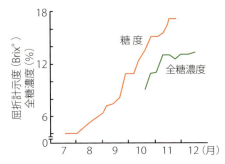

図 7-15 '平核無'の果実の糖度と全糖濃度の時期別変化

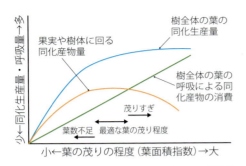

図 7-16 葉の茂りの程度と果実および樹体にまわる同化産物の関係
(林真二・田辺賢二:『くだものつくりの基礎』,鳥取県果実農業協同組合連合会,1991)

長枝の発生が著しく多いのは,冬の強剪定で樹冠を小さくまとめすぎていることが原因の1つなので,この場合は間伐によって樹間を広げる.

葉果比の調節…高品質の果実を最大限収穫するためには,最も適切な葉と果実の着生比率(葉果比)に調節しなければならない.'西条'の適切な葉果比は,果実1個に対して葉数が 15～20 枚(葉果比 15～20)程度である.摘果の程度は,新梢の長さに応じて次のように行うのが一般的である.

　5cm 未満の新梢　…すべて摘み取る
　中庸な新梢　　　…1 個着果させる
　30cm 以上の新梢…2 個着果させる

(4) 果実の着色

　果実の着色は成熟を示す指標となるとともに,消費者の購買意欲を左右するので,きわめて重要な形質である.カキの果色は,柑橘類,ビワ,アンズ,ウメ,バナナなどと同じく,カロテノイド系色素によるものである.カロテンやクリプトキサンチンは,ヒトの体内に吸収されるとビタミン A(レチノールなど)にかわって,生理的に重要な働きをする.ニンジンは 100g 当たり 4,100IU(ビタミン A 効力の単位)あるのに対して,カキでは 65IU あるにすぎないが,果実の中では多い方に属する.

　果実の着色に必要な条件…カキの着色に必要な条件としては,果実がある程度発育が進んで,おおむね果実発育の第Ⅲ期に達していることである.第Ⅲ期に入ると果実のクロロフィルが分解し,それに伴って,もともとあったカロテノイド系色素が現れてくるのと同時に,生成も行われて,黄色から橙色,朱色へと果色がかわる.クロロフィルの分解には,高温よりも,ある程度低温の方が適してい

る．例えば，側面開放のビニールハウス内に置かれた鉢植えの'平核無'に，果実発育第Ⅲ期にある9月20日から，果実の周辺のみ14℃，22℃，30℃の処理をすると，14℃で最もクロロフィルの分解が促進され，次いで22℃で，温度処理を行っていない対照より分解が促進される（図7-17）．一方，30℃では対照に比べて分解がかなり抑制され，対照が収穫始めの10月中旬に十分着色するのに対して，30℃ではへたの部分にかなり緑色が残る．

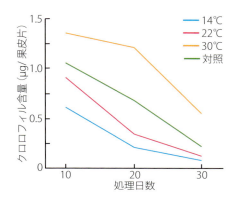

図7-17 '平核無'の果皮のクロロフィル含量に及ぼす果実温度の影響
9月20日より温度処理．（鄭国華，1989）

同じようにしてカロテノイド系色素の生成量を調べると，対照，14℃，30℃では，30℃で少し劣るものの，ほとんど生成量に差がない．このことは，市場価値の高い着色を実現するためには，いかにクロロフィルの分解が大事かを示している．逆にいうと，クロロフィルさえ分解すれば，30℃であっても対照なみの着色は可能である．一方，22℃では，対照や14℃，30℃でのカロテノイド系色素の生成

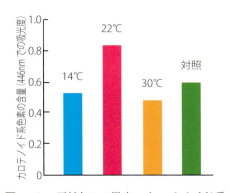

図7-18 '平核無'の果皮のカロテノイド系色素の含量に及ぼす果実温度の影響
9月20日より温度処理，30日目．（鄭国華，1989）

量の1.5倍あるので，たいへんきれいなカキ色を示す（図7-18）．このことから，果実発育第Ⅲ期で22℃程度の条件であると，緑色の退色も早く，着色が良好で鮮やかなカキ色，朱色が発現する．

カロテノイド系色素の中でも，リコペンは朱色の色素であり，生成適温は19〜24℃であるので，前記の22℃で増加したカロテノイド系色素のかなりの部分はリコペンであることが推測される．他方，リコペンは光の影響も受けるので，十分な光がないと発現しにくいという一面もある．

成熟期のカキの果実に含まれるカロテノイド系色素の中で含有量が多いのは，カロテノイド生合成経路の上流から順に，リコペン，β-カロテン，β-クリプトキサンチン，ゼアキサンチンの4種類であり，成熟期前から一定量蓄積しているβ-カロテンを除いて，成熟が進むに伴って，カロテノイド生合成経路の下流から順次蓄積していくことが，明らかにされている．カロテノイド生合成経路の最下流はアブシシン酸であり，成熟初期にアブシシン酸を処理すると，上流のカロテノイド系色素が蓄積して着色を促進させることができる可能性も検討され，実用化が期待されている．

(5) 果実の成熟特性と貯蔵性

　カキの果実は，成熟時に樹上で呼吸の増大を伴わないが，外部から与えたエチレンに感応して自らエチレンを生成する性質（自己触媒的エチレン生成能）を持っているので，クライマクテリック型に分類される．しかし，成熟時の樹上の呼吸速度は低く，エチレン生成量もきわめて微量であり，採取後，果実軟化時のエチレン生成量も0.1～1μL（果実1kg・1時間当たり）程度であるから，リンゴに比べると1/100～1/1,000と，きわめて低い．また，幼果期や未熟期に呼吸速度とエチレン生成能力が高く，成熟が進むに伴って低下するので，貯蔵性は未熟期よりも成熟期の方が高いという，他の果実にない特性を持っている．

　カキの果実の成熟特性……'富有'と'蜂屋'を用いて，時期別の呼吸速度を調べると，'富有'は完全着色期に達しても呼吸速度の増大がほとんどないのに対して，'蜂屋'では増大する．また，'蜂屋'の採取後の呼吸速度が6.5日でピークに達し，8日で軟化すると報告されているが，同じ'蜂屋'でもクライマクテリックピークが確認されないこともある．しかし，栽培ガキと近縁種の，D. discolor Willd. の緑熟果と5%着色果を用いて採取後の呼吸速度とエチレン生成量を見ると，明らかなクライマクテリックピークが認められている．

　以上は海外の研究者によって示された結果であるが，わが国では，カキがクライマクテリック型果実であるという説に否定的な研究が多い．'花御所'，'宮崎無核'，'愛宕'のやや未熟果ないし適熟果においては，採取後かなり時間が経過してから呼吸速度とエチレン生成量の増大が起こるが，明確なピークを形成しないうえに，過熟状態になってから呼吸速度の増大が起こるなど，クライマクテリッ

ク型の果実とは明らかに異なるという理由から，末期上昇型という分類が提唱されている．また，'富有'の種々の成熟段階の果実の採取後の呼吸速度を測定すると，未熟果では呼吸速度の明らかなピークが存在するが，成熟期に近くなると採取後相当日数を経て軟熟状態に近くなってから，呼吸速度の上昇が起こることも

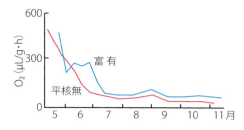

図7-19 カキの果実の呼吸速度の時期別変化
(稲葉昭次・傍島善次・石田雅士，京都府立大学学術報告．農学，第23号，1971)

報告されている．'平核無'においても，柑橘類においても，同様の現象が報告されていることから，生理学的に興味深い現象である．

　樹上でのクライマクテリック上昇を推定するためには，一定間隔で果実を採取し，採取後21℃の定温下で，24時間の呼吸速度を測定するのが適切であるといわれている．この方法で'平核無'の果実を測定すると，呼吸速度は8月中旬まで低下したのち，12月初旬まで25mg/kg・h程度でほぼ横ばい状態で推移するし，成熟期直前になっても，クライマクテリック型果実のように呼吸速度の上昇が見られない．同じように，'富有'と'平核無'の果実についてワールブルグ検圧計を用いて，時期別に呼吸速度を測定しても，9月上旬頃に両品種とも僅かに呼吸速度が増大するものの，明確なクライマクテリック上昇は認められない（図7-19）．

　以上のことをまとめると，カキは幼果期や未熟期では，採取後に呼吸とエチレン生成の明確なクライマクテリック上昇が認められるが，成熟期になると認められず，軟熟時に末期的な上昇が認められる果樹である．しかし，エチレンやエチレンのアナログのプロピレンを処理すると，自己触媒的にエチレンを生成する性質を持っているので，成熟型としてはクライマクテリック型に分類される．ただし，典型的なクライマクテリック型果実であるリンゴなどとは異なり，成熟期のカキの採取後のエチレン生成量は少ないのが特徴である．また，樹上で成熟期に呼吸やエチレン生成の上昇も起こらないことが，リンゴなどと異なる．

　収穫時の熟度と貯蔵性…一般に，果実の貯蔵性はやや未熟な段階で収穫したものの方が高く，熟度が進むほど貯蔵性が劣る．

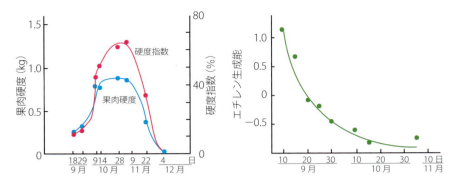

図 7-20 '平核無'のアルコール脱渋果における果肉硬度および硬度指数の時期別変化（左）と果実のエチレン生成能の時期別変化（右）

果肉硬度は脱渋処理後 7 日の値．硬度指数は収穫当日の硬度に対する 7 日後の硬度の％で示した．エチレン生成能はアルコール処理後のエチレン生成のピーク値（μL/kg・h）を対数で示した．（板村裕之，園芸学会雑誌，55 巻 1 号，1986）

一方，カキの'富有'では，早期に収穫すると採取時の肉質は硬いが貯蔵性が劣り，後期に収穫すると採取時にすでに肉質が柔らかく貯蔵中の腐敗も多いので，貯蔵用としては，収穫中期のやや完熟前の硬いものを選ぶ必要があるといわれている．

'平核無'のアルコール脱渋後の貯蔵性を熟度別に調べると，山形県鶴岡市においては適熟期と考えられる 10 月中下旬の果実の貯蔵性が最も優れている（図 7-20）．これは，カキの果実の呼吸速度やエチレン生成に代表される生理活性が，熟度が進むほど低下することと，過熟果では，樹上ですでに軟熟しているためと考えられている．

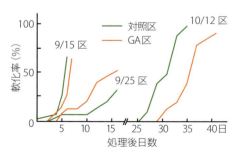

図 7-21 ジベレリン処理が熟度の異なるアルコール脱渋果の軟化に及ぼす影響
（板村裕之ら，1985）

果実の貯蔵性に及ぼす植物成長調整物質の影響…ジベレリン処理は，収穫後のカキの果実の貯蔵性を著しく延ばす．例えば，9 月上旬に GA_3 の 50ppm を処理した'平核無'の果実を，採取時期をかえて，アルコール脱渋処理後の軟化とエチレン生成量を調べると，エチレン生成量はいずれの採取時期においても両区に差は認められない．一方，軟化の程度

は9月25日までの未熟期の果実では両区に差がないか，または，GA₃区が対照区より促進的であるが，10月12日採取果においてはGA₃区の軟化率が低いので貯蔵性が高い（図7-21）．

これらのことから，ジベレリンはカキの未熟果におけるような，多量のエチレン生成を伴う果実の軟化を抑制することはできないが，成熟果におけるような，少量のエチレン生成に伴う果実の軟化については，何らかの機作で抑制しているものと見られる．

果実の貯蔵性延長…カキの果実では，エチレン生成が誘引となって軟化が起こる．そこで，エチレンの作用阻害剤である1-MCP（1-メチルシクロプロペン；認可済み）を前処理すると軟化が抑制され，貯蔵性がよくなる．'刀根早生'はへたからの水分損失という水ストレスを受けるとエチレンを生成し，果実が軟化することが知られている．エチレンは最初にへたで生成され，果肉に移行したのち，自己触媒的に果肉内でエチレンを生成する．したがって，このような場合は，蒸散を防ぐ目的で果実を高湿度条件に置くとエチレン生成が抑制され，軟化も抑制される．

6）果実の脱渋メカニズム

(1) 果実の自然脱渋

カキの渋味物質…甘ガキも渋ガキも，未熟な果実は渋い．カキの渋味は，渋味物質が舌のタンパク質と結び付くことで味蕾細胞が麻痺し，その情報が脳に伝わる結果起こる感覚であると理解されている．この渋味物質は一般にタンニンと呼ばれ，カキの場合とくにカキタンニンと呼ばれている．タンニンは，もともとは皮をなめす物質という意味の言葉であり，動物の皮のタンパク質と結び付いて皮をすべすべさせる働きがある．カキ渋（カキの幼果をつぶして発酵させた渋味物質）が清酒の澱を沈めて澄ませたり，紙や布に塗布して強くする作用は，カキタンニンがタンパク質と結合する性質を利用した技術である．

タンニンの構造としては，4種類のフェノール化合物が，ある一定の並び方をして，それを1つの単位にして何回も繰り返して高分子になったモデル（図7-22）が一般的に受け入れられている．カキタンニンを構成するフェノール化合物は，詳しくはフラボノイドという化合物で，○印はエピカテキン，○－△印

図 7-22 カキタンニンの推定モデル
○：エピカテキン，△：没食子酸（ガリックアシッド），○—△：エピカテキン -3- ガレート，□：エピガロカテキン，□—△：エピガロカテキン -3- ガレート．（松尾友明・伊藤三郎，1977 を参考に作図）

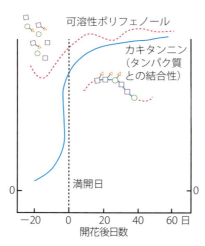

図 7-23 カキの子房または果実中での渋の発現と蓄積
○，△，□の説明は，図 7-22 参照．

はエピカテキン -3- ガレート，□印はエピガロカテキン，□—△印はエピガロカテキン -3- ガレートという名前のフラボノイドである．この 4 つのフラボノイドが図 7-22 のような順番でそれぞれ 1：1：2：2 の割合で 2 ～ 5 回繰り返した，推定分子量 1 万 3,000 ほどの高分子構造をしているものと考えられている．エピガロカテキンは，緑茶にも含まれており，がんを予防する作用があることが知られている．

カキの幼果における渋の発現と蓄積… '平核無'では，開花前 1 週間頃からわずかに渋みを感じるようになり，開花期頃にはかなり渋くなり，開花後 1 週間で非常に渋くなる．カキの果実の渋味を，食味ではなく，客観的に表す方法として，タンパク質との結び付きやすさを測定する方法がある．例えば，カキの果実をエタノールで抽出してから，その液を血清アルブミンというタンパク質と混ぜ合わせ，このタンパク質に結合した渋味物質を集めてその量を測定すると，開花前 1 週間頃から急速に増加する（図 7-23）．それと同時に，食味でも渋味が増加する．この図から，カキタンニンの構成要素であるポリフェノールは，開花前の子房がまだ渋くない状態のときから，かなりたくさん含まれていることがわかる．渋くないときはこれらの構成要素がバラバラの状態で存在し，開花前 1 週間頃から結合し始めて長い鎖のようになり，開花期頃からタンパク質と結合しやすくなって渋味が増してくることを表している．

完全甘ガキと不完全甘ガキの脱渋の仕方の違い…甘ガキは渋ガキと同様，カキタンニンが開花前1週間頃の子房内で形成され始めることから，未熟時には渋い．甘ガキはその後，樹の上で自然脱渋するので，収穫時には渋味を感じなくなる．'三国一'などの不完全甘ガキ品種と，'花御所'などの完全甘ガキ品種において，脱渋の仕方と可溶性タンニン含量およびアセトアルデヒド含量を時期別に調べると（図7-24），'三国一'，'花御所'ともに，可溶性タンニン含量は8月半ばまでに低くなり，脱渋される．一方，アセトアルデヒド含量は，不完全甘ガキ品種の'三国一'では脱渋が進み出す7月半ば以降に急速に生成蓄積されるが，完全甘ガキ品種の'花御所'ではほとんど生成されない．すなわち，不完全甘ガキでは渋ガキと同様，タンニンはアセトアルデヒドと結合して脱渋されるが，完全甘ガキでは，アセトアルデヒドによらない脱渋が起こっていることを示している．

完全甘ガキの自然脱渋…完全甘ガキのタンニン細胞を電子顕微鏡で観察すると（図7-25），開花期頃から急速にタンニンが生成蓄積され始めるのがわかる．そして，開花後20〜30日頃に当たる6月下旬にタンニンの生成が止まり，果実の急激な肥大によって，タンニンが希釈される．完全甘ガキには，タンニン細胞がもともと少ないこともあり，希釈によってかなり渋みが減少する．その後，タンニンが固まって凝縮し，脱渋する．東北地方で完全甘ガキが樹上で渋残りするのは，8〜9月に

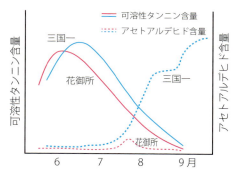

図7-24 完全甘ガキ'花御所'と不完全甘ガキ'三国一'のタンニンとアセトアルデヒドの時期的変化
（米森敬三，1986を参考に作図）

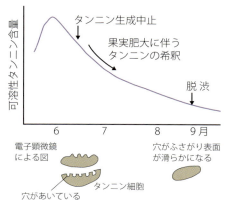

図7-25 完全甘ガキの脱渋過程
（米森敬三，1986を参考に作図）

かけて冷涼な気候であるため，果実肥大が遅くてタンニンの希釈が遅れ，タンニンが凝縮しにくくなるなどの理由があげられる．

(2) 収穫後の人工脱渋

甘ガキは樹上で自然脱渋して，収穫時に渋味を感じなくなるので人工脱渋の必要がないが，渋ガキは樹上で若干脱渋するものの，収穫時にかなり渋が残っているので，人工脱渋する必要がある．

樹上で自然脱渋した不完全甘ガキや，温湯で脱渋した渋ガキの果実内に多量のアセトアルデヒドが検出され，しかも渋ガキの果汁にアセトアルデヒドを加えると果汁が凝固するので，アセトアルデヒドが脱渋の原因物質であると提唱された（掛下，1930）．アセトアルデヒド（CH_3CHO）とエタノール（C_2H_5OH）の化学式はよく似ているが，渋ガキの果実を熱湯で煮沸して酵素活性などを停止させてから，この果実にアセトアルデヒドまたはエタノールの蒸気を処理すると，エタノール蒸気では脱渋せず，アセトアルデヒド蒸気では脱渋する．このことから，アセトアルデヒドが脱渋作用を持っていることが確認できる．

渋ガキを人工脱渋するには，温湯につける，炭酸ガスを使うなどして，果実を酸素と隔離させる方法をとる．この方法を使うと，果実が無気呼吸を行ってアセトアルデヒドを蓄積する．炭酸ガス脱渋では酸素の供給を断つことによって，TCA回路への代謝が遮断され，ピルビン酸→アセトアルデヒドの代謝経路が活発に働いてアセトアルデヒドが蓄積する．一方，炭酸ガスはリンゴ酸を経由する暗固定経路によってアセトアルデヒドに変換されるという側面も持つため，窒素ガス処理よりも多くアセトアルデヒドの蓄積をもたらす．

炭酸ガス脱渋とは，脱渋が完了するまで1週間程度炭酸ガス中に果実を封入する方法である．一方，CTSD（constant temperature short duration）脱渋（図7-26）は同じ炭酸ガスを使うものの，1～2日間

図7-26 CTSD脱渋庫
（写真提供：藤本欣司氏）

だけ炭酸ガス中に果実を封入することで，脱渋に必要なアセトアルデヒドを生成蓄積させる方法である．その後，20℃程度の温度で貯蔵すると，可溶性タンニンとアセトアルデヒドが縮重合してタンニンが不溶化されるので，脱渋する．

エタノールを果実に散布してビニール袋に入れておいても脱渋するが（アルコール脱渋），この場合もエタノール処理することで，何らかのメカニズムが働いてアセトアルデヒドが蓄積して脱渋する．エタノール処理を行ってアセトアルデヒドが生成蓄積するメカニズムは，アルコール脱水素酵素の働きが活性化するというよりはむしろ，アセトアルデヒド→エタノールの反応が阻害されることによっていると推察されている．一方，干し柿製造時の剥皮乾燥の初期過程や凍結解凍時，果実の熟柿化に見られる果肉の軟化時に脱渋する際には，アセトアルデヒドの蓄積は認められず，水溶性ペクチンと可溶性タンニンとの複合体が形成されることでタンニンが不溶化し，脱渋される．

5．栽培管理と環境制御

1）整枝と剪定

カキの整枝法には，立ち木仕立てとして，主幹形，変則主幹形，開心自然形がある．通常は立ち木仕立てで栽培されるが，最近は，棚仕立て，Y字形仕立て，ジョイント仕立てなども行われている．

初心者がカキの木の剪定で失敗するのは，多くの場合，一年生枝を途中から切除する剪定法，すなわち切り返し剪定を多用したときである．カキの花芽は，結果母枝の頂芽と，それに続く数個の腋芽（側芽）である．したがって，結果母枝の先端を切ると花芽を切除することになるので，翌年には果実が着かないことになる．カキの剪定において，この切り返し剪定は，主枝，亜主枝などへの適用を除いて，避ける必要がある．そのかわり，結果母枝を適度な間隔で根元から切り落とす間引き剪定が行われる．

例えば，3本主枝の開心自然形の整枝と剪定は，次のような手順で行われる．この場合，3本の主枝と，そこから出ている亜主枝と側枝が樹の骨格となる．その骨格に一年生枝の結果母枝が着生する．さらに，樹冠内部まで光が十分に当

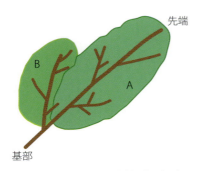

図 7-27 カキの開心自然形における主枝の中の枝の配置
A，B：側枝のユニット．

たるように，南側の主枝をやや低め，北側の主枝をやや高めに配置するように整枝する．

剪定は主枝ごとに行い，主枝においては先端から基部に向かって切り進める．側枝や亜主枝において剪定する場合も，先端から基部に向かって切り進める．このような順番で切ると，体系的に整枝と剪定ができる．結果母枝は間引き剪定を行い，骨格となる主枝や亜主枝は必要なものを残すように剪定する．樹液の流動がスムーズに行われるように，主枝と亜主枝はできるだけまっすぐに仕立てる．間引き剪定のときに残す枝は，50％くらいが目安である．

この他に 2 つの要点がある．1 つは，主枝や亜主枝の先端から剪定するときに，枝の配置は樹形が乱れないようにバランスをとることである．すなわち，図 7-27 の剪定しようとする側枝のユニット B が，それより先端側のユニット A より大きくなってはならない．もしも，ユニット B がユニット A より大きくなると，養水分を引きつける力が A を上回るため，養水分の流れがユニット A の方向ではなく，B の方向にかわるので，B の方が大きく成長して樹形が乱れる．

もう 1 つの要点は，側枝を放置すると，頂部優勢のために側枝の先端側に充実した枝が発生し，基部側は弱い枝で占められることである．樹冠の外側に充実した結果母枝が偏り，樹冠内部に果実が着かなくなる．したがって，基部に近い結果母枝または一年生枝に切戻す必要がある．これが切り戻し剪定である．

2）促成栽培

石灰窒素を含むシアナミド剤（CX 剤）を処理すると，成長阻害物質のアブシシン酸などを低下させることで休眠が打破される．メリットブルーという液肥を処理しても休眠打破効果が認められるが，休眠打破剤としての農薬登録はされていない．休眠打破処理後，萌芽に好適な温度にハウス内を加温すると，萌芽が促進され，促成栽培が可能となる．すでに自発休眠から覚醒している時期（1 月頃）の加温であっても，萌芽揃いをよくするために CX 剤の散布が望ましいが，カキ

への農薬登録がなされていないので，今後の登録が期待される．夏季の高温下で着色しにくい'西条'では促成の効果が得られないので，現在では'刀根早生'などで促成栽培が行われている．

3）根域制限栽培

根域を制限した栽培法の1つにコンテナ栽培あるいはボックス栽培がある．コンテナ栽培では密植栽培することで結実までの年数を短縮し，早期から成園並みの収量を得ることが期待される．また，カキは高木になりやすいので低樹高化が望まれており，コンテナ栽培によって樹高を低く抑えることができることから，脚立を使わずに作業でき，管理作業の軽労化を図ることができる．

'西村早生'，'刀根早生'，'早生次郎'などでは施設栽培が行われているが，樹高が高いために施設費がかかるなどの問題がある．コンテナ栽培ではこれらの問題を解決でき，コンテナを移動することで1つのハウスを1年に2回利用することができるなど，施設の有効利用を図ることも可能となる．

4）ジョイント接ぎ木栽培

ジョイント接ぎ木栽培は，主枝先端部と隣接樹の主枝基部を接ぎ木することにより，従来の仕立て法では実現できなかった，主枝（骨格枝）を連続的に水平配置することで樹高を一定の高さにすることを可能にした栽培方法である．骨格となる主枝を接ぎ木でつなぐので，早い時期に水平に配置した主枝をつくることができる．また，主枝が水平に配置されているので，主枝の基部から先端まで，生育の揃った側枝を主枝からまんべんなく発生させることができる．このため，均一で品質のよい果実生産が可能になるとともに，管理がしやすく，樹の間隔を従来の栽培法より狭くすることから，密植栽培が可能となる．

福岡県が'太秋'の樹勢強化による雌花の安定確保を1つの目的として，上方誘引タイプ（水平主枝を地上50～100cmの低い位置につくり，側枝を斜立させて上方へと伸ばす樹形）によるジョイント栽培について検討した結果，4年目には成園並みの収量を達成し，同樹齢の立ち木仕立ての樹よりも収量が大きく上回ることが示されている．

6．主な生理障害と病害虫

1）生理障害

奇形果の発生要因…春になってから，花冠裂片，雄蕊群，雌蕊が分化するという，カキの特殊な性質が，春先の異常気象や施設栽培で奇形果が多発する遠因になっている．例えば，昭和62年（1987）に山形県庄内地方において'平核無'の奇形果（図7-28）が多発したのは，雌蕊形成期の気温の日較差が大きいためであったことが明らかにされている．すなわち，心皮の出現→癒合→雌蕊完成までの5月初めから5月25日頃までの間に，昭和62年は気温の日較差が30℃を越す日が連続したことによって，心皮の癒合が悪くなったものと推察されている．

施設栽培においても昼夜温の日較差が大きくなるので，前記と同じような理由で奇形果が多発するようである．冬までに心皮が癒合して雌蕊が完成する樹種ではこのような問題は起こらないので，この現象はカキ特有の問題であるといえる．

2）病害虫

カキには樹体を枯死させるような病気がないので，減農薬栽培が可能であるが，いくつかの農薬散布が行われている．例えば，冬の間にカイガラムシを窒息させて殺すマシン油乳剤を散布したり，春先の萌芽前に病原菌の密度を下げるために石灰硫黄合剤が散布される．

図7-28 '平核無'の奇形果
（写真提供：平　智氏）

重要病害としては，初夏に罹病して落果を誘発する灰色カビ病，葉に黒斑を生じて落葉させる炭そ病，6〜7月に感染し，9〜10月の収穫期に発病して落葉させる角斑と円星落葉病，葉裏に白い粉が付いたように見えるうどん粉病，幹の根ぎわや根にがん腫（こぶ）をつくり，樹の生育を不良にする根頭がん腫病などがあげられる．

第8章

特産果樹

1. ク　リ

1）種類と分類

主な種類…クリはブナ科（Fagaceae）クリ属（*Castanea*）の落葉果樹で，ブナ属（*Fagus*）やコナラ属（*Quercus*）と同じ科の植物である．クリ属には少なくとも7つの種があるが，果樹として栽培されている主な種は，日本と朝鮮半島に分布しているニホングリ（*Castanea crenata* Sieb. et Zucc.），中国の華北および華中に分布しているチュウゴクグリ（*C. mollissima* Bl.），トルコ～南欧～北アフリカに分布しているヨーロッパグリ（*C. sativa* L.）の3種である．北アメリカ東北部原産のアメリカグリ（*C. dentata* Borkh.）は，かつては木材やタンニン採取用として広く用いられていたが，胴枯病に弱いので，19世紀末に東洋から導入されたクリの苗木に付着して侵入した胴枯病によって絶滅の危機に瀕している．その他の野生グリとしては，中国原産のモーパングリ（*C. seguinii* Dode）とヘンリーグリ（*C. henryi* Rehd. et Wils.），アメリカ原産のチンカピングリ（*C. pumila* Mill.）がある．クリ属の主な種の特性は表8-1の通りである．

来　歴…日本おけるクリの利用の歴史は非常に古く，約5,500～4,000年前

表8-1　クリ属の主な種の特性

種	果実の大きさ	渋皮剝皮性	樹の大きさ	用　途	胴枯病
ニホングリ	大	難	小	果　実	抵抗性
チュウゴクグリ	小～中	易	中	果　実	抵抗性
ヨーロッパグリ	小～中	易	大	果実，木材	罹病性
アメリカグリ	極　小	易	大	木　材	罹病性

の集落跡である青森県の三内丸山遺跡からクリの果実や柱が出土した例が知られている．『古事記』(712)や『日本書紀』(720)にもクリの記述があり，持統天皇の時代(686～696)には，ナシ，クワなどとともにクリの栽培が奨励されていたことが記述されている．最も古いクリの産地は大阪府，兵庫県，京都府にまたがる摂津および丹波地方で，この地方で栽培されたクリが大果であったことから「丹波グリ」と総称されていた．江戸時代以降，丹波地方から優良なクリが全国に運ばれて，栽培が広がったものと考えられている．大正時代の初めにはクリの生産量が2万tを超えていたので，現在と同程度の量が生産されていたことになる．その後，昭和16年(1941)に岡山県で発生して全国に蔓延したクリタマバチによってクリの生産は壊滅的な打撃を被ったが，クリタマバチ抵抗性品種の普及によって再び生産量が増加し，昭和50年(1975)には4万tを超えた．しかし，現在は，中国や韓国からの輸入の増加と食生活の変化などから，クリの国内生産量が減少して，栽培面積と生産量はピーク時の半分程度に減少している．

2）育種と繁殖

主要品種の来歴と特性は表8-2の通りである．その中の'ぽろたん'は，渋皮剥皮性がチュウゴクグリ並に優れる品種として（独）農研機構果樹研究所で育成された有望品種である．'ぽろたん'の渋皮剥皮性は，ニホングリの渋皮は剥けにくいという常識を覆す大きな発見である（図8-1）．早生のニホングリ大果系統550-40（290-5（'森早生'בかり豊多摩')×'国見'）と'丹沢'の交雑実生から平成3年(1991)に1次選抜されて全国の試験場で適応性が評価されたのち，平成19年(2007)に品種登録された．現在順調に栽培面積が増えており，数年後には主力品種になると考えられている．

'ぽろたん'の易渋皮剥皮性は劣性の主働遺伝子によって制御されており，連鎖するDNAマーカーも開発されている．この遺伝子はニホングリの在来品種である'乙宗（おとむね）'に由来しており，交雑育種の過程で'乙宗'の持つ易渋皮剥皮性遺伝子がホモ化すると，易渋皮剥皮性が現れる（図8-2）．すでに，DNAマーカーを利用した選抜方法を用いて，易渋皮剥皮性を有する新たな品種の育成が進められている．

クリは挿し木しても発根しないので，繁殖は接ぎ木によって行われる．台木に

表 8-2 主要品種の諸特性

品種	熟期	特性	来歴
ぽろたん	9月上中旬	30g. 粉質で食味優良. 易渋皮剥皮性	農研機構果樹研究所育成. 550-40（290-5（森早生×改良豊多摩）×国見）×丹沢
丹沢	8月下旬～9月上旬	23g. やや粉質で食味優良だが, 裂果が多い	農研機構果樹研究所育成. 乙宗×大正早生
国見	9月上中旬	30g. やや粘質	農研機構果樹研究所育成. 丹沢×石鎚
利平ぐり	9月上～下旬	25g. 極粉質. 味優良. 生食用として流通	岐阜県山県郡大桑村の土田健吉氏の発見による偶発実生. ニホングリとチュウゴクグリの一代雑種とされている
紫峰	9月上～下旬	30g. クリタマバチ抵抗性	農研機構果樹研究所育成. 銀鈴×石鎚
筑波	9月下旬	30g. やや粉質. 食味良好. 豊産性	農研機構果樹研究所育成. 岸根×芳養玉
銀寄	9月下旬	20g. 発芽が早く貯蔵性に乏しい	大阪府豊能郡能勢町の原産. 200年以上の栽培の歴史がある
石鎚	10月上旬	23g. 貯蔵性あり. 煮くずれが少なく加工に適する	農研機構果樹研究所育成. 岸根×不明
岸根	10月中旬	25g. 貯蔵性あり. 樹姿が直立性で大木	山口県玖珂郡坂上村の原産. 古くから栽培されている

図8-1 鬼皮にナイフで傷を入れたのち電子レンジ（700W）で2分間加熱したクリの果実
左から '岐阜1号'（チュウゴクグリ）, 'ぽろたん', '筑波'（ニホングリ）.

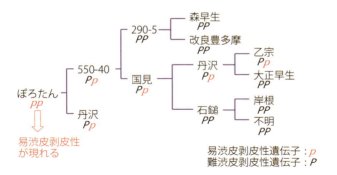

図8-2 'ぽろたん' の育成経過と祖先品種の渋皮剥皮性の遺伝子型

は栽培品種の実生が用いられることが多い．最近では，若木の地際30cm以下の接ぎ木部に凍害が発生しやすいとの理由から，地上部30〜35cmに接ぎ木した高接ぎ苗が普及している．ニホングリの台木に，チュウゴクグリや，ニホングリとチュウゴクグリの雑種を接ぎ木した際などのように，穂木品種と台木とが遺伝的に離れていると接ぎ木不親和が発生する．外観の症状としては，接ぎ木部が異常肥大し，こぶが形成される他，台勝ちや台負けなどが発生する．穂木品種や近縁品種の実生苗を台木に用いることで被害を軽減することができる．

3）形　　　態

樹　形…クリは高木性であることから，栽培品種は整枝と剪定によって3〜5mの低樹高に管理されているが，シバグリなどのわが国の山野に自生している野生グリにおいては，15〜20mに達することもある．樹姿は，直立する品種から著しく開張する品種まである．樹皮は，若木のうちは平滑で茶褐色であるが，樹齢が進むと不規則に縦裂して灰色にかわる．

花と果実の構造と可食部位…クリの花芽は側生花芽の混合花芽である．花は雌雄異花で，6〜7月に開花する．雄花は数個ずつの小さな二出集散花序（dichasial cyme, dichasium）を形成する．この小さい二出集散花序が20cm程度にわたり数十個着生して尾状花序（ament, catkin）を形成し，前年に伸長した枝の先端に着生した数個の芽が萌芽して新梢となった枝の葉腋に雄花穂として着生する（図8-3）．充実した新梢先端部に形成された雄花穂の基部には，雌花序が数個着生する．雄花穂に雌花序が着生した花穂は帯雌花穂（bisexual catkin）と呼ばれる．通常，雌花序は刺（thorn）のある総苞（involucre）すなわち毬（bur）に包まれており，3個の雌花が二出集散花序を形成している．雌花が4個以上

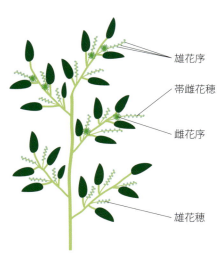

図 8-3　雄花序と雌花序の着生部位

着生する場合も，二出集散花序の仕組みに従って着生する．雌花の子房は花被片より下位にあるので，果実は子房下位（epigyny）の花から発達した偽果（false fruit, pseudocarp）である．したがって，果実の表面は花托の発達した果托ということになり，収穫期には茶色に変色して堅くなる．堅く茶色に変色した果托の内側には，子房壁（ovary wall）の発達した綿状組織があり，花托（果托）と子房壁を合わせて鬼皮（shell）と呼ばれる（図8-4）．胎座型は中軸胎座（axial placentation）であるといわれ，8〜11枚程度の心皮で構成されているので，子室（locule）は8〜11程度になる．各子室には2個ずつ胚珠（ovule）が含まれているので1個の果実には16〜22個程度の胚珠があることになるが，成熟して種子となるのは，通常，果実1個当たり1個である．種皮は渋皮となって胚を包み，胚の中では子葉が大きく肥大する．9〜10月に収穫期に達し，総苞（毬）が茶色に変色して裂開し，その中に雌花の数と同数の3個程度の成熟した果実が含まれる．食用となる主な部分は種子の中の子葉（cotyledon）である．

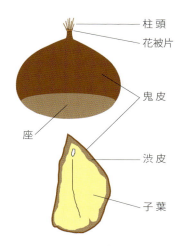

図8-4 クリの果実の構造

4）生理生態的特性

開花と結実…雄花と雌花が分化する時期は異なり，雄花は新梢の腋芽中で7月中下旬に分化するのに対して，雌花は翌年の4月中旬に分化する．雄花，雌花とも，6月中〜下旬に開花し始め，開花期間は2〜3週間と長い．受粉は風媒と虫媒の両方によって行われる．クリは強い自家不和合性を示すので，受粉樹が必要である．これまでのところ，他家不和合性は認められていない．収穫に至るまでに，6月下旬〜7月上旬と8月上〜下旬の2回，生理落果する性質があり，前者は樹勢の低下や日照不足，後者は不受精が原因とされている．

選果と貯蔵…収穫は，成熟して自然に落下した毬を拾う方法が一般的であるが，樹上で成熟した毬を竹竿などで落として収穫する場合もある．収穫した毬は園内または作業所で毬剥きされて，果実が取り出される．その後，未熟果，病虫害果，

裂果などが廃棄され，大きさ別に分別されて出荷される．クリの果実は比較的呼吸量が多いとされ，常温による日持ちは数日〜1週間程度である．加工用として出荷されたクリの果実はすぐに加熱され，ペーストや甘露煮として貯蔵される．クリの果実を冷蔵するとデンプンが糖に分解されて甘味が増すので，近年では−2〜0℃で貯蔵したあとに，生果として出荷されることもある．

　剪　定…クリは他の果樹と異なり，剪定をしなくても一定量の収穫が可能である．したがって，毎年剪定を行う生産者は多くないが，安定的に大果を収穫するためには剪定を行う必要がある．剪定によって樹勢を制御すると，隔年結果を防止し，毎年安定した収量を得ることが可能となる．剪定の効果としては，樹高を低く抑えることで作業がしやすくなり薬剤散布も容易になること，台風などによる枝折れの防止，風通しの改善による病虫害の抑制，受光態勢の改善による結実率の向上などがあげられる．

5）栽培管理と病害虫の防除

　クリの栽培時における基本的な作業は，剪定，除草，収穫に限られるので，省力栽培が可能な果樹である．薬剤散布に関してもすべての生産者が行っているわけではなく，モモノゴマダラノメイガの防除を数回行うのみであることが多い．クリは，凍害，ナラタケ病，胴枯病，根頭がんしゅ病などで枯れやすいが，その対策のための研究は十分には行われていない．

　主な害虫は次の通りである．

　モモノゴマダラノメイガ…羽化期間が40〜50日で，年に3世代にわたり発生する．越冬世代の成虫は5月下旬〜7月上旬に羽化し，主にモモやスモモの果実に産卵する．第1世代の成虫，第2世代の成虫は，それぞれ7月下旬〜8月下旬，8月下旬〜10月下旬に羽化して，クリの果実を加害する．早生種に多く産卵し，幼虫が細い絹糸で綴られたような大きな糞を果実の外に出しながら食害する（図8-5）．第2世代の老熟幼虫は樹幹の割れ目や傷跡で越冬する．薬剤散布は，第1世代成虫と第2世代成虫の羽化時期に適宜行う．

　クリシギゾウムシ…8月上旬〜10月上旬に羽化し，9月中旬〜10月中旬にクリの果実に産卵する．そのため，主に中晩生〜極晩生の品種が被害を受ける．雌の成虫が口吻を毬の上から刺して，斬り込むように穴をあけ，果実の座の渋皮

に産卵する．収穫したクリの果実を放置すると，鬼皮の一部分が黒褐色に変色する．さらに数日たつと幼虫が果実に2～3mmの穴をあけて脱出する．糞が外に出ないので外見からは被害の判断が難しい．従来はクリシギゾウムシ対策として，収穫後の果実に臭化メチル剤でくん蒸処理が行われていたが，臭化メチルはオゾン層破壊物質であることから，平成25年度を最後に使用できなくなるため，ヨウ化メチル剤の利用が検討されている．

図8-5　モモノゴマダラノメイガの幼虫がクリの果実を食害している様子
果実周辺に撒き散らされた虫の糞が見える．

クリタマバチ…6月上旬～7月上旬に羽化し，葉腋の新芽に産卵する．幼虫は芽の中で羽化して越冬する．翌年，寄生された芽は異常肥大して虫えいを作るため，花芽の形成が妨げられ，被害が大きい場合には樹勢が衰弱する（図8-6）．昭和25年（1950）頃から各地で甚大な被害を受けたあと，抵抗性品種の導入によって被害はいったん減少したが，昭和35年（1960）頃から抵抗性品種にも被害が見られるようになった．昭和57年（1982）以降，中国からクリタマバチの天敵であるチュウゴクオナガコバチを導入して各地に放飼したことで，被害を激減させることに成功している．チュウゴクオナガコバチは春に羽化し，虫えいの中のクリタマバチの幼虫に寄生するので，当年のクリタマバチの発生を抑制し，翌年の虫えいの形成を抑えることができる．この方法によって，現在はクリタマバチの発生が一定の水準に制御されている．

図8-6　クリタマバチの虫えい

2. イチジク

1) 種類と分類

(1) 原産と来歴

イチジク（*Ficus carica* L.）はクワ科（Moraceae）イチジク属（*Ficus*）の植物で，アラビア半島南部原産の亜熱帯性，半高木性の落葉果樹である．生育適地は，比較的高温で雨量が少なく夏に乾燥するようなところである．ヨルダン渓谷の新石器時代の遺跡から1万1,000年以上前の炭化したイチジクの果実が出土したことから，イチジクは世界最古の栽培植物であった可能性が示唆されている．メソポタミアでは6,000年以上前から栽培されている．わが国には，中国を経て伝来したという説と，江戸時代に西洋から長崎に渡来したという説があり，唐柿，蓬莱柿，南蛮柿と呼ばれた．果樹としての本格的な栽培は大正時代に始まった．

(2) 主な種類

イチジクの幼果は隠頭花序で，窪んだ花序軸の中に多数の小花が密生している．小花は雌雄異花であり，雌花（長花柱雌花），虫えい花（短花柱雌花），雄花の3種類があって，1つの幼果内に1～2種類の花が多数着生している（図8-7）．

図8-7 イチジクの3種類の小花

花粉の送粉者としてイチジクコバチ（*Blastophaga psenes* L.）が共生している種類では，幼果内に侵入して虫えい花に産卵し，孵化した幼虫は胚珠（種子）内で生育する．やがて，雌と雄の成虫が成熟果内で交尾し，雌の成虫のみが花粉を付着して成熟果の外に出て，別の幼果に目（へそ）から侵入し，虫えい花に受粉しながら産卵するということを繰り返す．したがって，虫えい花のある果実は食用に適さない．一方，長花柱雌花のみ着生した幼果にも侵入して受粉するが，イチジクコバチの雌の成虫は，産卵管が胚珠に届かないので，産卵できずに寿命を終える．この場合，長花柱雌花の果実内に幼虫が発生することはないので，肥大した果実は食用に供することができる．わが国にイチジクコバチはいないが，イヌビワ（*F. erecta* Thunb.）などの日本在来のイチジク属野生植物にはイヌビワコバチ（*Blastophaga nipponica*）のような共進化した固有のコバチが共生している．

イチジクは，幼果の中の花の種類と単為結果性によって4種類に分類される．

カプリ系（Capri type）…小アジアおよびアラビア地方の野生種で，栽培品種の祖先系統と考えられている．幼果内に雄花（目の近傍に着生）と虫えい花（目の近傍以外の内壁に着生）を持つ．春果（3～4月），夏果（6～7月），秋果（10～11月）を産するが，寒い地方では春果は結実しない．春果と夏果は前年枝（休眠枝）に，秋果は新梢に着果する．カプリ系の果実は，果実内にイチジクコバチが共生していること，花粉が多いことから，食用に適さないのでわが国では栽培されないが，欧米ではスミルナ系の受粉樹として利用されている．

スミルナ系（Smyrna type）…小アジアのスミルナ地方で古くから栽培され，長花柱雌花のみの幼果を着生する．単為結果しないため，結実にはイチジクコバチを介した受粉が必要である．この受粉および受精の仕組みがカプリフィケーション（caprification）と呼ばれている．通常，秋果のみ着果し，有胚種子を多数産する．有胚種子には油脂が含まれているので，干果（ドライフルーツ）にすると特有の香味が出る．世界的に干果用として広く栽培されているが，わが国にはイチジクコバチが生息しないため結実しないので，栽培されていない．

普通系（Common type）…長花柱雌花のみの幼果を着生する．受粉すれば有胚種子を産するが，夏果（6～7月）と秋果（8～10月）（図8-8）は，ともに単為結果するので，受粉しなくても結実する．わが国で栽培されている品種はほとんど普通系であり，結実能力によって夏秋果兼用品種と秋果専用品種がある．

図 8-8　イチジクの夏果と秋果

図 8-9　イチジクの腹接ぎ

わが国の主要品種である'桝井ドーフィン'と'蓬莱柿'（在来種）は本系に属する．

　サンペドロ系（San Pedro type）…結果習性は普通系とスミルナ系の中間に相当し，長花柱雌花のみの幼果を着生する．夏果（6～7月）は単為結果するが，秋果（8～10月）の結実には受粉が必要である．わが国では夏果専用品種として'キング'，'ビオレー・ドーフィン'，'サン・ペドロ・ホワイト'などが栽培されている．

2）育種と繁殖

　育　種…イチジクの交雑育種では，カプリ系の成熟果から花粉を採取し，スミルナ系，普通系あるいはサンペドロ系の幼果に人工受粉が行われる．わが国の育種目標には，豊産性で耐寒性がある品種，良食味で外観がよい品種，裂果しにくい品種，省力的な栽培（一文字整枝）が可能な品種であることが求められている．主に福岡県で交雑育種が実施されており，生食用品種として'姫蓬莱'（2000年品種登録），'とよみつひめ'（2006年品種登録）が育成されている．また，イチジク株枯病抵抗性台木として'キバル'が育成されている（2012年品種登録）．

　挿し木繁殖…発根能力が高いので，挿し木繁殖が容易である．冬季に採取した一年生の休眠枝を採取し，乾燥させないように冷蔵して，初春に挿し木する．挿し穂には3～4節の着いた枝を使用するが，1芽挿しでもよく発根するので，挿し木苗を効率よく育成できる．新梢を用いた緑枝挿し木もよく発根する．

　接ぎ木繁殖…切り口から樹液が出始める前の初春に，切り接ぎや腹接ぎで容易に接ぎ木繁殖できる（図8-9）．休眠枝を用いた接ぎ木と挿し木を同時に行う接ぎ挿しも可能である．新梢を用いた緑枝接ぎ木も可能である．

3）形　　態

葉…掌状の単葉で，新梢に互生する．葉身は大きく肉質で粗毛があり，特に裏面に粗毛が密生する．葉脈は鮮明である．葉形は着葉部位によってかわることもあるが，品種によって無裂刻から3，5，7片の裂刻がある（図8-10左）．

結果習性…新梢（当年生枝）の伸長に伴って各葉腋に1個の幼果（イチジク状花序）を着生する混合花芽に分類され，幼果が新梢の側方に着生する側生花芽である．イチジクは他の果樹と異なり，発生する新梢の基部の1〜3芽を残して，すべての葉腋に幼果を着生する．すなわち，新梢成長が可能な温度範囲内であれば，次々と幼果が分化して発達する．幼果の中での花（小花）の着き方は，花序軸が大きく膨らんで窪んだ壺型となり，その壺の内側面に，長花柱雌花，短花柱雌花，あるいは雄花を密生する隠頭花序（イチジク状花序，hypanthium）を形成する．幼果が肥大するとイチジク状果（sycon, syconium）となる．外から花（小花）が見えないため，漢字で無花果と記される．

果　実…イチジクで1個の果実と通常呼ばれるものは複合果（多花果，multiple fruit or polyanthocarp）で，多数の小花から発達した多数の小果（drupelet）が，肥大して窪んだ1本の花序軸の周りに密生している（図8-10右）．小果の数は，'桝井ドーフィン'の場合2,000〜2,800個であり，果実容積の50％以上を占める．果形は，円形，長楕円形，洋ナシ形などさまざまであり，果皮色は緑〜黄色，赤色，紫〜紫黒色，青銅色である．主な可食部は，肉厚状の果序軸と小果であることから，偽果に分類される．わが国で栽培される普通系とサンペドロ系の種子は

図8-10　イチジクの葉（左）と果実の形態（右）

受粉していないので胚が形成されないことから，小果は薄い子房壁（果皮）と種皮のみで，中は空洞である．果実の肥大は二重S字型成長曲線（double sigmoid growth curve）を示し，着果後75〜80日で成熟する．イチジクの結実は他の果樹と大きく異なって，発生する新梢が結果枝となり，同一新梢上に発育段階の異なる果実が混在する．下位節より順次発育するので，果実の収穫期間は露地栽培の場合に約3ヵ月間続く．収穫後の生果の日持ち性はきわめて短く，適熟果においては約2〜3日間で鮮度が失われる．

4）生理生態的特性

地上部と地下部の生育…春の気温上昇に伴って，最初に新根（春根）が発生し，やや遅れて前年枝（休眠枝）の休眠芽が萌芽する．春根は5〜6月に伸長のピークを迎え，8月に伸長を停止する．新梢は4〜9月にかけて伸長し，6〜7月頃にピークを迎える．新梢の樹勢が強い場合，新梢の腋芽が副梢となって伸長する．新梢伸長が減衰する初秋期から再び根（秋根）が伸長を開始し，晩秋まで続く．

耐寒性…亜熱帯地方原産の植物であるため，寒さに弱い．比較的に強いといわれる‘蓬莱柿’でも，露地で経済栽培ができるのは東北地方以南であり，北へ行くに伴って温度が不足するために果実の成熟時期が短くなるので，収量も低下する．耐寒温度は成木で−9℃が限界とされ，若木の耐寒性はさらに弱い．

耐干性と耐湿性…葉が大きく，蒸散量が多いので，果樹の中でも水分要求量が多い植物である．根は浅根性で，乾燥害を受けやすい．品種間差異はあるが，根の酸素要求度が高いので耐湿性も弱く，土壌水分が多いと根は湿害を受ける．

好適土壌酸度と養分吸収特性…好適土壌酸度は中性〜弱アルカリ性（pH7.2〜7.5）である．窒素に比較してカリウムとカルシウムの吸収が多い．果実では，カリウム，窒素，カルシウム含量が多く，葉ではカルシウム含量が多い．

乳液…イチジクの特徴として，葉，枝，根および果実に乳管細胞があり，傷を付けると白色の乳液が分泌されるが，休眠中には乳液が分泌されない．分泌液にはフィシンと呼ばれるタンパク質分解酵素が含まれている．

整枝と剪定…休眠枝（前年枝または結果母枝）を強く切り返しても，新梢（結果枝）の下位節から幼果を着生する樹勢中庸な品種は，一文字整枝あるいはX字形整枝で栽培される（図8-11）．これらの整枝法は，樹高が低く，結果母枝の

図 8-11 一文字整枝（左）と杯状形整枝（右）
（写真提供：森田剛成氏）

配列が直線状になることから，作業効率が優れる．一方，樹勢が強い品種または夏果専用品種は，頂芽から発生する新梢が良好な結果枝となるので，間引き剪定が主体となる．これらの品種では，杯状形または開心形で仕立てられる．

5）栽培管理と病害虫の防除

　自発休眠はほとんどなく，剪定や摘葉で休眠を打破できる．気温が約10℃以上であれば，いつでも萌芽する．しかし，30℃以上になると生育が抑制され，38℃以上になると果実に障害が発生する．加温ハウス栽培では，12月上旬から最低温度を18℃で管理すると，5月下旬から収穫できる．

　植物成長調整物質の利用…果実の成熟促進方法には，油処理法とエチレン処理法がある．油処理法は紀元前3世紀のギリシャ・ローマ時代から行われている栽培技術である．成熟予定日の約15日前に果実の開口部（目）にオリーブ油などの植物性油を油差しやスポイトなどで少量塗布すると，処理後5〜7日で成熟する．エチレン処理法は，油処理の適期に100〜200ppmのエテホン剤を果実に散布する方法である．同法は，油処理法よりも省力的で，果面が汚れないという長所がある．非クライマクテリック型果実である．

　主な病害虫…イチジク疫病，イチジク株枯病，ネコブセンチュウ，アザミウマ類，カミキリムシなどがある．

3. キウイフルーツ

1）種類と分類

　キウイフルーツ（kiwifruit, Chinese gooseberry）は，中国南部を原産とするつる性の落葉果樹であり，マタタビ科（Actinidiaceae）のマタタビ属（*Actinidia*）に分類され，中国サルナシ，オニマタタビあるいは中国スグリとも呼ばれている．中国から1904年にニュージーランドに種子が導入され，その後，品種改良がなされて現在に至っている．果実の外観が，ニュージーランドの国鳥であるキーウィ（kiwi）に似ていることからキウイフルーツと命名されたという説もある．1920年頃よりニュージーランドで大規模栽培が開始され，1950年代には苗木が世界中に広まって，わが国へは昭和45年頃（1970年頃）に導入された．その後，ウンシュウミカンの転作作物として急激に普及している．主な産地は，愛媛県，福岡県，和歌山県で，神奈川県，静岡県，山梨県がこれに続いている．

　キウイフルーツの学名は，以前は *A. chinensis* であったが，緑色の果肉で果皮表面が剛毛で粗く覆われているものを *A. deliciosa*（A. Chev.）C. F. Liang & A. R. Ferguson とし，現在の主要品種である'ヘイワード'はこれに分類される（図8-12）．また，果肉が黄色で果皮表面の毛が柔らかく少ないものを *A. chinensis* Planch. とし，'ホート16A'（商品名：ゼスプリゴールド）や，果実の中心に赤い果肉を持つ'レインボーレッド'などはこれに分類される．最近は同属のサルナシ（*A. arguta*（Siebold & Zucc.）Planch. ex Miq.）をベビーキウイ（ミニキウイ）と称して販売しているところもある．

図8-12　キウイフルーツの果実
上：'ヘイワード'，下：'ホート16A'．

2）育種と繁殖

わが国への導入時の主要品種には'ヘイワード','ブルーノ','アボット','モンティ'などがあったが，長期貯蔵に適し，大果の'ヘイワード'が主要な栽培品種となっている．日本における収穫時期は 10 〜 11 月で，多くの品種は収穫後に追熟を必要とするクライマクテリック型果実のため，すぐに食べることはできない．近年では，果肉が黄色や赤色の品種も普及している（図 8-13）．わが国における主要な栽培品種の特性は表 8-3 の通りである．

3）形　　態

キウイフルーツは雌雄異株であるから，雌花と雄花は異なる個体に着生する（図 8-14）．すなわち，雄花では葯に稔性を持つ花粉を有するが，雌蕊が退化している．一方，雌花では複数の花柱が観察されて子房が発達し，雄蕊（仮雄蕊）はあるが花粉は不稔である．したがって，雄の木と雌の木を混植しないと結実率はきわめて低い．花芽は葉芽原基と小花原基を持つ混合花芽の側生花芽である．わが国では，開花前年の夏に小花原基が形成されるが発達せず，形態的に花芽分化が認められるのは開花直前の 3 月中旬である．開花は 5 月中下旬であるが，それまでの短期間のうちに，萼片，花弁，雄蕊，雌蕊が急激に形成される．これは，常緑性の柑橘類と類似している．花弁は 6 枚のものが多く，開花すると，白色から橙黄色がかった乳白色となる．花径は 2 〜 5cm で，雌花は雄花と比べて大きい．

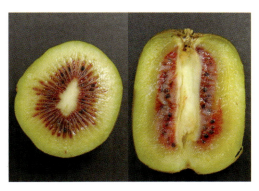

図 8-13　果心部周辺に赤い色素が蓄積する品種'紅妃'

表 8-3 キウイフルーツの主要栽培品種とその特性

品種名	分類	特性
ヘイワード (Hayward)	A. deliciosa	1920年代にニュージーランドで発見された偶発実生で，育成者のヘイワード氏の名が命名された．果実は他の栽培品種と比較してやや大きく，果重は100〜130gである．果肉は緑色で食味もよく，貯蔵性に優れ，収穫期は11月上・中旬である
ブルーノ (Bruno)	A. deliciosa	1920年代にニュージーランドで偶発実生として発見され，果実は他の品種と比較して長円筒形である．果肉はエメラルドグリーン色が強く，糖度は低い．樹勢はやや強く，果実の貯蔵性は'ヘイワード'に比べて劣る
モンティ (Monty)	A. deliciosa	1950年頃ニュージーランドで発見されたとされるが，詳細は不明な点が多い．主要品種の中では豊産性であり，摘果を十分に行わないと小果になりやすい．果実は台形を呈する．果肉は緑色で，糖・酸含量ともに中程度である．収穫期は11月上・中旬である
香緑 (Koryoku)	A. deliciosa	香川県農業試験場において'ヘイワード'の自然交雑実生から育成された．樹勢は強い．果実は円筒形で果重は100g程度である．果肉は濃緑色で芳香があり，糖度がやや高く，酸味が少ないため商品性は高い．収穫期は'ヘイワード'より少し早い
レインボーレッド (Rainbow red)	A. chinensis	中国系のキウイフルーツから育成された．樹勢は中程度である．果重は70〜90gとやや小さい．熟した果実の果心の周辺部分（内壁）がアントシアニン系の色素の蓄積によって赤くなり，果肉の色（黄緑〜黄色）とのコントラストが美しい．果皮表面の毛はほとんどない．貯蔵性は低い
ホート16A (Hort16A)	A. chinensis	ニュージーランドで育成された品種で，同国のゼスプリ社が権利を有し，ゼスプリゴールド（商品名）と呼ばれている．ニュージーランドからの輸入が主であったが，近年，ゼスプリ社との契約栽培で日本でも生産されている．果肉は黄色で糖度が高く，酸味が少ないので商品性が高い．ヘイワードよりも貯蔵性に劣る
トムリ (Tomuri)	A. deliciosa	雄性品種で受粉樹として使われる．樹勢は強く，開花期は'マツア'より遅れる．房状花蕾となり，花梗が短いため採花には手間がかかるが，葯や花粉の量は多い
マツア (Matua)	A. deliciosa	雄性品種で受粉樹として使われる．樹勢はやや強く，雄花の着生数が多い．開花期は'トムリ'よりも早い．着花数が多いので開花期間が比較的長い．1花当たりの花粉量は'トムリ'よりもやや少ない

果実は子房上位の真果で，液果（漿果）となる．成熟すると黒色の種子を多く含む．種子数が少ないと果実の肥大が悪くなったり奇形果となることがある．

4）生理生態的特性

キウイフルーツの果実の成長は，容積で示すと三重S字型成長曲線を示し，果重で示すと二重S字型成長曲線を示す．果実の細胞分裂は，果心組織では開花後15〜18日間程度，内壁および外壁では18〜30日間程度続き，その後は細胞

3．キウイフルーツ　　235

図 8-14　キウイフルーツの雌花（左）と雄花（右）

肥大によって成長する．クライマクテリック型果実であり，一部の品種を除いて，樹上では成熟しない．アボカドやセイヨウナシなどでは果実自身がエチレンを生成し，それによって追熟が進行する．キウイフルーツは，主要品種である'ヘイワード'を含めて，多くの品種で収穫後のエチレン生成が見られないので，人為的にエチレンを処理しないと追熟は著しく遅れる．

　一般に，果実のエチレン生成には2つのタイプが認められている．1つは，未熟な果実や成長期で見られるエチレン生成である．一方，果実の成熟過程における多量のエチレン生成は，微量なエチレンによって自己触媒的に誘導される現象であると考えられている．キウイフルーツの場合，エチレン感受性が高いので，人為的にエチレン処理すると，エチレン合成の引き金として働き，追熟を著しく進行させる．エチレン処理をしていないにもかかわらず，軟化する果実があるが，これは軟腐病の発病によって生成されるエチレンによる現象であると見られている．なお，中国系の品種ではエチレン生成量が品種間で大きく異なっている．

　果実には，グルコース，フルクトース，スクロースなどの糖類が含まれ，10月中旬頃からグルコースとフルクトースが増加する．主要な有機酸として，クエン酸，キナ酸がほぼ同量含まれ，次いでリンゴ酸が含まれている．これらは未熟果で多く，成熟に伴って徐々に減少する．また，果実にはタンパク質分解酵素の1つであるアクチニジンを多く含み，アレルギーの1要因ともなっているが，アクチニジンをほとんど含まない品種（例えば'ホート16A'など）もある．果実は2〜3ヵ月は常温で貯蔵ができ，5℃では4〜5ヵ月間，2〜3℃では6〜7ヵ月の貯蔵が可能である．しかし，90〜95％の湿度が必要なので，ポリエチレン

シートなどで包装すると貯蔵性がよくなる．貯蔵後の果実はエチレンを生成して可食状態となるが，追熟の進行が一定に起こらないので，外生的なエチレン処理（5～500ppm，温度20℃，湿度90％）を12～24時間行い，強制的に追熟させる．

5）栽培管理と病害虫の防除

　ニュージーランドの主産地の環境要因，特に，気温，降水量，日照時間などをわが国に当てはめると，キウイフルーツの栽培適地はウンシュウミカンの栽培適地と同じであるとされている．日照時間の長さは光合成に関係し，花芽分化や新梢の伸長，果実の成長および品質に影響する．栽培の阻害要因として，土壌の乾燥と湛水，晩・早霜害，風害があげられる．具体的には，台風による風擦れ果の発生や，長雨による根腐れ病である．また，晩霜，初霜，寒気の停滞地帯は栽培に適していない．新梢は風に弱く，小枝が折れて枯死する．強風は葉や発育中の果実にも物理的障害を与え，品質に悪影響を及ぼす．そのため，防風垣や防風ネットなどの強風対策が必要である．土壌pHは6.5～7.0が最適とされ，酸性土壌は矯正が必要である．

　新梢の成長は5月下旬から6月上旬にかけて旺盛であり，6月中・下旬には新梢の先端部が巻き着き始めて，成長が緩慢となる．この時期には強風によって新梢が障害を受けやすいので，誘引作業が必要となる．また，成長の旺盛な新梢は摘心して，樹体の成長の均衡を整える必要がある．キウイフルーツの仕立て方には，Tバー仕立て，平棚仕立て，改良マンソン仕立て，フェンス仕立て，アーチ型栽培などがあるが，わが国では平棚仕立てが一般的である（図8-15）．平棚仕立てでは，主枝から伸長した枝よりも分枝した枝の方が強くなる負け枝現象が激しいので，樹形を整えるのが難しい．負け枝を起こさないように主枝を2～4本に整枝し，平地では2本主枝の一文字整枝法，傾斜地ではV字形2本主枝整枝法が適している．摘心や夏枝の管理では，徒長枝が5～6mにも伸長するので，弱剪定や強勢な枝の摘心を行うことが経済樹齢の延長につながる．

　望ましい大きさの果実を得るには十分な種子が必要となるので，開花期には訪花昆虫による受粉や人工受粉が必要である．一方，生理的落果が少なく，着果過多となりやすいので，摘果が必要である．摘果よりも摘花，摘花よりも摘蕾と，

図 8-15　キウイフルーツの平棚仕立て

間引きの時期が早いほど，その効果は大きい．開花後 20 ～ 30 日の果実に 1 ～ 5ppm のホルクロルフェニュロン（N-(2-chloropyridyl)-N5-phenylurea，CPPU；商品名フルメット）を処理すると果実の肥大が促進され，およそ 30％程度大きな果実を収穫することができるが，一部の品種（例えば'レインボーレッド'）では，熟期の著しい促進や落果の助長，果頂部の異常肥大などを引き起こす．また，環状剥皮も果実の肥大に効果がある．樹勢の強い'ヘイワード'では，主幹に環状剥皮を行うと，果実肥大とともに糖度の上昇が認められるので，実用化されている．なお，環状剥皮では花腐細菌病の防除効果も認められる．果実外観からの収穫適期の判定は困難で，ニュージーランドでは，'ヘイワード'の場合，糖度が 7 ～ 8 度に達したときを収穫適期としている．わが国では，糖度 6.7 ～ 7.0 度を目安に，10 月下旬～ 11 月中旬が収穫適期になる．なお，CPPU を処理すると，熟期が促進される．

　冬季剪定は 12 月下旬から 2 月下旬に実施する．充実の悪い枝を除けば，ほとんどの枝は結果母枝となる．果実を収穫した部位より 5 ～ 7 節基部までを結果母枝として残し，その先で剪定する．

　病害としては，かいよう病，花腐細菌病，灰色かび病，炭疽病，白紋羽病，軟腐病がある．開花時には花腐病が多発し，収穫時や貯蔵中には果実軟腐病の発生が多い．害虫として，スリップス，カイガラムシ，ツノロウムシ，ハマキムシ，カメムシ，コガネムシ，コウモリガ，ゾウムシなどが発生する．

4. ベリー類

ベリー（berry）とは，植物学上は液果または漿果を意味し，果汁の多い果実を指す用語で，ブドウ，トマト，カキなどが含まれる．しかし，一般には，ブルーベリー，クランベリー，キイチゴ類（ラズベリー，ブラックベリー），スグリ類などの小果樹類（small fruits）を指すことが多い．

1）ブルーベリー

(1) 種類と分類

ブルーベリーは，ツツジ科（Ericaceae），スノキ属（*Vaccinium*）のサイアノコカス節（Sec. *Cyanococcus*）に分類される落葉性の低木性果樹である．アメリカ北東部の野生種から改良されたハイブッシュブルーベリー（ハイブッシュ，highbush blueberry；*V. corymbosum* L.），南部の野生種から改良されたラビットアイブルーベリー（ラビットアイ，rabbiteye blueberry；*V. virgatum* Aiton）およびカナダからアメリカ北東部の荒れ地に広く分布するローブッシュブルーベリー（ローブッシュ，lowbush blueberry；*V. angustifolium* Aiton）に大別される．ハイブッシュは低温要求時間や樹高の違いによって，北部ハイブッシュ，南部ハイブッシュ，ハーフハイハイブッシュに分類される．同じスノキ属であるが，北欧に自生するビルベリー（bilberry；*V. myrtillus* L.）はミルティルス節（Sec. Myrtillus），欧米で栽培されているクランベリー（cranberry；*V. macrocarpon* Aiton）やリンゴンベリー（lingonberry；*V. vitis-idaea* L.）は，それぞれオキソコカス節（Sec. Oxycoccus）とコケモモ節（Sec. Vitis-Idaea）に分類される．

アメリカ先住民は野生種のブルーベリーを生果や乾果として利用していたが，栽培には至らなかったようである．栽培化および品種改良は，1900年代初めからアメリカ農務省によって行われ，ハイブッシュでは1908年，ラビットアイでは1925年に野生種より優良株を選抜することから始まった．その後の育種によって多数の優良品種が育成されている．わが国への導入は，ハイブッシュが昭和26年（1951），ラビットアイが昭和37年（1962）である．

(2) 育種と繁殖

　品種育成が最も進んでいるのは原産地のアメリカであるが，近年ではニュージーランド，オーストラリアでも品種育成が行われ，わが国にも導入されている．日本国内では，群馬県がハイブッシュを3品種育成している他，民間の苗木業

表 8-4　栽培および産業上重要なブルーベリーの特性

種類（倍数性）		樹	土壌条件	果実	主な品種
ハイブッシュブルーベリー（2n=4x=48）	北部ハイブッシュ	樹高1～2m, 樹勢中, 低温要求量大, 耐寒性強	有機質に富む砂質土, 耐乾性弱, 土壌水分を最も好む, pH4.3～4.8	大きさ大, 品質優, 収量多, 成熟期6月上旬～7月下旬	バークレー（Berkley），ブルークロップ（Bluecrop），チャンドラー（Chandler），ダロー（Darrow），アーリーブルー（Earlblue），ジャージー（Jersey），スパルタン（Spartan），ウェイマウス（Weymouth），ヌイ（Nui），プル（Puru），レカ（Reca），あまつぶ星，おおつぶ星
	南部ハイブッシュ	樹高1m程度, 樹勢弱, 低温要求量小, 耐寒性弱	有機質に富む砂質土, 耐乾性中, 土壌水分を好む, pH4.3～4.8	大きさ中, 品質優, 収量中～少, 成熟期6月上旬～7月中旬	ブルークリスプ（Bluecrisp），フローダブルー（Flordablue），ショージアジェム（Georgiagem），マグノリア（Magnolia），オニール（O'Neal），リベイル（Reveille），シャープブルー（Sharpblue），サミット（Summit）
	ハーフハイブッシュ	樹高1m程度, 樹勢弱, 低温要求量大, 耐寒性強	有機質に富む砂質土, 耐乾性中, 土壌水分を好む, pH4.3～4.8	大きさ小, 品質優, 収量中～少, 成熟期6月上旬～7月中旬	チペワ（Chippewa），フレンドシップ（Frendship），ノースブルー（Northblue），リトルジャイアント（Little Giant），ノースランド（Northland），ポラリス（Polaris），トップハット（Tophat）
ラビットアイブルーベリー（2n=6x=72）		樹高1.5～3m, 樹勢強, 低温要求量中, 耐寒性強	ハイブッシュに比べ土壌適応性が広い, 耐乾性強, 土壌水分好む, pH4.3～5.3	大きさ大～中, 品質優, 収量極多, 成熟期7月上旬～9月下旬	アラパハ（Alapaha），バルドウィン（Baldwin），ベッキーブルー（Beckyblue），クライマックス（Climax），コースタル（Coastal），エッセル（Ethel），ホームベル（Homebell），メンディトー（Menditoo），マイヤーズ（Myers），パウダーブルー（Powderblue），ティフブルー（Tifblue），ウッダード（Woodard）
ロープッシュブルーベリー（2n=2x=24, 4x=48）		樹高15～40cm, 低温要求量大, 耐寒性強	アメリカ北東部からカナダ東部の荒地（barren）に自生	大きさ極小～小, 野生の果実が採集, 成熟期8～9月	ジャム，ジュース，ドライフルーツ，ケーキ，お菓子，ワイン，お酒など，ほとんどが加工に利用される

者でも新品種が育成されている．最近の品種は，大粒で玉揃いがよいこと，日持ち性が優れていること，収穫期間が短いことなどの特性を持つものが多い．わが国に導入されているブルーベリーの品種は多数あるが，主な品種名と，その特性は表 8-4 の通りである．

台木の利用は一般的には少ないが，西南暖地でのハイブッシュ栽培などに土壌適応性の広いラビットアイや国内に自生するスノキ属で直根性のシャシャンボ（*V. bracteatum* Thunb.）を利用する試みも行われている．また近年，国内に自生するスノキ属野生種の機能性の高さなどに着目した品種改良などが行われつつある．

図 8-16 ハイブッシュブルーベリーの花

（3）形　　態

総状花序（raceme）で，1 つの花芽に 10 個程度の小花を含んでいる．小花（図 8-16，8-17）は，下向きに開花し，子房下位で合弁の鐘形ないし壺型，花冠の先端は 4～5 つに裂けて反転している．雌蕊は 1 本で，その周囲を 8～10 本の雄蕊が取り巻いている．雄蕊の葯の先端側半分は 2 つの管状小突起となっており，花粉放出孔がある．訪花昆虫が花を振動させることで花粉が放出される．萼は合弁で果実の成熟時まで残る宿存萼である．可食部である果実は花托組織と子房壁が発達した偽果である．子房は 4～5 心室に分かれ，1 心室に数個の胚珠を内蔵しているので，種子数は数十粒となる．

図 8-17 ラビットアイブルーベリーの花の縦断面

（4）生理生態的特性

樹勢や樹高はタイプによって大きく異なる（表 8-4）．いずれも株元から強い発育枝が発生し，地

中を匍匐して吸枝（sucker）が伸長してブッシュ状になるので，整枝および剪定も他の果樹とは異なる点が多い．植付け後2年間は新梢と地下部の成長を促す目的で，花芽は除去して結実させない．3年目より結実させるが，勢力の弱い枝の花芽は取り除く．また，株元から伸長した発育枝は2本程度を残して主軸枝候補とし，他は除去する．成木では主軸枝がハイブッシュで4〜5本，ラビットアイで8〜10本程度が望ましい．主軸枝は5〜6年で更新して若返りを図る必要があるので，株元からの強い発育枝を毎年2本程度残して順次更新する．

葉芽および花芽が冬季の休眠から覚めて健全に成長するために必要な低温要求量は，タイプによって異なり，北部ハイブッシュでは800〜1,200時間，南部ハイブッシュでは400時間以下，ラビットアイでは400〜800時間である．

前年の7月中下旬〜9月中旬頃に新梢の頂芽または側芽に花芽分化する頂側生花芽で，純正花芽である．11月頃までに花のほとんどの器官が形成され，冬季にはほとんど成長しないが，3月になると肥大し，4月初めから開花に至る．ハイブッシュは自家受粉でも結実率が優れるが，ラビットアイでは自家和合性が弱いので，他花受粉（他品種の混植）が必要である．果実は受精後約1ヵ月間急速に肥大するが，その後の1ヵ月間はほとんど肥大せず，果実の着色とともに再び肥大する二重S字型成長曲線を示す．成熟直前にエチレンの排出と呼吸量の一時的な上昇が認められるクライマクテリック型果実である．果実の収穫適期は果皮全体がブルーに着色してから5〜7日後で，果実と小果柄との間に離層が形成されて分離が容易になる．収穫後，障害果，未熟果，過熟果だけでなく，葉や小枝，小果柄などの異物を取り除くが，果実が小さく，果皮が薄いことから，傷みや軟化を防ぐためにもできるだけ速やかに果実温を下げる．また，収穫時に降雨などで濡れた果実は，扇風機などで早めに乾燥する．

果実は丸ごと食するので，廃棄率はゼロである．食物繊維が豊富で，無機質，ビタミン類も含有するが，アントシアニンなどのポリフェノール含量が高く，眼精疲労の回復，毛細血管の機能改善，がん抑制作用，老化抑制作用などのある機能性果実として注目されている．

(5) 栽培管理と病害虫の防除

樹冠はブッシュ状になるので，前述したように整枝および剪定も他の果樹と異

なる．また，ひげ根で浅根性であることから土壌の乾燥に弱いので，有機物やピートモスを混和して土壌の通気性を保つ必要がある．さらに，酸性土壌を好む点でも他の果樹と異なる．西南暖地におけるハイブッシュの栽培では成熟期が梅雨に当たるので，良果を生産するためには雨除け栽培が必須である．

主な病気としては灰色かび病，斑点落葉病，炭疽病，マミーベリーなどが，害虫としてはオウトウショウジョウバエ，ミノムシ類，コガネムシ類などがある．

2）キイチゴ

(1) 種類と分類

キイチゴは，バラ科（Rosaceae）のキイチゴ属（*Rubus*）に分類される落葉性または常緑性の低木性果樹で，多くはとげがある．収穫時に花托が花盤に残って，集合果が中空になるラズベリー（raspberry）と，花托が集合果に付着して花盤から分離するブラックベリー（blackberry）に大別される（図8-18）．後者にはローガンベリー，テイベリーおよびヤングベリーなどの種間交雑種も含まれる．

ラズベリーは16世紀にイギリスで栽培されるようになり，18世紀の終わりに欧州から米国へ導入されて，19世紀の後半から栽培が盛んになった果樹である．現在の栽培種は，いずれも欧米で改良されたものである．赤ラズベリーは夏が比較的冷涼な気候を好み，欧州原産の *R. idaeus* ssp. *vulgatus* Arrhen.（果色は暗赤色，果形は円錐またはシンブル状（thimble，裁縫用の指指し状）で腺毛はほとんどないか全くない）と，北米および東アジア原産の *R. idaeus* ssp. *strigosus* Michx.（果色は明赤色，果形は球形で多数の腺毛がある）の2つの亜種から育成されたものである．黄色種と白色種は赤ラズベリーから変異したものである．黒ラズベリーは赤ラズベリーに比べて耐寒性が低く，ほとんどが北米東北部原産の *R. occidentalis* L. に由来している．紫ラズベリーは，通常，赤ラズベリーと黒ラズベリーとの F_1 雑種である．

ブラックベリーは欧州では17世紀，北米で

図8-18 ラズベリー（左）とブラックベリー（右）の果実外観（上）とその縦断面（下）

は 19 世紀に栽培化されるようになり，20 世紀に入って現在の多数の経済品種が育成された．変異が多く，複雑で分類が困難であるが，栽培種のほとんどは欧米で改良されたものである．直立性でとげのある品種は，*R. alleghenensis*，*R. argutus*，および *R. frondosus* のような直立性の野生種に，他の数種の遺伝子も導入されて育成されたものである．デューベリーには匍匐性の品種が多いが，北米東部を原生とする *R. baileyanus* と，西部を原生とする *R. ursinus* に由来するものが多い．後者の品種の多くには赤ラズベリーの遺伝子も導入されている．

(2) 育種と繁殖

とげなし品種もあるが，多くはとげあり品種の枝変わり（周縁キメラ）である．とげなし品種では組織層の表層だけがとげなしに変異して，内層はとげありの遺伝子を持つため，根から発生した吸枝はとげありとなる．配偶子も内層から形成されるため，とげありの遺伝をすることになる．アメリカ農務省がイギリスのとげなし品種とアメリカ東部のとげあり品種の交雑から育成した品種は，遺伝的にとげなしである．近年，わが国の野生種を活用した品種改良も行われつつある．

ラズベリーの品種として，赤ラズベリーには 'ラーザム'，'カスバート'，'インディアンサマー'，'サマーフェスティバル' など，黒ラズベリーには 'マンガー'，'カムバーランド'，'ブラックホーク' など，紫ラズベリーには 'ソーダス'，'ブランディーワイン'，'マリオン' などがある．

ブラックベリーの品種として，直立性品種には 'マートンソーンレス'，'ダロー' など，半直立性品種には 'ブラックサテン'，'チェスターソーンレス' など，匍匐性品種には 'ボイセン'，'ローガン'，'ヤング' などがある．

繁殖は，ラズベリー，ブラックベリーともに，株分けや取り木などによるが，緑枝挿しや休眠枝挿しも可能である．

(3) 形　　態

キイチゴの花芽は側生花芽の混合花芽である．ラズベリーは，新梢の先端に集散花序（cyme）を形成し，頂端の花から開花する．自家結実性である．果実は小核果（小石果，drupelet）で構成される集合果で，花托上に多数の 1 心皮雌蕊がある．各雌蕊の子房には 2 つの胚珠を有するが，通常発育するのは 1 つである．

各小核果は，モモと同様に内果皮が硬化して堅い核を形成する．収穫時に集合果が花托から容易に分離して内部が空洞になるので，果形が崩れやすい．可食部は小核果の集合体である．開花から成熟までの日数は1カ月程度である．

ブラックベリーは，新梢の先端に散房花序（corymb）あるいは総状花序を形成するが，デューベリーなどでは，ラズベリー同様，集散花序を形成する．多くの品種が，ラズベリー同様，自家結実性で，果実は小核果の集合体であるが，成熟時に花托が集合果に付着して分離する点で異なるので，可食部は花托を含む小核果の集合体ということになる．開花から成熟までの日数は品種によって異なるが，40〜60日と，ラズベリーに比べてやや長い．果実は10g以上のものもあるが，多くは5〜8g程度で，早く咲いた花ほど果実は大きくなる．

(4) 生理生態的特性

春に吸枝が伸長して1年生枝となり，翌年の結果母枝（2年生枝）となる．花芽は1年生枝の伸長が停止した秋に分化するが，頂芽から下部の腋芽へと順次分化が進む．開花は4〜6月頃で，果実の成熟期は5〜8月である．結果母枝は果実の成熟後，自然に枯死する．1年生枝に開花および結実するタイプの品種では，2年生枝の他に，1年生枝の先端にも秋に開花結実するので，二季成りとなる．剪定には夏季剪定（6月頃）と冬季剪定があり，①収穫後の2年生枝の除去，②余分な1年生枝の剪除，③残した1年生枝の摘心，④結果母枝の切返しなどがある．結実した結果母枝は収穫後自然に枯死するが，収穫後なるべく早く剪定するとよい．

果実は二重S字型成長曲線を示す，クライマクテリック型果実である．果実に雨が当たると急激にエチレンを生成し，傷みやすいので，雨を避け，できるだけ気温の上がらない朝のうちに収穫する．腐敗果にはショウジョウバエが産卵するので注意が必要である．生食できるが，貯蔵性がないため加工原料として利用されることが多い．果実にはビタミンC，食物繊維が多く，アントシアニンなどのポリフェノール含量も高いことから，機能性果実として注目されている．

(5) 栽培管理と病害虫の防除

春植えと秋植えがあるが，寒い地方では春植えが適する．ラズベリーでは株

仕立てと垣根仕立てがあるが，前者では 2m 間隔に，後者では畝間 2.0 ～ 2.5m，株間 1.0 ～ 1.5m に栽植する．ブラックベリーの経済栽培では垣根仕立てが多い．栽植距離は品種の樹勢によるが，畝間 3.0 ～ 3.6m，株間は直立性品種で 1.2m，半直立性および匍匐性品種で 1.8 ～ 2.4m とする．施肥は，萌芽が早く収穫までの期間が短いので，早春に速効性の肥料を元肥として施すのが望ましい．大きな被害をもたらす病害虫が少なく，家庭栽培向きの果樹である．

3）スグリ類

(1) 種類と分類

スグリ科（Grossulariaceae）（ユキノシタ科, Saxifragaceae）のスグリ属（*Ribes*）に分類される低木性果樹で，赤，白，ピンクあるいは黒色の果実を房状に着生するカランツ（currant）と，前年生枝の葉腋に緑，黄緑あるいは紫色の果実を 1 ～ 3 個束生するグーズベリー（gooseberry）に分類される．わが国にも野生種が自生するが，果樹として改良されたものはない．

(2) 育種と繁殖

ヨーロッパに原生する *Ribes rubrum* L. および *R. vulgare* Lam. 由来のレッドカランツ（赤色種，redcurrant）と，*R. nigrum* L. 由来のブラックカランツ（黒色種，blackcurrant）がある．赤色種からは，果実が白色や桃色のものが分離され

図 8-19 レッドカランツ（左）とホワイトカランツ（右）の果実
（写真提供：國武久登氏）

ている．グーズベリーは，ヨーロッパ原生のセイヨウスグリ（R. uva-crispa L.）と，アメリカ原生のアメリカスグリ（R. hirtellum Michx.）から改良され，両者の雑種も多いが，19世紀半ば以降の改良品種である．繁殖は両者ともに，休眠枝挿し，緑枝挿し，取り木あるいは株分けによって行われる．カランツの品種には，赤色種に'ロンドン・マーケット'，'チェリー'，'レッド・ダッチ'，白色種に'ホワイト・ダッチ'，黒色種に'ボスコープ・ジャイアント'などがある．グーズベリーの品種には，'ピックスウェル'，'グレンダール'，'赤実大玉'などがある．

(3) 形　　態

温帯性の落葉性小低木で，カランツにはとげがないが，グーズベリーにはとげのあるものが多い．花芽は側生花芽の純正花芽である．カランツは総状花序で，1花房に数個から10数個の両性花を着生し，基部の花から開花する．グーズベリーの花も両性花で，葉腋に1～3個束生する．両者ともに子房下位の偽果で，可食部の大部分は子房壁の発達した果皮と胎座部分である．

(4) 生理生態的特性

夏季冷涼な気候を好み，耐寒性がきわめて強く，−35℃の低温に耐える．日本では東北地方以北や高冷地での栽培に適する．家庭栽培向きの果樹で，植付け後2～3年目には結実し，自家結実性である．株仕立てとし，4～5年生以上の古い枝は間引いて更新する．開花は4月下旬～5月上旬，収穫期は7～8月である．果実は甘酸っぱく生食もされるが，ジャムやゼリー，パイ，果実酒などに加工される．ビタミンCが豊富で，他のビタミン類や食物繊維も多い．

(5) 栽培管理と病害虫の防除

春または秋に植え付けるが，乾燥に弱いので，植付け後，株元をマルチングする．夏季の高温多湿は花芽の着生数の減少や，病害の発生をもたらす．乾燥しやすい土壌では，果実に日焼けを生じやすい．株仕立てとし，4～5年生以上の古い枝は間引いて更新する．

主な病害虫としては，うどんこ病，斑点病，胴枯病，およびカイガラムシ，ハマキムシなどがある．

第9章

熱帯果樹

1．わが国で栽培されている主な種類

　熱帯とは，北回帰線と南回帰線に挟まれた地域を指し，気候的には厳寒期でも平均気温が18℃以上の地域である．このような地域で栽培されている果樹は熱帯果樹と呼ばれ，耐寒性が弱い．したがって，多くの熱帯果樹は，わが国で栽培する場合，加温または保温性のあるハウス内で栽培することとなる．しかし，耐寒性の程度は種類によってかなりの幅があり，露地で栽培可能な種類もある．

　近年，消費者の嗜好が多様化していることから，熱帯果樹の果実消費が増えている．また，わが国における施設栽培技術の向上によって，西南暖地においては熱帯・亜熱帯果樹の栽培が急激に普及している．以下には，わが国で栽培されている主な種類について述べる．

1）マンゴー

(1) 種類と分類

　マンゴー（mango, *Mangifera indica* L.）はウルシ科（Anacardiaceae）の植物で，原産地は一般にインドといわれているが，現在では，タイ，ミャンマー，インドネシア，マレー半島も原産地といわれている．インドでは約4,000～6,000年前から栽培され，宗教的な聖木とされている．大航海時代にスペイン人やポルトガル人によって世界に伝わった．近年では，インド，タイ，フィリピン，パキスタン，台湾，アメリカ（フロリダ），メキシコ，ブラジル，オーストラリアなどの国で盛んに栽培されている．特にフロリダでは多くの品種が育成されており，その1つが'アーウィン'（'Irwin'）である（図9-1）．

　わが国へは明治時代に東南アジアから導入され，温室で栽培された．マンゴー

図 9-1 マンゴーの品種 'アーウィン'

は「果物の王女」といわれており，約 1,000 品種あるとされている．主要な品種は，インドでは 'アルフォンソ'（'Alphonso'），フィリピンでは 'カラバオ'（'Carabao'），フロリダでは 'ヘーデン'（'Haden'），'ケント'（'Kent'），'キーツ'（'Keitt'），'アーウィン'（'Irwin'）である．特に，果皮が赤い 'アーウィン' は，わが国での主要品種である．

（2）育種と繁殖および形態

マンゴーの繁殖は主に接ぎ木で行われており，多胚性品種の実生が台木として利用されている．台木には，乾燥地では樹勢の強い品種，肥沃地や土壌水分の管理しやすい土地では矮性の品種がよいとされている．わが国では，主として台湾の在来種，他にフィリピンの 'カラバオ'，タイの 'Nan Dok Mai' などが台木として利用されている．切り接ぎ，割接ぎ，腹接ぎ，舌接ぎが行われており，約 1 ヵ月で活着する．活着率は 4〜6 月が高く，穂木には半年生から 1 年生の充実した枝が用いられる．

花芽は頂側生花芽の純正花芽であるが，環境条件によって混合花芽となる．総状花序を形成して多くの小花（両性花と雄花）を着生させ，分化後約 4 週間で開花に至る．果実は子房が発達した真果で，中果皮部分が食用となり，内果皮が硬くなって核をつくる．果重は 50g〜2kg で，果形も勾玉形，卵形，長円形など，品種によって異なっている．

（3）生理生態

マンゴーは常緑性の高木で，強勢であり，熱帯地域では年間を通じて新梢成長を繰り返す．開花は年に 1 回行われる．熱帯地域では夜温が 10〜18℃に低下すると花芽を分化する．土壌の乾燥も花芽分化に作用する．栄養成長と生殖成長の期間が分かれ，新梢の成長がある一定期間停止することで花芽分化が起こる．

わが国（沖縄県および本州）では，花芽分化は 10 〜 1 月に起こり，気温の上昇に伴って花芽は急激に成長して，開花する．マンゴーの花序は無限総状花序であり，1 花房に約 1,000 個以上の小花を着けて，約 1 ヵ月にわたって開花するが，結実数は少ない．両性花と雄花を混在して着生するが，開花後期には両性花が少なくなるので，特に結実が悪くなる．

果実は開花後 3 〜 4 ヵ月で成熟するが，クライマクテリック型果実であり，食べるには追熟が必要である．糖組成として，スクロースが 70％を占め，フルクトースが 20％を占める．果色は緑色系，黄色系，赤紫系とさまざまで，カロテノイド系色素やアントシアニン系色素が蓄積する．完熟果は日持ちが悪く，輸送性に優れないため，やや早めに収穫される．追熟には 15℃以上の温度が必要で，22 〜 28℃の適温下では約 2 週間で追熟する．

図 9-2 マンゴーの根域制限栽培（ポット栽培）

(4) 果樹生産の環境制御

生育適温は 24 〜 30℃で，冬季の低温が 5℃以下にならない施設で栽培できる．近年，加温施設で栽培できる技術が確立され，ハウス栽培によって沖縄県，鹿児島県，宮崎県，和歌山県などの西南暖地で栽培されている．冬季の低温を 5℃以上に管理すれば北海道でも栽培が可能で，高品質のマンゴーが生産されている．

図 9-3 ネットによる完熟果実の収穫
離層形成は品種によって異なる．

苗木の植付け適期は 3 〜 5 月で，排水の良好な土壌がよい．本来は樹高が 10 〜 30 m の高木となるが，ハウス栽培では超低木仕立てが原則であり，樹形は開心自然形や杯状形にする．深根性で樹勢が強いため，防根シートの利用やコンテナなどの根域制限栽培が必要である（図9-2）．ハウス栽培では 3.0 m × 2.5 m で栽植し，樹齢とともに間伐して，4.0 m × 3.0 m あるいは 5.0 m × 3.0 m で育てる．新梢は年に 2 〜 3 回伸長するので，2 回目の新梢を水平に誘引して花芽を着生させる．花芽分化の促進には，KNO_3 の葉面散布やパクロブトラゾール処理などがある．結実の助成には，ハナアブ，ギンバエ，ミツバチ，チョウ，ガなどの訪花昆虫が利用される．花粉管の伸長には 23 〜 30℃ がよく，ヤニ果の発生を防ぐために，開花期は 25℃ 以上に管理する．また，土壌には灌水を行う．わが国では，樹上で十分に成熟させた完熟果を収穫する目的で，果実をネットで支え，離層が形成されて自然落下したものを収穫することが多い（図9-3）．

わが国における主な病害は，炭そ病，うどんこ病，すす病，灰色かび病，かいよう病である．主な害虫は，チャノホコリダニ，チャノキイロアザミウマ，ワタアブラムシ，ミカンコナカイガラムシ，マンゴーキジラミ，マンゴーフサヤガ，ミバエなどである．

2）アボカド

(1) 種類と分類

アボカド（avocado, *Persea americana* Mill.）はクスノキ科（Lauraceae）の植物で，原産地は中央アメリカ（コロンビア，エクアドル）およびメキシコ南部とされ，栽培の歴史は比較的古い．メキシコでは 13 〜 15 世紀にアステカ族が栽培していて，コロンブスがアメリカ大陸を発見したときには，熱帯アメリカ一帯で盛んに栽培されていたといわれている．1833 年にカリフォルニアやフロリダに導入され，アジアには 19 〜 20 世紀に伝播している．わが国へは大正時代末期から昭和初期，戦後にかけて，鹿児島，愛媛，高知，和歌山の各県や静岡県南部に導入された．現在は西南暖地の一部で栽培されている．

アボカドはメキシコ系，グァテマラ系および西インド系の 3 系統に分類される．メキシコ系はメキシコと中央アメリカの山岳地帯に，グァテマラ系は中央アメリカの高原に，西インド系は中央アメリカと南アメリカ北部の低湿地帯に原生

表 9-1 わが国で栽培されているアボカド主要品種の特性

品　種	ベーコン (Bacon)	フェルテ (Fuerte)	ズタノ (Zutano)	ジャルナ (Jalna)	メキシコラ (Mexicola)
系　統	メキシコ系	グァテマラ系×メキシコ系	メキシコ系の実生	メキシコ系	メキシコ系の台木用品種
樹　勢	直立性	開張性（大）	直立性	直立性	直立性
耐寒性	−4℃	−4℃	−3.3℃	−4℃	−6℃
開花期	早・中生	早生	早生	早生	極早生
開花型	B	B	B	A	A
収穫期（日本）	11〜3月	12〜5月	10〜3月	10〜3月	8〜10月
果重（g）	170〜340	170〜400	170〜280	150〜300	150〜200
果　形	卵形	洋ナシ形	洋ナシ形	卵形	洋ナシ形
果皮色	緑	緑	光沢のある黄緑	緑	黒紫
食　味	良	最良	中の上	中の上	中

している．これらの3系統は生理・生態的特性や適応性が異なるので，系統によって栽培地域が限定される（表9-1）．

(2) 育種と繁殖および形態

メキシコ系，グァテマラ系，ならびに西インド系から，選抜や交雑によって約1,000品種が育成されているが，経済品種は約30品種である．苗木の繁殖は，耐寒性，耐病性の強いメキシコ系品種（'ズタノ'，'デューク'，'トパトパ'，'メキシコラ'，'ベーコン'）の実生苗を台木とし，これに優良品種を3〜5月に接ぎ木（切り接ぎ）する方法が一般的である．

常緑高木性で，無剪定の場合，樹高は30mにも達する．根は比較的浅く分布する．花は集散花序で，多数の両性花を枝の先端部に腋生する頂側生花芽の混合花芽であるが，栄養状態によって純正花芽となることもある（無葉花序）．萼片と花弁の形態的違いはなく，黄緑色の花被片が6枚で，花径は8〜9mmと小さい．果実は子房が発達した真果（子房上位花）で，可食部位は中果皮である．種子を1つ含み，開花後3〜4ヵ月のうちに急速に肥大する．果重は100g〜2kgぐらいで，果形は洋ナシ形，球形，卵形など，さまざまである．

(3) 生理生態

常緑果樹で，枝は開張してドーム状を呈するものや，直立するものがある．メ

キシコ系は−6℃までの低温に耐えるが，グァテマラ系は−4.5℃までの耐寒性があり，西インド系は−2.2℃で大きな被害が生じる．メキシコ系は葉や果実にアニスというハーブの香りがあるが，グァテマラ系や西インド系にはない．枝の伸長は春と秋に見られる．わが国では，花芽分化は11月上旬に開始し，花器は3月下旬に完成する．開花期は4月下旬～6月上旬と長く，開花直後から果実肥大期にかけて生理的落花（果）が著しく，結実率は0.02％程度である．

　アボカドは開花習性に特徴がある．花は両性花であるが，雌蕊と雄蕊の成熟期が異なる雌雄異熟現象が見られ，それらの活動時期によって各品種はAとBの2群に大別される（表9-1）．花は2日間にわたって2回開花する．A群の品種では，花は1日目の午前中に開花して雌蕊が受精適期となり，午後になると花を閉じる．翌日の午後に同じ花が再び開花し，葯から花粉を放出して，夜になると花を閉じる．一方，B群の品種では，1日目の午後に開花して雌蕊が受精適期となり，翌日，同じ花が再び開花して午前中に葯から花粉を放出し，午後に花は閉じる．したがって，結実率を高めるにはA群とB群の品種を混植する必要がある．

　果実は6～8月にかけて急激に肥大し，収穫適期は12月中・下旬から3月上旬である．果実の脂肪分は30％で，不飽和脂肪酸であるオレイン酸が約60％を構成している．また，ビタミンEも多く含まれる．ラテックス（天然ゴム）アレルギーの人の中には，バナナ，クリ，キウイ果実などに含まれるタンパク質にアレルギー反応（口腔アレルギー症候など）を示すことがあり，ラテックス・フルーツ症候群と呼ばれているが，アボカドでも同じ反応が見られることがある．アボカドは追熟を必要とするクライマクテリック型果実で，収穫された果実は20℃で約7～14日で追熟する．4℃で貯蔵すると，約3～4週間の貯蔵ができる．果皮がやや軟らかく，黒褐色に変色すると可食状態となる．しかし，わが国で栽培されている品種は追熟しても果皮が黒褐色にならず，外観からの軟化状態は判

表9-2　アボカドの花の開花型と雌雄異熟現象

開花型	第1日目		第2日目	
	午前	午後	午前	午後
A群の品種	雌蕊活動期	−	−	雄蕊活動期
B群の品種	−	雌蕊活動期	雄蕊活動期	−

断しにくい．緑色が深くなり，つやが消え，黒斑点が出る頃が可食適期である．

(4) 果樹生産の環境制御

アボカドの主産国はメキシコ，ブラジル，アメリカ（カリフォルニア，フロリダ）であり，その他の中央アメリカ諸国がこれに続いている．亜熱帯性の果樹であるため，わが国では露地栽培が限定され，西南暖地の無霜地帯が適地で，北限は伊豆半島である．耐寒性の比較的強いメキシコ系や，メキシコ系とグァテマラ系の交雑品種は－5℃の低温に耐えるので，ウンシュウミカンの栽培地帯であれば最適である．しかし，－6℃の低温が4時間以上続くと花芽が枯死し，葉が茶褐色となって落葉するので，このような地域での栽培は困難である．好適な圃場としては，台風の被害が少なく，日当たりがよく，冷気の滞らない傾斜地が望ましい．

アボカドの根は酸素要求量が高く浅根性で，土壌は排水の良好な砂壌土が適している．植付けはA群とB群の混植がよく，樹間は5m×5mとする．定植後の3～4年は樹形を整え，結実開始には4～5年間を要する．開花時の気温は20～25℃が最適である．わが国では開花期にしばしば低温に見舞われる．15℃以下になると雌蕊活動期の花の開花が低下し，7℃以下になると雄蕊活動期の花のみが開花して，雌蕊活動期の花は開花しないので，不受精となる．開花期には訪花昆虫（ミツバチ，ハナアブ）による確実な結実管理が望ましい．結実期には，灌水によって土壌乾燥を防ぐことで落果を防止することができる．また，樹勢が強くなる場合には，剪定や間伐によって枝の過密を避け，樹形を開心形にする．成木になると隔年結果しやすいので，冬季剪定や窒素分の少ない肥料を施肥する．土壌pHは5.5以上がよく，冬季の寒風に弱いので防寒対策を行うことが大切である．収穫は，手もぎ，または竹の先端に布袋を付け，果柄を切って収穫する．果実に傷が付くとエチレン

図 9-4 わが国におけるアボカドの主要品種
左から'フェルテ'，'ズタノ'，'ベーコン'．

生成量が増大して追熟が早くなり，傷口から腐敗する．出荷時は果実をクッションで包み，輸送中に傷が付かないようにする．

わが国における主要品種を表9-1，図9-4に示す．中生種で比較的耐寒性のある'フェルテ'，'ベーコン'，'ジャルナ'，'ズタノ'などの品種が栽培に適する．特に，'フェルテ'はグァテマラ系とメキシコ系の雑種で，豊産性であり，−4℃まで耐える．果実は可食部分が多く，脂肪分を25〜30％含み，濃厚で，食味に優れる．隔年結果性が強いので，樹形は開張形にするとよい．

病害虫として，海外ではフィトフィトラ根腐れ病が重要な病害であるが，わが国では発生していない．日本では，紋羽病，ならたけ病，炭そ病などが発生する．害虫はカメムシ類，ハマキムシの発生が多い．

3）パイナップル

(1) 種類と分類

パイナップル（pineapple, *Ananas comosus*(L.)Merr.）はパイナップル科（Bromeliaceae）の植物で，原産地はブラジル南部からアルゼンチン北部，パラグアイにまたがる地域と考えられている．コロンブスによって発見され，16世紀以降には熱帯・亜熱帯地域で広く栽培されている．品種を大きく分類すると，カイエン（Cayenne）系，クイーン（Queen）系，スパニッシュ（Spanish）系，アバカシー（Abacaxi）系，ならびにメイピュア（Maipure）系に分類される．世界の主要品種である'スムースカイエン'は，フランス領ギアナのカイエン地方で発見され，無棘で良質なため，イギリス，ハワイを経て世界各地に伝わった．わが国（沖縄）へは，1866年にオランダ漂流船によって伝わり，缶詰用品種の'スムースカイエン'は台湾より導入された．

各系統の果形には，円筒形，円錐形，球形があり，果皮も，濃橙色，黄色，赤橙色がある．品質も，甘酸系，甘味系，酸味系と分かれ，用途としては，生食用と缶詰用に分けられる．沖縄県では，'スムースカイエン'に属する'N67-10'，スナックパインと呼ばれ果肉を手でちぎって食べることができる'ボゴール'，桃の香りを持ち果肉の柔らかな'ソフトタッチ'（ピーチパイン）などが栽培されている．

(2) 育種と繁殖および形態

地上部は 30 ～ 60 cm に成長し，葉身に棘状を呈する品種と，棘のない品種がある．葉の表面はクチクラ層が著しく発達した長い細胞で形成され，気孔が認められない．パイナップルは，果実頂部に冠芽（crown），花（果）序軸から発生する裔芽（えい芽，slip），展開葉の腋芽の伸びた吸芽（sucker），地際から発生する塊茎芽を形成する（図9-5）．繁殖には，吸芽，えい芽，冠芽を用いることができるが，結実までの期間や入手の関係から，えい芽が広く使われている．生育良好な圃場から採苗し，えい芽は300 g 以上，吸芽の場合は 500 ～ 600 g のものが用いられる．

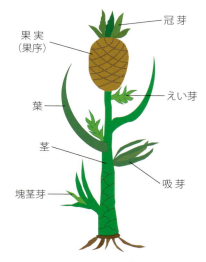

図 9-5　パイナップルの草姿
葉はほとんど省略してある．

冠芽は花序が貫生したもので，通常1個のパイナップル果実と呼ばれるものは，総穂花序の中の，あえていえば肉穂花序のような花序ということになる．したがって，1個の果実は複数の花（小花（小果になる））が集まった複合果である．小花は子房下位花であるから，子房と，それを取り囲む花托，および花序軸の肥大した部分が可食部となるので，偽果に分類される．栽培品種の小花は単為結果性がある．

(3) 生理生態

多年生草本で，CAM 型の光合成を行う．夜間に気孔を開いて CO_2 を吸収し，昼間は気孔を閉じて水分の蒸散を防いでいる．熱帯地域では，葉が 40 枚程度になると花芽分化を開始し，花芽分化後 30 ～ 50 日程度で開花する．開花は下位の小花から始まり，上位の小花が開花するまで 3 週間程度を要する．亜熱帯地域の沖縄県では，夏に収穫する場合，1 年前の春に植え付けると 12 月頃の低温によって花芽分化を開始し，花芽分化後 5 ～ 6 ヵ月程度で開花に至り，さらに 3 ヵ月程度で成熟し収穫期となる．花芽分化は低温で促進されるが，アセチレンガス

やエチレン（エテホン）などを茎頂部に処理すると，花芽分化が促進される．

　果実は収穫後の追熟をほとんど示さない非クライマクテリック型果実である．果実肥大初期にデンプンを蓄積し，成熟期になるとデンプンは糖化して，糖度（Brix）は 10～17 となり，スクロースがその 2/3 を占める．果実には，タンパク質分解酵素であるブロメライン（bromelain）が含まれている．

(4) 果樹生産の環境制御

　主要品種の 'N67-10'（'スムースカイエン'）は生育適温が 23～25℃であり，21℃以下になると低温障害を受けやすいので，気温変動が少ない圃場が栽培適地である．10℃以下では生育が停止し，降霜を受けると大きな被害を受ける．日本では，沖縄においても最低気温が 21℃以上の期間は長くないので，果実の品質に影響が出やすい．酸性土壌への適応性が高く，土壌 pH が 5.0～6.0 で，やせ地でも容易に栽培できる．排水性の良好な砂質土壌が適している．沖縄では，8～9月の高温期を除いて花芽分化するので，収穫が 7～9月の夏実と，10～3月の冬実に大きく分けられる．しかし，花芽分化は低温で促進されるので，沖縄県の南部諸島では生育の異なる株を定植すれば，1年中収穫することができる．

　植付け時期は，夏植えは 7～9月，春植えは 4～5月が適期であり，栽植距離は畝間 90cm，列間 60cm，株間 30cm の 2 列植えと，畝間 90cm，列間 60cm，株間 36cm の 4 列植えがあり，10a 当たり 4,000 株植えが基準とされている．植付け後は，適度な灌水と敷草やポリマルチによって土壌の乾燥を防ぐ．パイナップルは生育期間が長いため，最も欠乏しやすい窒素や，果実の肥大成長を促進するカリウムの施用も重要である．また，リン酸吸収量は比較的少ないが，栽培土壌の pH が低いと難溶性となりやすいので，欠乏すると成長が抑制される．その他，カルシウム，マグネシウム，鉄，亜鉛などが欠乏すると，生理障害が発生する．パイナップルの花芽分化は低温や短日によって促進されるが，植付け時期や苗の大きさは，品種によって異なる．花芽分化の誘導処理を行うことで，収穫時期を一定化あるいは変化させることが可能である．

　パイナップルの主要な病害として，根腐れ萎凋病，心腐病，基腐病，褐斑病，黒目病，日焼け病がある．害虫はコナカイガラムシ，ネギアザミウマなどがあり，ウイルス病を媒介する．

4）アセロラ

(1) 種類と分類

アセロラ (acerola, *Malpighia emrginata* DC.) はキントラノオ科 (Malpigiaceae) の植物で，原産地は熱帯アメリカの西インド諸島であるとされているが，正確にはわかっていない．栽培種は西インド諸島や南アメリカ北部に分布し，野生化したものも熱帯アメリカなどに広く分布している．1903 年にキューバからフロリダに導入されたあとに，アメリカの熱帯地域で栽培され，ハワイ，インド，アフリカに伝わった．わが国へは大正時代に導入されたが，昭和 40 年代になってからビタミン C が豊富であることが注目されて，急速に加工原料としての利用が進んだ．アセロラはスペイン語の呼び名であり，英名は West Indian cherry，Barbados cherry，和名はアセローラ，バルバドスサクラと呼ばれることもある．

品種は甘味系と酸味系に分けられ，ハワイでは甘味系品種として 'Manoa Sweet'，'Tropical Ruby'，'Hawaiian Queen' が，酸味系品種として 'Beaumont'，'Rehnborg'，'Red Jumbo' などが選抜されている．わが国では，ハワイから導入された両系統の品種が沖縄県や鹿児島県で栽培されている．

(2) 育種と繁殖および形態

3〜5m の常緑性低木で，品種によって，直立性，開張性，下垂性がある．葉の表裏面や枝には銀白色の微小な毛じがある．繁殖は，実生，挿し木，取り木および接ぎ木で行われている．実生で繁殖する場合には，完熟した果実の種子を水洗し，すぐに播種する（とりまき）．実生苗は個体変異が多く，経済栽培に適さないので，台木として利用される．花は新梢の葉腋に散形花序に着き，両性花で，花径は 1.5〜2.5cm である．花弁は 5 枚，萼片は 6 枚，雄蕊は

図 9-6　アセロラの花

図 9-7 アセロラの着果状態（左）と果実（右）
左から右に熟度が進行した果実を並べてある．

10本，雌蕊は1本であるが花柱が3本に分かれていて，3つの心皮から構成されている（図9-6）．果実は子房上位で，内果皮の発達した核果を形成する，真果である．果形は球形，果重は2.5～8.5gである（図9-7）．

(3) 生理生態

　典型的な熱帯性の果樹であり，周年にわたって開花，結実する．栽培適温は25～35℃で，最低気温が15℃以上必要であり，5℃で成長が停止する．虫媒花で，他家受粉によって結実して果実が大きくなり，品質も高まる．未熟果は緑色を呈しているが，完熟すると濃赤色となり，果皮に光沢がある（図9-7）．開花から収穫までの期間は，夏季（27～32℃）には28～30日，やや気温の低い時期には35～40日を要する．一般的な果実はサクランボほどの大きさで，成熟すると常温では2～3日で腐敗および発酵を始めるが，果皮がバラ色に変色し始めた頃に収穫することで，7～10日間は鮮度を維持できる．

　甘味系は糖度（Brix）が10度前後で，ビタミンC（アスコルビン酸）が果汁100g当たり800～2,000mg含まれ，生食用として利用される．一方，酸味系は糖度が8度以下で，酸味が強くて生食用に適さないが，ビタミンC含量が1,500～4,000mgと非常に高いので，果汁飲料，ジャム，ゼリーなどの加工原料として利用されている．3～8℃で冷蔵するとビタミンCの損失が少なく，果汁を凍結保存すると，8ヵ月後でも82～87％が保持される．

(4) 果樹生産の環境制御

ハウス栽培では樹高が 2～3m になる．沖縄県での収穫は露地で年に 4～5 回，ハウス栽培では外気温に対して 4～5℃の加温をすることで 7～8 回収穫できる．鹿児島県では，露地で 5 月下旬，7 月上旬，8 月下旬，11 月上旬の 4 回の収穫が可能である．虫媒花であるが不稔花粉が多いので，トマトトーンやジベレリンによって単為結果させるとよい．土壌 pH は 5.5～6.5 が適し，pH7.5 で Mg などの養分欠乏症が発生する．したがって，石灰質の土壌では微量要素の散布が必要である．滞水や過湿は生育を阻害するので，排水のよい土壌に定植する．

栽植距離は，開張性と低樹高仕立てを考えて，畦幅 3.0m，株間 2.0m とする．コンテナ栽培では保水性のよい配合土を用い，土：ピートモスを 8：2 の配合比とする．枝が密生するので，着花不良を防ぐ目的で，枝張り 50～60cm，樹高は手の届く高さに整枝および剪定し，密生した枝は間引き剪定する．一般に，開心形，主幹形，スタンダード形，垣根形に整枝する．

5）パパイア

(1) 種類と分類

パパイア（papaya, *Carica papaya* L.）はパパイア科（Caricaceae）の植物で，原産地はメキシコ，西インド諸島およびブラジルなどの熱帯アメリカである．アメリカ大陸発見後，急速に世界に広まり，インドには 16 世紀，ヨーロッパ，中国へは 17 世紀，台湾へは 18 世紀に伝わった．わが国へは昭和 28 年（1953）に紹介され，南九州や南西諸島で露地や施設で栽培されている．世界中の熱帯および亜熱帯地域では家庭果樹としても栽培されている．名称はパパイアの他，モクカ（木瓜），チチウリ（乳瓜）とも呼ばれ，インドのマラバルという名が変化したともいわれている．

図 9-8 パパイアの一品種 'サンライズソロ' の果実

各国で栽培されている品種のほとんどは在来種で，果実の形態で分類されている程度である．しかし，ハワイ，フロリダ，オーストラリアには栽培品種と呼ばれているものがある．ハワイのソロ (Solo) 系，オーストラリアの'ピーターソン'，'ランチ'，'セイロン'，'ボーパール'，'ブルーステム'，'レットパナマ' がこれに当たる．ソロ系とは特定の品種群を指すのではなくて，ハワイの輸出用に優れた品質を持つ系統の総称である．わが国ではソロ系の一品種である'サンライズソロ' (図 9-8) が主に栽培されている．また，パパイアの重要な病害であるリングスポットウイルスに抵抗性を持つ，遺伝子組換えした品種も作出されている．

(2) 育種と繁殖および形態

パパイアの繁殖は，種子，接ぎ木，挿し木で行われるが，ウイルス汚染を防ぐために主に種子繁殖される．多くは雌雄異株であるが，両性花株もある．両性花株の同一品種で交配すると，種子の 2/3 は両性花株，1/3 は雌株になる．自然交雑しやすいため変異が多く，多数の品種があるが，その形質は安定しなくて純系を保つことが困難であったが，近年は優良系統も作出されている．花は雄花，雌花，両性花があり，雄花は円錐花序を呈し，10 本の雄蕊を持つ（図 9-9）．雌花には子房と 5 裂した柱頭があり，両性花は雌蕊と雄蕊の両方を着生している．果実は子房上位の真果である．果形は長楕円形，球形，長円筒形，洋ナシ形などがある．果実の大きさは 15～30cm，重さ 0.5～8kg と変異に富んでいる．果実の内部は中空で軟らかく，黒褐色の種子が多数詰まっている（図 9-8）．

図 9-9 パパイアの雄花（左），雌花（中），両性花（右）

(3) 生理生態

　草本の常緑性小高木であり，花芽は株が大きくなると分化し，高温条件下では発芽から6ヵ月程度で開花に至り，3〜5年で高さ3〜10mに達する．果実は開花後4〜9ヵ月で熟し，結実後の気温が高いと成熟期間が短くなる．未熟果の果皮は濃緑色で，完熟すると黄色，桃色，帯赤色にかわる．

　果実はクライマクテリック型果実で，樹上でも完熟するが，収穫後の日持ち性の関係から着色初めの果実を収穫して追熟させる．追熟適温は20〜25℃で，成熟（追熟）に伴ってデンプンが糖化する．成熟果では約10％の糖を含み，糖組成として，スクロースが最も多く（48％），次いでグルコース（29％），フルクトース（21％）である．主な有機酸はリンゴ酸とクエン酸で85％を占めるが，その含量は成熟果で0.2％と少ない．果肉は熟すと軟化して特有の香りを放ち，濃黄色から桃紅色となる．多数の揮発性芳香成分があり，リナロール（67.7％）と数種のエステル類が含まれる．販売用に収穫する場合，果頂部の緑色が退色し始める頃が適期である．パパイアの果実や葉，茎の乳液には，タンパク質分解酵素の1つであるパパイン（papain）が含まれている．

(4) 果樹生産の環境制御

　栽培適温は25〜30℃であり，成木は4℃まで耐え，0℃で凍害を受ける．耐寒性が弱いため，沖縄県での経済栽培においてもハウス栽培が行われ，低樹高仕立てや，幼樹を斜め45°に植える斜め仕立てで栽培される．幹を伸ばし，とぐろのように曲げて栽培することで，樹高を抑えることもある（図9-10）．栽培に当たっては，実生，挿し木，接ぎ木，培養によって得られた15〜30cmの苗を定植する．株の雌雄が判断できない場合，植穴に通常3本の苗を定植して，花芽が分化した株の花器構造を判断して

図9-10　ハウスにおける低樹高栽培

から，雌雄異株では雌株と受粉用の雄株以外は間引きする．両性花株は，高温，乾燥，窒素欠乏によって心皮の発育が停止して雄花化したようになり，低温や過湿によって雄蕊が心皮化して雌花化したようになり，奇形果も発生する．

　生育の早いパパイアは新梢成長，開花，果実の成長が同時に起こるので，養水分の管理に注意する．ハウスなどの施設栽培は，低温や防風対策に優れるので周年栽培が可能であるが，温度，灌水，施肥などの管理には十分注意する必要がある．経済樹齢は初結実から4～5年までといわれ，普通3年ごとに改植される．なお，ハウスなどの施設栽培はアブラムシによるウイルス汚染の防止にも有効であり，高品質の果実が生産できる．

　病害としては，モザイク病，立枯れ病，軟腐病，炭疽病，軸腐れ病がある．害虫には，アブラムシ，ダニ，ヨコバイ，ミバエ，ネコブセンチュウなどがある．

6）パッションフルーツ

(1) 種類と分類

　パッションフルーツ（passion fruit，*Passiflora edulis* Sims.）はトケイソウ科（Passifloraceae）の植物で，ブラジル南部，パラグアイ，アルゼンチン北部が原産地である．17世紀初期にスペイン人によって発見され，その後，世界各地の熱帯・亜熱帯地域に広がった．主産地はブラジル，南アフリカ，ベネズエラ，オーストラリア，ハワイ，マレーシア，スリランカ，台湾などである．わが国へは明治中期に導入され，昭和20～30年代に沖縄県，九州，四国，東京（八丈島）などの暖地で露地栽培されてきた．英名のパッションフルーツは，花が十字架に似ていることから，キリストの受難（the passion）に由来する．

　品種は，果皮色によって，紫色系統と黄色系統に分けられる．また，それらの交雑系統もある．紫色系（*P. edulis*）の果実は円形，卵形で耐寒性が強く，果皮は成熟すると黒紫色を呈し，果汁含量は約30％と低く，糖含量と酸含量も低い．ハワイでは'ネリケリ'，'マイマロ'が品種として選抜されている．黄色系（*P. edulis* f. *flavicarpa*）は生育旺盛で，栽培適応性は強いが耐寒性は弱い．果実は大きく，果形は長円形，円形で，果皮は成熟すると黄色を呈する．果汁含量は34％で，品質は良好で収量が高い．果実の肥大は開花後40日で終了し，収穫は7月中旬から8月中旬まで続く．収穫は完熟して落ちた果実を集めるか，果皮色が濃紫

に変化し，果柄が離れる直前のものを採取する．高所から落下した果実は収穫後の減酸に支障が出る．

(2) 育種と繁殖および形態

繁殖は実生または挿し木で行い，植付け時期は，亜熱帯地域では周年可能であるが，温帯地域では 4〜5 月が適している．選抜品種には 'セプシック'，'イエー'，'カポホ'，'ユニバシティラウンド'，'プラット' などがある．わが国で

図 9-11　パッションフルーツの花

栽培されているのは，耐寒性の強い紫色系品種や，紫色系と黄色系の交雑品種（*P. edulis* × *P. edulis* f. *flavicarpa*）である 'サマークイーン'，'ルビースター' などである．

花芽は葉腋に分化し，7.5〜10cm 程度の花を 1 個ずつ咲かせる．花は両性花で，萼片と花弁を 5 枚ずつ着ける．雄蕊は 5 本で，葯が背軸側を向いている．また，雌蕊は 1 本で，花柱が 3 本に分かれ，柱頭が背軸側を向いているので，受粉しにくい構造になっている（図 9-11）．子房上位花で 3 つの側膜胎座からなり，柱頭が肥大した 3 本の花柱が発達する．果実は平滑，球形で，紫色系品種の場合，果径 3.5〜7cm で長さが 4〜9cm 程度である．黄色系品種では果径 6〜8cm で長さが 7cm 程度と丸みを帯びることが多い．硬い外果皮に覆われ，中果皮は外果皮の下層に薄く発達した層で，さらに 3〜6mm の白色の内果皮が形成される．種子は黒色で 100〜200 個でき，その周りは橙黄色で果汁を含むゼリー状の仮種皮（種衣とも呼ばれる）で覆われる．主な可食部は仮種皮と種子である（図 9-12）．

図 9-12　パッションフルーツの果実

(3) 生理生態

パッションフルーツはつる性の多年生草本である．わが国で栽培する

と，開花期は4月下旬から6月上旬と，9月下旬から10月中旬の2回あり，夏実と冬実として収穫される．冬実は夏実より酸度が高く，収量も低い．生育適温は15～25℃で，花芽は新梢の葉腋に分化し，約30日で開花する．一般的に紫色系品種は自家和合性であるが，黄色系品種は虫媒または人工受粉による他家受粉が必要となる．パッションフルーツの受精および結実には花柱の湾曲状態がきわめて重要となる．開花時に柱頭は葯の上方に位置するが，その日のうちに花柱が湾曲して，柱頭が葯と接触し，花が閉じる頃にはほぼ元の角度まで戻る．花型には，花柱が十分に湾曲して柱頭が葯に接触する接触型（正常型），湾曲が不十分で柱頭が葯のすぐ上方に位置するが接触しない接近型，および花柱が湾曲しない直立型の3つある．受精適期は開花当日のみである．開花は日の出とともに始まり，接触型は9時頃から出現する．接触型の数だけ接近型が減少し，正午過ぎに接触型の出現が最高に達し，その後減少する．70～75%程度の花は接触型を示すが，15～25%は接近型，7%程度の花は直立型を示す．接触型と接近型の結実率は高いが，直立型は人工受粉しても結実しない．一方，直立型の花粉は稔性が高いので，受粉に使われる．

　果実ははじめ緑色を呈するが，成熟期に入ると深紫色（紫色系統の場合）となり，完熟させると表面にシワを生じる．シワは多湿条件下であれば防ぐことができる．果肉は黒色の種子を包む橙黄色の半透明のゼリー状の仮種皮として充満する．このゼリー状の部分は蜂蜜に似た甘味と特有の芳香があり，β-カロテン，ビタミンA，アスコルビン酸，ナイアシンなどが含まれる．また，葉酸も多く含まれる．糖度は15～16度で，フルクトースが33.5%，グルコースが37.1%，スクロースが29.4%である．有機酸は，クエン酸41%，酪酸23.4%，リンゴ酸12.4%，コハク酸7.5%である．果実は，ジュース，シロップ，ゼリー，ジャムなどの加工品としての利用が多い．生の果実をポリ袋に入れて5℃に置くと，約1ヵ月間は変質を防げる．出庫後は変質するので，搾汁および加工を急ぐ必要がある．

（4）果樹生産の環境制御

　紫色系統のパッションフルーツは，短時間であれば-2℃にも耐えられるが，気温13℃以下と30℃以上では，栄養成長ならびに開花および結実ともに抑制される．花粉の発芽適温は25℃であり，わが国の真夏の温度は高すぎるので，結

実に適さない．また，開花時の降雨も結実を著しく低下させる．栽培地の年間降雨量は1,000～2,000mmで，果実肥大期には土壌水分が必要である．土壌は砂壌土が適し，土壌pHは5.8～6.4がよい．栽植距離は，生垣，トンネル，合掌仕立てでは畝幅2.0m，株間3.0m，棚仕立てでは3.0m×4.0mである．パッションフルーツの樹の経済年齢は1～2

図9-13 パッションフルーツの垣根仕立て
結果母枝は下に垂らし，結実させる．

年あるいは4～6年程度であり，密植栽培では早期収穫を，棚仕立てでは多収を狙う．

整枝方法には，T字形整枝，垣根仕立て（図9-13），主幹形整枝，トンネル棚仕立て，3～4本整枝，平棚仕立て，大型トンネル仕立てがある．仕立て棚には，生け垣棚（シングルバー），Tバー，ダブルTバーがある．トンネル式棚では鉄パイプによるアーチ式，ドーム棚式がある．平棚では，ブドウ棚式がある．成長期の剪定は，過繁茂した部分の整枝以外，あまり短く切返しを行わない．施設栽培では，作業効率のよい垣根仕立てが用いられている．自然状態や訪花昆虫による受粉での結実率は70％程度であるが，人工受粉するとほぼ100％となる．人工受粉した果実は種子数の増加に伴って大果となり，果汁含量も高くなる．

病害虫として，ウイルス病，立枯れ病，菌核病，疫病，炭疽病，灰色かび病，ハダニ，アザミウマ，ネマトーダ，ミバエなどがある．

7）その他の熱帯・亜熱帯果樹

わが国で栽培されているその他の熱帯果樹としては，バナナ（バショウ科），チェリモヤ（バンレイシ科），アテモヤ（バンレイシ科），ゴレンシ（カタバミ科），レイシ（ライチ，ムクロジ科），ロンガン（ムクロジ科），ピタヤ（ドラゴンフルーツ，サボテン科），ホワイトサポテ（ミカン科）などがあげられる．いずれも栽培面積は少ないので，観光農園の直売や通信販売で流通している程度である．

グレープフルーツ，オレンジ，ライムは，わが国ではほとんど生産されていない．

2. 主な輸入果実

わが国への輸入量の最も多い果実はバナナで，平成24年（2012）は108.6万tであった（図9-14）．これは平成4年の77.7万tと比べ，この20年間で約31万t（約1.4倍）増加している（図9-14）．生食用のバナナはほとんどが大規模なプランテーションで栽培され，最近ではデンプン含量が高く粉質性の品種や，酸味や芳香が従来と異なる品種も普及してきている．バナナに次いで，パイナップル，グレープフルーツ，オレンジ，アボカドの輸入量が多い．パイナップル（生鮮）は平成4年が12.7万t，平成24年が17.4万tと，この20年間に約1.4倍増加した．一方，グレープフルーツの輸入量は平成4年に24.4万tであったが，平成24年には15.1万tと，20年間で約38％減少した．特筆すべきはアボカドで，平成4年の輸入量は0.36万tであったが，平成15年頃より増大し，平成24年には5.86万t（約16倍）と著しく増大した．また，輸入量は少ないが，マンゴーもこの20年間で0.81万t（平成4年）から0.97万t（平成24年）に増加した．

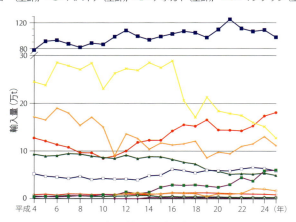

図9-14 主な輸入果実の輸入量の変化
平成4～25年．缶詰・冷凍パイナップル，ナッツ類は除いてある．（農林水産省：『農林水産統計データ農林水産物輸出入概況』より作図）

第 10 章

果樹園芸学の発展に多大な貢献をした人々

　明治〜大正時代において，近代的な園芸生産または園芸学の発展に多大な貢献をしたのは，公的な学術研究機関や行政機関に所属していた人々が多い（☞『園芸学』と『観賞園芸学』，文永堂出版）．野菜や観賞植物の場合においては特にその傾向が強かったといえるが，果樹生産あるいは果樹園芸学においては，民間企業や個人の農園経営者も多かったということが特徴としてあげられる．そこで本章では，果樹の主要品目に関して多大な貢献をした人々を公私の別なく 1 〜 2 人ずつ紹介するが，他にも多くの人々がいたことを念頭においていただきたい．

1．園芸という文字と主要果樹の名称の語源について研究した辻村常助

　園芸という文字は，当用漢字や常用漢字の制度が始まるまで園藝という文字で表されていたことが知られている．園芸という文字からは，漢字の成立ちから見た本来の意味（語源）を類推することは難しいが，園藝という文字であれば，文字の成立過程の上から語源を知ることができるということが，辻村常助によって解説されている．

　辻村常助（1881 〜 1939）とは，神奈川県小田原の人である．明治 14 年に大資産家の長男として生まれて東京の開成中学校（当時）を卒業したが，生家の巨大な資産管理に携わらざるを得なかったために大学進学ができなかったことから，高い学力を持ちながらも学歴を積むことができなかった人である．小田原では，家業の 1 つの大規模山林経営を行うかたわら，各種果樹の生産と加工および販売をいち早く大規模に事業化した人として知られている（辻村植物公園調べ）．そのため，公的な学術研究機関に就職することはなかったが，独学で英語，フランス語，ドイツ語などを習得し，海外から園芸関連図書を多数購入して読破

するとともに，当時流行の種子を輸入して通信販売を行ったり，明治40年（1907）頃に開園した辻村農園に1,000m²のガラス温室を建てて西洋草花類の鉢物生産を行い，東京に開いた数ヵ所の直営店で販売したり，ホソイトスギやストローブマツやユーカリの庭園樹や公園樹としての試作も行った人である．その当時植えられた樹木の中には，昭和61年（1986）に小田原市に寄贈されて辻村植物公園として公開されている旧辻村農園の一角に現在も生存しているものがある（図10-1）．

辻村常助が園藝という文字の語源や主要果樹の名称の語源について研究した成果は，当時の園芸生産および園芸学に関して最も権威の高かった日本園藝會という華麗な人脈を持った団体が発行していた『日本園藝雑誌』（明治42年）や，単行本『園藝總論』（誠文社，昭和6年）に掲載されている．明治42年（1909）という年は，総理大臣などを歴任した大隈重信が日本園藝會の第2代会長に就任していて，新宿御苑の福羽逸人と，明治天皇のご学友でその後に宮中顧問官となる藤波言忠が副会長に就任していた時代である．また，昭和6年（1931）という年は，佐賀藩第12代当主の鍋島直映が日本園藝會の第3代会長に就任していて，東京大学の園藝学講座教授・原 熙と，千葉県立園藝専門学校および新潟県立農林学校などの校長を歴任した赤星朝暉が副会長に就任していた時代であるし，大正12年（1923）に創設された園藝學會（昭和33年からは園芸学会と記載）では初代会長の原熙が会長として在任していた時代でもある．園芸（園藝）という文字の意味については，昭和19年（1944）発行の『日本園藝雑誌』に掲載された菊池秋雄の解説などがあるが（☞『観賞園芸学』，文永堂出版），それより前の昭和6年には辻村常助によってより詳しく解説されていたので，その要旨に，本稿執筆者の補足事項を加えて紹介する．

図10-1　辻村植物公園のイタリアサイプレス（ヒノキ科）の並木
（『辻村植物公園の四季』，小田原市発行，1991より転載）

1）園藝の意義とその範囲

　従来，園藝なる語をもって園圃の藝術，園苑の技藝などに考えらるると雖も，これは畢竟，主客を転倒したる誤解である．（中国の神話伝説時代の帝王の一人といわれている）黄帝の世に，禮楽射御書数これを六藝と言うとなす，いわゆる藝能なるものも，実は園藝の古義より転注したものであって，藝字の解剖はいささかの陰影を止めずに善くこの事実を語るものである（六藝とは，古い時代の中国において身分ある者が備えるべき6つの教養とされた，礼節，音楽，弓術，馬車を操る技術，文学，数学のことを指す）．著者（辻村常助）は現に，園藝の語は『秘伝花鏡』（1688）を著した陳扶搖の「鋤園藝圃」（園を鋤き圃に藝え），もしくは『群芳譜』（1621）を著した王象晋の「灌園藝蔬」（園に灌ぎ蔬を藝え）として用いられたのを始まりとすると言った．すなわち，園藝とは園圃に植物を養うの意で，藝という文字を捉えて之にウエルと訓す，栽植の意なるは明白である．

　段玉裁によって清の時代に著された『説文解字注』に，「周の時代，六藝の文字，蓋しまた埶という文字に作る，儒者の六藝すなわち禮楽射御書数における，なお農者の樹埶の如きなり」と言えり．さらに，「唐人，樹埶の文字を藝と作し，六埶の文字を藝と作す」と説ける通りで，かつ，前者には清音ケイと言い，後者を濁音にてゲイと発音させる様になった．これを要するに，藝術，藝能などのいわゆる藝なるもの，実は園藝の藝字を転注仮借したものに過ぎぬことが知られる．埶という文字の本義は，人が農耕の器具を持って土地に草木を植えるという会意文字（既成の象形文字または指事文字を組み合わせて作られた新しい漢字）であって，ウユルの意味である．すなわち，藝という文字は人工を以て土地に植物を栽え，これを生育繁殖せしむる事を表したものである（辻村常助著，石井勇義編纂『園藝總論』，誠文社，1931）．

　平成の今日では，芸と芸とは由来が異なる文字で，芸の文字は元々はミカン科の香草ヘンルーダ（芸香）などを指し，耕耘除草のことも意味するようになったのは耘という文字の仮借として用いられるようになったためであると説明されている．一方，芸の文字は当用漢字の制度が始まったときに藝の略字として用いられたことと，艹冠と艸冠が艹冠に統一された結果として，同じ文字が異なる意味

を持つようになったと説明されている．藝の文字は元々，土とルと土と丸を組み合わせて作った埶という文字（執とは異なる文字）であって，人が手を添えて土に草木を植える様子を表していたが，のちに艹冠と云（すなわち芸）で挟んで藝と表すようになったとも説明されている．埶という文字の丸の部分は元々は丮という文字であったが，今は使われないことから丸という文字で代用されているが，本来は手で物を持つという意味の文字であったらしい．したがって，園藝とは，何らかの物で区画された場所（園）において，手を添えて草木を土に植える（藝）という意味になる．

2）主要果樹の名称の語源

　果樹を含めて，植物の伝播経路は歴史的研究や実証的研究によって正確に明らかにされてきているが，名称の本来の意味（語源）を調べることによって知ることができるものもある．本書において果樹の名称を表す場合，基本的には植物学で用いられる和名に従って片仮名で表しているが，いくつかの資料においては漢字や平仮名や片仮名を用いて単独あるいは併用して表している例もある．その場合において，当用漢字や常用漢字で表すと語源を知ることが難しい場合もあるが，元々使われていた旧漢字で表すと，語源を正確に類推することができるものがある．果樹の名称の語源については『日本園藝雑誌』（明治42年，1909）に掲載された「果樹語源考」（辻村常助著）という論文があって，今日でも通用する新鮮な内容であるし，果樹園芸学を学ぶ者にとっては必須の知識である．

　みかん…漢名で蜜柑という文字の促音なり．和名たちばなと言う．垂仁天皇（第11代天皇）勅して田道麻毛理を常世の国に遣わして，非時の香具の木の実を求め給う．毛理，3年の後，ようやくこれを携えて帰るとは『古事記』に出でたり．橘は即ちこの植物なりという．蓋し，たちばなの名は，田道麻花の訛なりとは本居宣長の説なり．みかん一名こうじと言う．これ漢名柑子の邦音なり．ただし，現今所謂こうじは，すなわち黄柑のことにして品種の名なり．温州蜜柑，こうじ蜜柑など言うが如し．漢名の柑は表義の文字にして，その漿液の甘味，蜜の如きを以てこの名あるべし．橘は雲の彩色によりて命名されたるが如し．すなわち5色の雲を慶となし，（外が赤く内が青い）2色の雲を矞（色彩のあるめでたい雲を指す）となす云々と言い，而して橘実また外赤内黄な故に橘と言うとあり．

1．園芸という文字と主要果樹の名称の語源について研究した辻村常助

りんご…林檎の訛なり．漢語の林檎は一名，来禽なり．そのよく衆鳥すなわち禽の林に来るより，この名ありと言う．また，冷金丹の名あり．冷金の名，林檎とその音，相似たり．来禽か冷金かいずれにしても，リンキン，リンキ，リンゴと変化したるなるべし．一説に曰く．唐の第三代皇帝高宗の時，李謹，5色の林檎を得て，以て貢す．帝よろこんで謹に賜うて文林郎（官職名で，文琳郎とも書く．文琳という言葉は，林檎の形に似ていることを意味している）となす．よりて，林檎を名付けて文林郎果となす云々とあり．李謹も林檎とその音，相通じ，文林郎果もこれを約して林果となす．すこぶる奇と言うべし．現今広く栽植さるるところの大りんごや，とうりんごすなわち西洋りんごは漢名で苹果なり．苹果の名，頻果より起これり．頻果はすなわち頻婆より来たる．頻婆の梵音なることは『秘伝花鏡』（陳淏子，1688）に見えたり．しかるに，苹果の梵語（サンスクリット語）はセバ Seba なるを以て，頻婆とは少しく異なれり．ゆえに，セバより頻婆に変化する径路には，その中間語無かる可からずと思考すれども，吾人，今，材料を得ず．一説に，セバは梵語に非ずして，ヒンドスタン語なりとも言えり．もし然りとせば，梵語は全く頻婆なりや．セバの語源はペルシャ語セーブ Seb またはセーフ Sef と言うより出でたり．

　平成の今日では，檎の文字は呉音でゴンと発音されることから，林檎と呼ばれるようになったことと，林檎は西洋りんごが伝わる以前にわが国に伝わっていたことから，わが国では和林檎とも呼ばれることがあると説明されている．また，西洋りんごの英名 Apple の和訳について，幕末〜明治維新期に編纂された英和辞典で見ると，2つの系譜があったことがわかる．1つは新ポケット版『英蘭辞典』（Picard, H. 編，1857）からの系譜で，もう1つは『英華字典』（Lobscheid, W. 編，1866）からの系譜である．前者には文久2年に開成所から発行された『英和對譯 袖珍辭書』（堀達之助編，1862）があって，Apple が林檎と訳され，この流れをくむ『和訳英辞書』（薩摩学生編，1869）でも林檎と訳されたという経緯がある．後者には明治12〜14年に発行された『英華和譯字典』（柳沢信夫・津田仙・大井鎌吉訳，中村正直校正，1879〜1881）と，明治16年に発行された『訂増英華字典』（Lobscheid, W. 編，井上哲次郎（☞『観賞園芸学』図5-15）訂増，1883）があって，Apple が平菓および頻菓と訳された言葉が日本に導入されていたことがわかる．しかし，慶応3年に開成所から再版された『改正増補英和對

譯袖珍辭書』（堀越亀之助ら編，1867．袖珍辞書とは袂（たもと）やポケットに入る小型の辞書という意味）においても「Apple 平菓即奈（奈と表されることもある）一名頻婆菓．此品和産ナシ．今年始テ（開成所）物産方薬園ニ植ユ．林檎類ノ菓ナリ．字書中ニ往々林檎ト譯スルモノ皆此品ナリ」と追改されて，『英華字典』（1866）と同じ訳語になっていたのである．

一方で，果樹に関する出版物における記述を見ると，明治6年（1873）に開拓使から発行された『西洋菓樹栽培法』では林檎（リンゴ）と記載され，明治9年に発行された『菓木栽培法』（藤井徹，静里園，1876）や，明治15年に発行された『舶来果樹目録』（農務局育種場編，1882）では林檎や苹果（リンゴ）と表されていたことが知られている．このような経緯については，田中芳男の論文「苹果伝来の沿革」（『日本園藝會雑誌』，明治35年）で詳しく紹介されている．以上のような経緯があったものの，苹果も次第に「りんご」と呼ばれるようになったし，平成の今日においては，平菓や苹果という文字が使われることがなくなって，「りんご」も，「おおりんご」や「西洋りんご」も漢字では林檎と表されることが多い．学名では，リンキ（ン）がワリンゴあるいはジリンゴの別名で *Malus asiatica*，セイシはマルバカイドウの別名で *M. prunifolia*，サナシはミツバカイドウの別名で *M. toringo* または *M. sieboldii* とされて，セイヨウリンゴ *M.*×*domestica* や，奈に相当するパラダイスリンゴ *M. pumila* と区別されている．

ぶどう…和名では吾由美（あゆみ），衣比豆留（えびづる），または衣比加豆良（えびかづら）と言う．ぶどうは漢名の葡萄より出ず．漢名では葡萄または蒲桃と記す．しかれども，蒲桃は和名「ふともも」にして，葡萄とは別物なり．『本草綱目』（ほんぞうこうもく）（李時珍著，1596）に曰く，「葡萄は（前漢の武帝の命により匈奴に対する同盟を説くために大月氏へと赴いた）張騫（ちょうけん），西域に使して還り，初めてこの種を得たり．しかも，（後漢〜三国の頃に成立した中国の本草書）『神農本草経』（しんのうほんぞうきょう）に既に葡萄あり．すなわち，「（漢代から隋初にかけて現在の甘肅省東南部に設置されていた）隴西郡（ろうせい）には古くより有り．ただし，未だ関に入らざるのみ云々」と．これに由りてこれを観るに，葡萄の名，その語源甚だ遠し．蓋（けだ）し，葡萄を以て酒を醸すことは中国の古代は勿論，遠くエジプトにおいても既に知られたるところなれば，数千年の古きよりこれが利用ありたるを知るべし．思うに，漢名の葡萄はラテン名 Vitis とその語源同一には非ずや．このラテン語 Vitis も，イタリア語となりてヴィト Vite と変化するが如く，

これを東方語となりて「ぶどう」と変ずるも必然なりと言うべし．ただし，葡萄の語，ラテン語より出でたりと言うには非ず．何となれば，年代を異にすればなり．また，漢名がラテン名となりたりと言うにも非ず．東西ともに野生に存したればなり．ただ，何等か，その名称の始源において関係を有したるは，察するに難しからず．両者全く没交渉には非らざるべし．

な　し…邦語は「ありのみ」なり．これ，その果物は甘味多漿にして，蟻好みて集まるより，この名あるに至れるか．そもそもまた，なし（無）に対して嫌忌語「ありのみ（有の実）」と称えて，あたかも硯箱を当たり箱と称え，すり鉢を当たり鉢と言うの類か．思うに，「なし」は奈子にして，純粋の邦語には非ざるべし．蓋し，中国に奈（正確には柰という文字で表される）あり．すなわち，苹果の類なり．本邦にて奈の実，すなわち奈子と称するに至りしに非ずや．植物名称の誤伝することは，現今といえども往々これあり．まして古代にありて，その分類，検索，命名の法，全からざる時においては，しばしば誤りを伝えて同名異品となること，察せざる可からず．

漢語の梨の語源また不明なり．一つに，果宗の名あるを以て見れば，果物中すでに重要の位置を占め，あたかも我が国にて桜を花王と賛えるが如きには非ずや．また，玉乳の名あるに考えるも，その味の珍重せられしを証するに難しからず．この故に，『史記』（司馬遷，紀元前91年頃）においてすでに盛んにこれが栽植せられし記事を有す．曰く，「淮北栄陽河濟の間，家ごとに千樹の梨を栽う．その人千戸，侯に等し」とあり．梨樹を栽植し梨果を産出することの利益多くして，富，王侯と比するに至るとは，古代すでにかくの如し．これに由りてこれを見るに，梨は元来表義文字にして，利益多き木なるが故に利木すなわち梨と記すには非ずや．

平成の今日において，奈子あるいは唐梨という果樹は梨ではなくて，奈または柰すなわち赤林檎または紅林檎のことであることが示されている．例えば，平安時代の898～901年頃に発行された『新撰字鏡』では「棕　加良奈之」，享保2年（1717）に発行された『書言字考節用集』では，「柰　カラナシ　林檎之別種」と紹介されている．

も　も…語源は百々なり．豊産にして百果を結ぶ故にこの名ありとも言い，また，不死の霊薬なるを以て，その果を食えば百世に長ずとの伝説によりてこの

名ありとも言う．しかれど，確かなる出所あるに非ず，附会（無理に関係付けること）の説なるべし．思うに，漢名の桃における説をそのまま本邦に当てはめたるなるべし．漢名の桃は表義文字なり．億兆の果実を産するが故に，木偏に兆と記すと言い，または，周易（『易経』に記された，爻辞，卦辞，卦画に基づいた占術）に「人もし崑崙山の桃果を食う時は不老不死である」とあるを引きて，その語源なりとせり．

　ゆうとう…漢名は油桃なり．和名はつばきもも（椿桃），またはつばいももと言う．つばきももは果実深赤色にして，而して光沢あるを以て，椿の花に比較したる名なりとは正徳2年（1712）に成立した百科事典『和漢三才図絵』に見ゆれども，余りに附会の説なり．思うに，つばきももはその果面滑沢あり．然れば，艶桃の称には非ずや．あたかも光沢歛冬をツワブキと言うが如く，つやももをつはももと言い，ついに，つばい桃と訛りたるには非ずや．つばき桃の正音にして，つばい桃の俗音なりと言うもまた信じ難し．漢名の油桃は，果面の滑沢にして油を塗りたる如きより名あり．また，李桃の名あり．これ，果皮の李に似たる故なるべし．

　平成の今日において，欧米で改良された品種群はネクタリンと呼ばれる．また，油桃については，『日本林檎及油桃之分類学的研究』（淺見與七，1927）において詳しく報告されていたことが知られている（☞『観賞園芸学』，文永堂出版）．

　かき…語源は堅木の略か．その根，甚だ固くして，これを柿盤と言うとは古書にも見えたり．木質の堅きより，「かき」と変化したるにや．しからば，樫と同根なりと言うべし．思うに，柿の漢名に花桿の文字あり．これ「かき」の語源には非ずや．しからば，カヒ，カキと変化したるなるべし．梵語カーキ Kahki は泥土の義にして，黄褐色を意味す．この梵音は，漢語となりては花桿となり，本邦に入りては却って正音のままカーキすなわち「かき」と呼ばれたるにはあらざるか．漢名の柿は，朱果より来たれり．その果実が朱色なればなりとは『秘伝花鏡』に見ゆ．柿の語源が果色より出でたりとするは，たまたま吾人の前説に多少の光明を与うるものたるべし．

　平成の今日では，前記の説と同じように，赤木あるいは赤い実のなる木から「かき」と変化したともいわれている．

2. 柑橘類の分類学的研究において大きな業績を残した田中長三郎

　田中長三郎（1885～1976）は，ミカン科植物，中でもカンキツ属の分類学的研究の世界的権威として，ウォルター・T・スウィングル（Walter Tennyson Swingle）と並び称される．また，柑橘類に関する分類，歴史から，新品種の発見まで，わが国の柑橘産業の発展の基礎を作った人として有名である．

　明治18年（1885），兵庫県神戸市須磨区に生まれ，明治43年（1910）に東京帝国大学農科大学（東京大学農学部の前身）を卒業した．白井光太郎教授の指導のもと，学士論文として「日本柑橘種類学」を発表した．大正4年（1915）にワシントンに派遣されて米国農務省（USDA）の技師となり，この頃よりSwingleのもとで柑橘類の研究を行った．その後，台北帝国大学理農学部，東京農業大学農学部，大阪府立大学農学部などの教授を歴任し，柑橘類の歴史，分類，栽培などの研究に生涯を捧げた人である．

　台北帝国大学理農学部熱帯農学第二講座教授に就任後の昭和7年（1932）に「温州蜜柑譜，特ニ芽条変異ニ拠ル新変種ノ発生ニ就テ（英文）」という題で，東京帝国大学から農学博士号を授与された．昭和24年（1949）には東京農業大学農学科園芸学教授に就任し，昭和29年（1954）には「Species problem in citrus」という題目で九州大学から理学博士号を授与された．そして，同じ昭和29年に大阪府立大学農学部教授に就任した．

　田中長三郎は，カンキツ属を有花序（有限総状花序）の初生カンキツ亜属として5区115種，無花序（単頂花序）の後生カンキツ亜属として3区52種に分類した．さらに，花序の有無によって，カンキツ属の種の分布について調査し，ほとんどの有花序の種はインド～インドシナに分布しており，無花序の種は中国～日本に分布していることを発表した．すなわち，アジアの西南と東北でカンキツ属の花の着き方が形態的に異なっており，その境界は，チベットに端を発し，トンキン湾に流れ込むソンコイ川（レッドリバー）のラインに当たるので，このラインが田中ラインと呼ばれている（図10-2）．

　田中長三郎は東京帝国大学助手であった明治44年（1911）にカンキツ属の

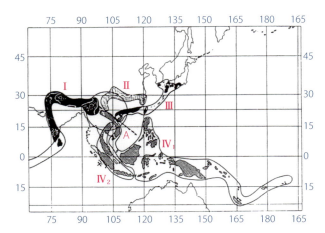

図 10-2 田中長三郎（1933）による柑橘類の原生中枢と進化および伝播ルート
Ⅰ：インド地帯，Ⅱ：長江沿岸地帯，Ⅲ：南支・日本地帯，Ⅳ₁：マレー・太平洋地帯，Ⅳ₂：マレー・スマトラ地帯，A：田中ライン.（『Species Problem in Citrus』より改変；池田富喜夫，2000）

種の分類を，『日本柑橘図譜』（戦後の混乱時に消失，のちに『Citrologia』（1961）として出版；池田富喜夫氏談）としてまとめ，カンキツ属だけで159種（のちに5種追加して合計で164種）に分類した（☞第2章　柑橘類）．

大正11年（1922）には，日本の柑橘産業における種，品種，および柑橘類の芽条変異についてアメリカの雑誌『The Journal of Heredity』（1922）に紹介するとともに，在来系ウンシュウから芽条変異によって発生した日本の多数の早生ウンシュウについて『Japan. J. Genetics』（1925）で紹介している．

次いで，昭和7年（1932）には『A monograph of the satsuma orange with special reference to the occurrence of new varieties through bud variation』（in Memoirs of the Faculty of Science and Agriculture，台北帝国大学）を記し，ウンシュウミカンの歴史，日本での栽培，形態，品種および系統の分化，アメリカでの系統分化，日本における多数のウンシュウミカンの芽条変異系統について626ページ以上にわたって記載している．

その他の柑橘類に関する業績としては，まず，ウンシュウミカンの原産地を鹿児島県長島と推定したことがあげられる．温州という名称が中国の浙江省温州に由来するためにウンシュウミカンは中国原産と誤られやすいが，神田玄泉『一通子

の著書『本草或問』にウンシュウミカンに極似した果実が「唐ミカン，肥後ミカン，大仲島」と記載されていることと，福岡県筑後地方には250年以上前にウンシュウミカンが伝わっており，長崎県や佐賀県の古い産地ではウンシュウミカンが大中島とか大中島ミカンと呼ばれていたということを根拠としている．田中長三郎は，中国大陸にはウンシュウミカンが存在しないことを確かめたうえで，『本草或問』の記述，九州地域の調査，さらには江戸末期に長崎に滞在したシーボルト作製のウンシュウミカンの腊葉（押し葉標本）にNagashimaと記されていたことから，ウンシュウミカンの発祥地が長島であると考証した．その後，昭和11年（1936）に鹿児島県農事試験場垂水柑橘分場の岡田康男が長島の鷹巣で推定樹齢300年の最古木を発見したが，その樹は明らかに接ぎ木樹であったので，田中長三郎は原木の発生は400～500年前であり，中国の'早橘'（Zaoyu）か'慢橘'（Manju）の偶発実生と推定した．

　また，ウンシュウミカンの代表的品種であり，現在のわが国の柑橘産業の基礎となっている'宮川早生'については，次のような経緯で発見されたことが述べられている．すなわち，大正4年（1915）に福岡県山門郡城内村（現柳川市）の医師宮川謙吉が邸内に植えてあった在来系ウンシュウの中に早生の枝変わりを発見したことが記録されている．その当時，山門郡内の品評会で連続して一等賞に入賞し，苗木業者で増殖および販売されていた本品種の存在を，田中長三郎が和歌山県を訪問した際に苗木業者「青輝園」のカタログで知り，大正12年（1923）と大正13年（1924）に現地調査を行って，'宮川早生'が普通ウンシュウの枝変わりであることを認め，'宮川早生温州'と命名して，『遺伝学会雑誌』第3巻（1925）に発表したのである．その翌年の大正15年（1926）にはアメリカ農務省のSwingle博士を伴って原木を視察したことから，'宮川早生'は世界的にも知られることになった（『「宮川早生」100年の歩み』，2012）．昭和元年（1926），福岡県に田中柑橘試験場を開設し，昭和2年（1927）に雑誌『柑橘研究』を創刊した．『柑橘研究』は現在でも不定期であるが継続して発行されている．

　昭和30年（1955）には，カリフォルニア大学からセミノール（タンゼロ）とカラマンダリンなど50種類以上を導入し，その後の柑橘産業の発展に多大な貢献を果たした．

3．リンゴなどの研究で大きな業績を残した恩田鉄弥

　恩田鉄弥（1864〜1945）は元治元年（1864），摂津国住吉郡平野郷（現在の大阪市平野区）に生まれた．このとき，父は古河藩（現在の茨城県古河市）の藩士で，大阪藩邸に勤務していた．明治18年（1885）に，駒場農学校（東京大学農学部の前身）農学科を卒業し，すぐに福岡県の福岡師範学校へ赴任して，2年後に埼玉県尋常師範学校に転出した．翌年の明治21年（1888）に岩手県農事講習場の教師となり，その次年には所長となった．

　農事講習場1年目の経験から，農村を豊かにするためには農業技術と理論の習得が必須であることを痛感したので，受験資格者には高等小学校以上の学力を求め，生徒を増やし，授業科目も大幅に充実させた．また，リンゴが東北地方の気候に最適であることを知ってから，リンゴの栽培法の研究に熱心に取り組み，その成果を生徒に教授した．盛岡のリンゴ生産者の話しや外国の果樹栽培書を参考にし，福島県，山形県，青森県，北海道のリンゴ園の視察による知見とともに，観察・研究成果をまとめて，明治26年（1893）に『苹果栽培法』を出版した．このような果樹の栽培技術専門書はそれまでになかったので，リンゴ生産者にとっての教科書，手引き書として非常に好評であったといわれている．その後，病害虫の研究成果などを書き加えて，改訂版である『実用苹果栽培書』（1897）と『実験苹果栽培法』（1911）を出版した．また，明治27年（1894）に仙台市で開催された「第一回苹果名称一定会」の議長や，頻繁に行われた岩手県の品評会では審査員や農業関係の委員を務めた．明治29年（1896），寒冷地農業の発展を目的として農商務省農事試験場陸羽支場が秋田県の大曲に開設されると同時に，支場長として赴任した．大曲には，収量が劣り，不良な品質の米ができやすい湿田が多かったため，排水を改善して乾田化する研究に取り組んだ．その成果は『排水乾田稲作改良法』（1902）としてまとめられた．

　明治33年（1900）頃に国立の園芸試験場設立の構想があがったことから，海外の園芸事情の調査のために，パリでの開催が5回目となった万国博覧会への出張を命じられた．パリ万国博覧会（1900）の展示場には各国の園芸関係の展示が多数あった．アメリカからは，リンゴやオレンジなどの現物や，リンゴや

ナシの模型が多数展示されており，「果物大国アメリカ」の宣伝が行われていた．フランスからは，有名な果樹栽培者が温室で栽培したブドウやモモを主体に，オウトウ，スモモ，ナシ類などが出品されていた．ドイツからは，果樹の剪定見本，仕立て見本の他，農学校，園芸学校，農科大学，有名苗木商の展示などが多数展示されていた．これらは恩田鉄弥のその後の研究に大いに参考になったと述懐している．また，フランス，イギリスの果樹園や園芸学校，農学校を訪問し，見聞を広めた．

　フランス出張から帰国したのち，園芸試験場の設立に取り組んだ．場所としては，今後主要な果樹になると予想される柑橘類の栽培に適した所，東京よりあまり遠くなく交通が便利で来訪が容易な所などを考慮して候補地が選定され，その中から興津（現在の静岡市清水区興津）に決定された．明治35年（1902）に農商務省農事試験場に園芸部が創設され（図10-3），園芸部長として赴任した．創設当時の園芸部の事業として，品種試験，栽培法試験，模範栽培，優良母樹の苗木育成と各県への無償配布，見習生および研究生の養成，参観者への案内が行われた．品種試験では，優良品種を国内から集め，外国で育成された品種は主に直輸入して比較試験を行い，試験結果が優良と認められた品種の普及を図った．その中には，現在も主要品種として栽培されているカキの'富有'や，セイヨウナシの'ラ・フランス'などがある．栽培法試験としては，整枝剪定，肥培，その他管理全般についての研究が行われ，明治末期には主要果樹の施肥標準法を提示した．また，果実貯蔵庫の建設や，ジャムやシロップ漬けなどの加工品製造方

図10-3　創設当時の農商務省農事試験場園芸部（明治35年，1902）
（園芸試験場百周年記念CDアルバム　興津桜会同窓会　平成14年より）

法の研究も行われた．病害，虫害については農事試験場と密接に連絡して研究が行われ，防除法の普及にも努めた．当時，柑橘ではそうか病の発生が多く，アメリカへの輸出品がアメリカでしばしば焼却されていた．そのため，農事試験場の研究員が興津へ度々出張してきて，明治37年（1904）には恩田鉄弥以下園芸部の全員で近隣の柑橘園に石灰ボルドーを散布し，そうか病を抑制した．虫害については，明治44年（1911）に園芸部の近隣で発見された外来侵入害虫イセリアカイガラムシの大規模な駆除が行われた．イセリアカイガラムシは，外務大臣，農商務大臣，内務大臣などを歴任した井上馨侯爵（1836～1915）の別荘の柑橘園から発生したこと，その数年前にアメリカから取り寄せて井上馨侯爵の別荘に寄贈されたリスボンレモンの苗に付着していたことが判明した．その後（明治44年頃），天敵であるベダリアテントウの輸入を行うとともに，園芸部や農事試験場，静岡県立試験場などの専門家の指導によって，生産者にもこの害虫の恐ろしさが理解されて，イセリアカイガラムシの防除が徹底されるようになった．

　また，園芸の発展には優秀な技術指導者の養成が重要であると考えて，全国から，農学校卒業の学力を持ち，人物ともに優れた者を見習生として受け入れて，教育を行った．当時の見習生によれば，恩田鉄弥は見習生に対して親代わりとして細かく世話をやいたそうである．私生活にも目を配り，学資の送金額を郵便局で照会し，多い者には支出を指導することもあったらしい．また，当時の見習生は試験場近くに下宿していたが，インフレによって下宿代が値上がりして生活が厳しくなり，下宿を断られる生徒も増えたため，試験場近くに工場跡の家を借りて寮に改装し，大多数の生徒を住まわせた．恩田鉄弥自身は服装に無頓着で，いつも畑に出る作業着のままでいることが多く，玄関先で参観者が受付係と間違える場面もあったという．囲碁の実力は初段以上で，好敵手が来訪すれば対戦に興じた．お酒はあまりいけるくちではなく，非常に口べただったともいわれている．多くの卒業生は園芸の技術指導者などとして活躍し，日本の園芸の発展に大きな役割を果たした．

　興津の試験場は「ワシントンの桜誕生の地」としても有名である．ポトマック河畔公園では現在も大規模な桜祭りが行われ，多くの人々を魅了しているが，最初に植えられた桜の苗木はこの農事試験場園芸部で育てられたものである．当時の東京市長であった尾崎行雄がアメリカと日本との友好の証として寄贈したもの

であるが，初めは苗木業者から購入した 2,000 本の苗木を明治 42 年（1909）に送ったところ，カイガラムシやネマトーダなどの病害虫が付いていたため焼却処分されてしまった．そこで，病害虫が付いていない健全な苗木の育成が，農事試験場の本場を通じて園芸部に委託された．桜の穂木は，隅田川の上流に当たる荒川沿岸の江北村（現

図 10-4　ポトマック河畔のサクラの記念碑

在の東京都足立区）に明治 19 年に整備された荒川堤に植樹されて明治 36 ～ 45 年頃に桜の名所として有名になった荒川堤の五色桜が選ばれ，台木には兵庫県東野村（現在の伊丹市）の山桜が選ばれて，興津において接ぎ木，養成された．恩田鉄弥，熊谷八十三（のちの園芸試験場第 2 代場長）らが中心になっていねいな管理が行われ，明治 45 年（1912）に，'薄寒桜'，'染井吉野'，'普賢象' などの 11 品種で約 6,000 本の苗木が再び発送された．そのうちの 3,020 本の苗木がワシントン DC に到着して，アメリカ農務省で検査したところ，「病害虫ともに不思議なほど見つからない（singularly free from injurious insects or plant diseases）」と賞され，ポトマック河畔の公園に無事植樹された．それに対する返礼として，大正 4 年（1915）に白花のハナミズキ，大正 5 年には赤花のハナミズキがアメリカから送られたということにつながった．平成 4 年（1992）には，桜の苗木発送から 80 年を記念して，興津の研究所構内に「ワシントンの桜誕生之地」という記念碑が建てられた（図 10-4）．

　恩田鉄弥は，大正 8 年（1919）に文部省博士会から推薦されて博士号を得た．大正 10 年（1921）には，農事試験場園芸部が東京西ヶ原の本場から独立し，農商務省園芸試験場となったときに，初代園芸試験場長に就任した．その 2 年後，58 歳で園芸試験場を退職し，20 年間過ごした興津を去って東京に移り住み，東京農業大学で果樹園芸学，蔬菜園芸学の教授として教鞭を取った．昭和 6 年（1931）には大学で新設された人事部長に就任し，経済不況の中で就職難になっている学生達の就職を援助した．恩田鉄弥は「サラリーマンになるよりも故郷に帰り，実家の農業を手伝おう．そして大学で学んだことを生かすのも一つの

図 10-5 恩田鉄弥の胸像

方法である．地元で果樹園芸をやってはどうか」と学生達に説く一方で，今までの人脈を通じて一生懸命に学生達の就職に力を入れたといわれている．2年後には附属農場長に任用され，通算13年間大学に在籍して，昭和14年（1939）に74歳で退職した．その後は，太平洋戦争のために盛岡へ疎開し，終戦直前の昭和20年（1945）6月に亡くなった．

恩田鉄弥はまた，明治22年（1889）に設立された日本園芸会においても活躍した．例えば，明治44年（1911）には，第2代会長であった大隈重信のもとで，東京大学教授の原熙や，農商務省農事試験場園芸部の熊谷八十三らとともに理事という要職に就いていたし，昭和10年（1935）には，第3代会長の鍋島直映のもとで原熙後任の副会長に就任して，鍋島直映が会長を退く昭和16年まで続けていた．そういう背景から，昭和11年（1936）の機関誌『日本園芸雑誌』に「会員諸氏に望む」という巻頭言を述べ，社団法人化した直後の昭和15年には「園芸功労者表彰挙行」という巻頭言を述べている．

園芸学会においては，大正12年（1923）5月20日の創立総会において議長に就任して，次のような園芸学会会則を定めたことが記録されている「第1条　本会は果樹，蔬菜，観賞植物および公園，風景修飾等，園芸に関する学術技芸の攻究をなし，その発展を図るをもって目的とす」．

永年の園芸振興に対する功績を賞して大正14年（1925）に試験場内に建てられた胸像は，戦時中に取り壊されてしまったが，昭和34年（1959）に再建されて，現在も（独）農研機構果樹研究所カンキツ研究興津拠点に設置されている（図10-5）．

4．ブドウの画期的新品種を育成した川上善兵衛と大井上康

1）川上善兵衛

　川上善兵衛は明治元年（1868）に，現在の上越市北方の裕福な豪農の家に生まれた．当時の日本では殖産興業が進められ，明治6年（1873）以降にはワインの製造も東京および大阪で試験的に始められていた．このような時代背景の下，明治20年（1887）に，19歳の善兵衛はブドウの栽培とワイン製造を学ぶため，東京および群馬県でブドウの苗木を販売していた小沢善平を訪ね，苗木の栽培と接ぎ木技術を学んだのち，ブドウ栽培の盛んであった山梨県で醸造技術を学んだ．当時の国産ワインは輸入ワインに比べて品質が劣っていたことから，海外の品種を国内で栽培し，より品質のよいワインを製造することを志した．こうして，明治24年（1891）には宅地内にブドウの苗木を植栽し，岩の原葡萄園と名付け，ブドウ栽培とワイン作りに邁進した．明治28年（1895）からはアメリカよりブドウの苗木を輸入するなど，本格的にブドウの果実生産とワイン生産を開始した．明治32年（1899）には石蔵にワイン貯蔵用の雪室を作り，年間を通したワインの低温発酵技術を完成させた．明治31年（1898）に醸造したワインとブランデーの商標に「菊水」を登録した．日露戦争が始まった明治37年（1904）には，陸海軍衛生材料として菊水印のワインが採用され，岩の原葡萄園は脚光を浴びることとなった．このような多忙の日々であったものの，明治34年（1901）にはブドウ栽培の経験をまとめた『葡萄栽培提要』を出版した．

　明治35年には「皇太子殿下川上葡萄園へ行啓(ぎょうけい)」と題する善兵衛の記事が『日本園芸会雑誌』に掲載されている：東宮殿下（後の大正天皇）御北巡の際，小園へ御行啓の模様あり．これにつき，新潟県知事より道路不良の理由を以て行啓お見合わせの方然るべしと言上せしを却(しり)ぞけられ，それでも宜しいから行こうとの有り難き思召(おぼしめし)にて，東宮殿下，有栖川宮（威仁(たけひと)親王）殿下は行啓奉員召し連れ相成．5月29日午後1時10分，高田御旅館御出門．3里に余れる行程を腕車にお召しになり，同2時55分小園へ御着車あらせられる．拙宅においてご休憩の上，私へ御案内仰せあそばされるにつき，県知事の先導にて第一園の北端

より第三園および第四園内10町あまりの坂路を御徒歩にて御巡視あそばされる．さらに石蔵および工場等，残るところなく御覧の後，再び拙宅に入らせられる．ご休憩中，両殿下はじめ御供奉員方，拙醸の葡萄酒御試味あそばされる．金25円御下賜(かし)相なり，午後3時45分，御機嫌(かんけい)麗しく御還啓(かんけい)仰出され候(そうろう)．その際，知事に向はせられ「日本人が個人の資力にて斯(かか)る盛大の事業を成しおるは感心なり」との御賞詞(しょうし)を賜り候．当日の御行啓は他に御立ち寄り等の事は無く，単に小園へ御行啓あそばされ候わけにて，全全，農工業発達の程度御視察の思し召しにお出であそばされ候儀にて，破格の事に御座候由し，洩れ承り候．斯業(しぎょう)の光栄私の面目実にこの上なき儀に御座候．

　上記のような名誉を得た影響かどうか確証はないが，明治41年に発行された善兵衛の『葡萄提要』は，総理大臣を務めた松方正義の題字の他に，森鷗外の上司で陸軍軍医総監を務めた石黒忠悳(ただのり)，東京帝国大学園芸学講座の教授不在中の助教授であった原熙，検事総長や農商務大臣を歴任した松岡康毅，日本銀行総裁や東京府知事を務めた富田鐵之助の序文が掲載されるという，格調高い著書として刊行された．

　岩の原葡萄園では，フランスおよびドイツなどのワイン地帯で栽培される欧州種およびアメリカ種が主に栽培されていたが，欧州種は香りなどが優れるものの病害虫に弱く，一方，アメリカ種は樹勢は強いがワインとしての香りに好適な品種が見当たらなかった．このため，多湿な日本の気候に適し，病害虫にも強い品種の開発のため，岩の原葡萄園の気象観測を明治32年（1899）以降33年にわたり詳細に行っている．大正11年（1922）には新品種の育種を開始した．この育種においては1,100品種が育成され，昭和15年（1940）の『園芸学会雑誌』に，「交配に依る葡萄品種の育成」として発表され，'マスカット・ベーリーA'など，22品種が紹介された．昭和16年（1941）には日本農学会より，この論文に対し日本農学賞が授与された．民間の研究者がこの賞を受けるのは初めてであり，善兵衛73歳のときであった．

　善兵衛の交友関係は広く，ブドウの研究者はもちろんのこと，政界，文人など，多岐にわたっている．例えば，明治維新期の王政復古に関係した勝海舟とは深い交際があり，榎本武揚，佐久間象山，森鷗外などとの交流記録が残されている．昭和19年（1944）に急性肺炎のため76歳の生涯を終えた．

2）大井上康

　大井上康は，明治25年（1892）に現在の広島県江田島市江田島町にあった旧海軍兵学校宿舎で生まれた．父が軍人であったため当初は軍人を志すものの，幼いときの病気で足が不自由であったことから，農業技術者を志した．大正3年（1914）に東京農業大学を卒業し，大正6年（1917）に茨城県の神谷牛久葡萄酒醸造所「牛久葡萄園」（現・シャトーカミヤ）の主任技師として招聘された．

　独自にブドウの研究を本格的に開始する目的で，大正8年（1919）に現在の東京都港区麻布に「大井上理農学研究所」を設立し，同年に研究所を現在の静岡県伊豆市中伊豆町に移転した．しかし，公的な研究資金の支援などを全く得られなかったので，経済的に困窮した．そのため，農産物の販売などによって研究生活を賄った．そのような境遇の中でも，大井上康は語学に長けていたことから，フランス，イギリス，ドイツなどの文献を読破しただけでなく，大正11年（1922）から大正13年（1924）にはフランスなどの欧州十数ヵ国を視察して，各国の農学，ブドウ栽培技術，ワイン醸造技術などを学んだ．特に，当時の日本の農学の基本は土壌肥料学的視点に重点が置かれていたのに対し，フランスでは植物生理学的視点に重点を置く理論体系と栽培技術であったことに強い影響を受けた．

　昭和5年（1930），独自の研究と経験および学習による知見を総合して，ブドウの生理と栽培を植物生理学および生態学ならびに栽培学的見地から論じた870ページに及ぶ『理論実際　葡萄之研究』を発表した．昭和11年（1936），これまでの20年にわたる栽培と観察と実験の結果，および昭和5年（1930）以来の食用作物，果樹，蔬菜などの栽培実験結果，ならびに多くの文献を引用して，作物の発育ステージ（栄養成長期，生殖成長期，およびそれらの転換期）を考慮しない従来の施肥理論を，主に植物生理学的および生態学的見地から批判して，発育ステージに応じて必要な量と種類の無機養分（特に窒素，リン酸，カリウム）を施用することが栽培学的要求に満足しうる施肥法であるという独自の理論を展開し，栄養週期説（栄養周期説とも記される）を『農業及園芸』において，特にモモおよびブドウについては『園芸学会雑誌』において提唱した．一方，昭和12年（1937）に，岡山県で発見された'石原早生'とオーストラリアで発見された'センテニアル'の四倍体品種同士を交雑して，新品種の育種に着手した．

昭和16年（1941）に日本が第二次世界大戦に参戦すると，果樹は不用不急作物，贅沢品とされ，果樹の栽培と研究にとって苦難のときを迎え，「大井上理農学研究所」で栽培，育種されていたブドウも軍に接収された．そのような中で，大井上康は昭和17年（1942）に'石原早生'と'センテニアル'の交雑の中から，日本の高温多雨の気候に適した大粒高品質の新品種'石原センテニアル'（のちに'巨峰'と命名）を育成した．他方，昭和18年（1943）には，戦中の貴重な肥料をもってしても増収可能とする施肥技術を栄養周期説から易しく説いた『栄養周期適期施肥論：科学的小肥多収の技術』を出版した．また，昭和21年（1946）には，栄養周期説を学術的に詳説した『新栽培技術の理論体系：栄養周期説の技術的展開』を出版した．このように，栄養周期説を普及する活動は戦時中にも活発に行われ，戦後には食糧不足を解決すべく同志が大井上康のもとに集まって，昭和20年（1945）に「全国食糧増産同志会」が結成された．しかし，戦後の連合国軍総司令部（GHQ）および農林省（現・農林水産省）主導の農業指導や栽培技術とは異なることなどから，あまり評価されなかった．ところが，昭和25年（1950）に衆議院農林委員会に参考人招致され，一農学者の見地から食糧増産に関する参考意見を求められた．昭和27年（1952）に，「全国食糧増産同志会」の活動の方向性が設立当初の栄養周期説の普及活動とは逸脱したために，独立分離して「理農技術協会」（現・株式会社日本巨峰会）を発足させた．昭和27年（1952）9月23日，終生，在野で農業の技術革新に尽くした大井上康は享年60歳で逝去した．

「大井上理農学研究所」は現在，国の登録有形文化財の「大井上康学術文献資料館」となって，ゆかりの品々が展示され，胸像と記念碑が建っている（図10-6）．碑文には「何よりもたしかなものは真実である」という言葉が刻まれている．

図10-6　大井上康の胸像と記念碑

5. ニホンナシの'二十世紀'を発見した松戸覚之助

1）'二十世紀'発見の経緯

　松戸覚之助（1875〜1935）は，'二十世紀'の発見者であり，その普及に努め，さらに果樹栽培技術の教育者として日本におけるナシ産業の発展に大きく貢献した．松戸覚之助は現在の千葉県松戸市の一部である東葛飾郡八柱村で果樹園と苗木業を営む家に生まれた．13歳であった明治21年（1888）に親戚の石井家のゴミ捨て場でナシの実生2本を見つけ，それらを当主の許しを得て持ち帰った．この実生を自宅の果樹園で栽培したところ，10年後の明治31年（1898）に，そのうちの1本が初結実した．この実生樹の果実はきわめて品質がよかったため，松戸覚之助は当時盛んに行われた品評会などに'新太白'などとして出品し，地元の千葉，東京などでその高い品質が評価されて1等となっている．その後，明治37年（1904）には東京興農園の渡瀬寅次郎と東京帝国大学の池田伴親がこの樹の品種名として'二十世紀'と命名した．二十世紀を支配するような果物の1つになってほしいと祈念してのことである．

2）'二十世紀'の普及と育種利用

　明治20〜40年代（1887〜1907年頃）には，全国各地で果樹栽培が奨励され，各地で果樹産地が生まれた．それと同じ時期に，カキでは'富有'，モモでは'白桃'などの，その後に主要品種となった品種が発見されている．ニホンナシにおいても，'二十世紀'に加えて，'長十郎'が神奈川県の川崎市大師河原で明治26年（1893）に當麻辰次郎によって発見された．

　松戸覚之助は育成者として，雑誌や講演などにより'二十世紀'の普及に努め，全国的にその存在が知られるようになった．このような啓発・普及活動に加えて，明治39年（1906）に『果樹栽培新書』を出版した．この書は果樹，中でもナシの技術書として全国で多く用いられた．

　'二十世紀'は，命名当初，奈良県，千葉県，愛媛県などに多く導入されたが，'長十郎'と異なって黒斑病罹病性であったため，栽培を断念する産地が相次ぎ，'長

'十郎'を中心とした抵抗性品種に更新された．鳥取県においても明治37年（1904）に北脇英治が松戸覚之助から苗木を購入して'二十世紀'を導入した．それ以降，鳥取県内に普及し，パラフィン紙を用いた果実袋や，予察をもとにした薬剤防除，剪定，施肥法の改善によって黒斑病を抑制して，'二十世紀'の栽培が定着した．'二十世紀'が発表された当時は果実品質が最も優れていたことに加え，エチレン生成量の少ない'二十世紀'はきわめて貯蔵性がよく，長距離輸送に適していることが，鳥取県で'二十世紀'が振興された一因であるといえる．このようにして，'長十郎'と'二十世紀'は昭和40年代までニホンナシの二大品種として栽培された．

発見当初から'二十世紀'はその後の主要品種の育種親として多く用いられ，その後代として'幸水'，'豊水'といった，現在の主要品種が育成されている（☞第5章）．さらに，昭和55年（1980）に鳥取県において'二十世紀'の枝変わりである自家和合性品種'おさ二十世紀'が発見された．それとともに，それぞれの品種にγ線を照射して，突然変異を誘発し，黒斑病耐病性となった'ゴールド二十世紀'が平成3年（1991）に，'おさゴールド'が平成9年（1997）に育成された．'おさ二十世紀'は，自家和合性品種の遺伝資源として，さらに新しい品種の育成に利用されている．

松戸覚之助は昭和9年（1934）に59歳で生涯を終えたが，その翌年の昭和10年（1935）に'二十世紀'の原木は国の天然記念物に指定された（図10-7）．

図10-7 '二十世紀'の原木
松戸氏園．

この原木は，全国の産地に植栽された多くの'二十世紀'苗木を生んでいったが，昭和20年（1945）の空襲によって焼夷弾を被弾して衰弱し，昭和22年（1947）に枯死した．現在最も古い'二十世紀'の樹は北脇英治が最初に松戸覚之助から購入して鳥取市内に植栽した3本で，鳥取県の関係者の管理によって現在も健全に生育している．

6．モモの'白桃'などを発見した大久保重五郎

　大久保重五郎（1867～1941）は，慶応3年（1867）に岡山県磐梨郡可真村（現在の岡山市東区瀬戸町）に生まれ，明治13年（1880）に，果樹園芸家であった小山益太から果樹の栽培技術を学んだとされる．その後，明治19年より生家にてモモやナシなどの果樹園を経営して，明治32年に'白桃'を偶発実生として発見し，品種として命名した．

　'白桃'の日本における歴史は，明治8年に勧業寮に勤務していた倉敷出身の日本画家・衣笠豪谷が，絵画研究の目的で清国に渡ったときに'上海水蜜桃'を持ち帰り，三田育種場で育てたことに始まった．翌9年に岡山の勧業試験場に苗が分譲されたものの一部を，モモやブドウ，ナシ，カキなどの品種収集や栽培技術を開発していた小山益太が栽培し，出荷まで行っていた．大久保重五郎は，明治30年頃，小山から'上海水蜜桃'を2～3果実もらった際に，その品質の高さに驚いて種子2個を播いたとされている．明治32年（1989）に，初めて結実した果実を食したところ，肉質，食味ともにたいへん優れていたので'白桃'と命名した．その後，友人によって苗木が増殖されて各地に広まり，明治34年には品質の高い新しいモモとして知られることとなった．'白桃'は，それまでのモモと比べて，外観，肉質，甘味が優れているだけでなく，日持ちがよいということからも市場で注目された．岡山県から東京，函館などへの鉄道輸送にも耐えることが示され，東京などにおいて高値で取引されるようになった．それに伴い，作付面積は全国的に増えて，昭和20年代にはモモの作付面積の約1/3が'白桃'になった．また，'白桃'は交配母本としても優れており，現在日本で栽培されている主要なモモの品種（'白鳳'，'あかつき'，'川中島白桃'，'清水白桃'など）の親であり，ほとんどのモモ品種が'白桃'の系統であることが近年の遺伝子解析でも示されている．未だに'白桃'の親については明らかでないが，'上海水蜜桃'の系統であることは明らかである．

　大久保重五郎は51歳（大正3年）のときに，倉敷の（財）大原奨農会農業研究所（のちの大原農業研究所，現在の岡山大学資源生物科学研究所）が創立された際に果樹園の主任管理者として採用された．この研究所は，当時の倉敷紡績社

長であった大原孫三郎によって創設されたものである．この研究所で大久保重五郎は，当時まだほとんど取り組まれることのなかったガラス温室のブドウ栽培や，'グロー・コールマン'と'パレスタイン'，'甲州'などのブドウの栽培管理に関する研究を行った．

　大正13年にこの研究所を退職して生家に戻り，主としてモモの栽培技術の研究と新品種の育成を精力的に行った．そのときに，'白桃'園の中から偶発実生として新品種が発見され，昭和2年（1927）に'大久保'と命名した．公表は昭和5年とされている．'大久保'は'白桃'と比べると熟期が早い中生品種で，果実の品質も良好であっただけでなく，大果で果肉が硬いことから，東京市場まで輸送するうえでも有利な特性を備えていた．また，'大久保'は豊産性であるとともに花粉が多いので，受粉樹にも用いることができた．さらに，離核であるため缶詰などの加工用にも適していた．このような特性であったことから，作付面積が著しく増加して，昭和30年頃には'白桃'とともに主要な生食用品種となり，一時期栽培面積が最も多い品種となった．

　明治36年には岡山県において県の南東部に位置する旭東4郡（和気，邑久，上道，赤磐郡）の同業者によってモモの共同販売組合が組織され，その後，美作地方一円と合体した備作果物組合が組織された．それらの組織によって，全国の主要都市の指定店にモモを出荷する体制が整えられ，日露戦争後はウラジオストクへの輸出も盛んになった．このような中で，'白桃'および'大久保'は，明治から大正，昭和と，モモの主要品種として全国的に栽培されていき，現在のモモの主要産地形成に大きな役割を果たした．

　また，大久保重五郎は，噴霧器の開発にも貢献している．明治30年頃にナシの赤星病が広がり，その被害が大きな問題になってきていた．フランスで誕生したボルドー液が日本に明治25年に導入され，ブドウのうどん粉病防除に使用され始めていた．それまでは，霧吹きや雑巾などで樹体に散布，塗布されていたが，手を傷めたりするなど，使い方が不便であった．このボルドー液の散布手段として，大久保重五郎は水鉄砲を応用して手製の噴霧器を考案した．また，大原農業研究所に勤務していたときに，ブドウの間引挟や剪定鋏を考案するなど，果樹の栽培技術の向上にも大きく貢献した．

7．庄内柿'平核無'の生産に大きく貢献した酒井調良

1）誕生から農業を始めるまで

　酒井調良（1848～1926）は，庄内藩の家老・了明の次男として弘化5年（1848）に鶴岡城下鷹匠町（現在の鶴岡市若葉町）に生まれた（図10-8）．庄内藩主・酒井家第二代・家次の第五子・了次を祖とし，兄は戊辰戦争の名将・了恒（玄蕃とも呼ばれる）である．元治元年（1864），16歳で藩主・忠篤の近習となったが，丁卯の大獄（公武合体改革派の中心人物であった伯父・酒井右京（了繁）が藩主・忠発の廃立を企て，丁卯の年の慶応3年（1867）に切腹の処罰を受けたこと）のときに，調良は近習の職を免ぜられて謹慎した．翌年の戊辰戦争には兄・了恒の率いる一番大隊に属し，新庄，秋田などに出陣したときに新政府軍に捕われた．新政府軍の越前藩士によって銃殺の検視が行われたが，越前藩主・松平慶永（春嶽）の姉で，降伏した庄内藩の第9代藩主・酒井忠発の夫人より，少年が玄蕃の弟であることを聞いたので釈放された．

　松平春嶽とは，慶応3年（1867）に将軍や摂政に対する諮問機関として設置された4名の有力大名（他の3名は，薩摩藩主・島津久光，土佐藩主・山内容堂，宇和島藩主・伊達宗城）による会議「四侯会議」の一員であった人で，文久2年（1862）に江戸巣鴨の福井藩下屋敷に，わが国としては最初にセイヨウリンゴを植えた人といわれている．その枝が慶応元年（1865）に開成所において海棠と林檎に接ぎ木繁殖されたことが，開成所に勤務していた田中芳男によって記録されている．

2）松ヶ岡の開墾と養蚕製糸業の経営

　明治4年（1871）の廃藩置県後，旧藩主を中心とする200余名の庄内藩士は鶴岡の東南約8km

図10-8　酒井調良の胸像
（写真提供：中務　明氏）

にある月山（がっさん）西山麓の松ヶ岡で開墾に従事し，10棟の大きな蚕室を建てて養蚕を始めた．明治5年（1872），25歳になった調良も自宅内に桑の木を数百本植え，将来養蚕を営む計画を立てて，松ヶ岡の開墾に参加した．しかし，明治11年（1878）に松ヶ岡の開墾から手を引いて鶴岡に帰り，兄玄蕃（1876年に死亡）の子・了敏（のりとし）が夭折したため，玄蕃家の家督を継いだ．調良が開墾から手を引いた理由は，藩の方針に従わず，元中老の菅実秀（すげさねひで）（戊辰戦争後の鶴岡の政治経済を立て直し，松ヶ岡開墾，山居倉庫，六十七銀行（現・荘内銀行），松岡製糸工場などの事業を興した人）の独裁に反抗して独立し，旧藩主とそのグループから離れて農事に専念したためといわれている．その後，明治13年（1880），私財を投じて盛産社という製糸会社を鶴岡市内に創業して取締役に就任し，明治15年（1882）より横浜から海外輸出も行った．明治18年（1885），37歳で西田川郡袖浦村（そでうらむら）の村長に任命され，明治21年（1888）に庄内蚕糸業組合長に推挙された．明治22年（1889），41歳のとき，蚕糸業組合の解散を機に養蚕製糸業から手を引き，果樹栽培に専業することになった．明治23年（1890）には，上野公園で開催された第3回内国勧業博覧会に各県から篤農家が招集されたときに選ばれて，明治天皇に拝謁（はいえつ）した．

3）果樹栽培の開始

明治12年（1879），庄内地方で初めてのセイヨウリンゴ（苹果）を鶴岡の自宅屋敷に試植した．明治26年（1893），鶴岡の地主・真島伝右エ門から袖浦村黒森に2.5haの土地を借りて果樹園を経営し始めた（のちに好菓園（こうかえん）と呼ばれた）．最初に植えたのはリンゴで，その後，オウトウ，モモ，セイヨウナシ，ブドウなどを試植し，豚の飼育も手がけた（庄内地方での養豚業の始まり）．なお，好菓園は，黒松の砂防林に囲まれた砂丘地であった．

この頃，リンゴの栽培は庄内三郡（飽海郡（あくみぐん），東田川郡，西田川郡）に次第に広がり，販売上での競争も見られるようになった．このため，調良は「庄内三郡苹果名称一定会（いちじょうかい）」という組織を作り，事務所を余目町（あまるめ）に置いた．その後，「苹果名称一定会」の第1回（明治27年，仙台），第2回（明治27年，札幌），第3回（明治28年，盛岡），第4回（明治29年，山形県西置賜郡）会議に，調良は山形県代表委員として参加した．

4）カキの栽培開始

『黒崎幸吉 - 生涯とその時代 -』（阿部博行，2011）によると，庄内地方におけるカキの栽培の始まりについては次のように要約される：明治18年（1885）頃，余目の篤農家・佐藤清三郎が山形で柿の苗木3本を求め，そのうちの2本を自宅に植え，1本を当時藤島にあった東田川郡役所書記の鈴木重光に分けた．鈴木は（現在の鶴岡市）鳥居町の宅地に植えた（これについては，同年，鈴木が行商人から新潟県新津周辺で栽培されていた'八珍ガキ'の苗木を買ったとの説もある）．明治25年（1982）頃，鈴木は形が扁平で種子のない果実が混じっているのを発見し，調良に鑑定を依頼した．調良は良種と鑑定し，小枝を譲りうけて好菓園で接ぎ木して，苗木生産を行った．

『月刊グラフ山形』No.21（1979）には，苗木の繁殖の様子が次のように記載されている：接ぎ木はマメガキを台木としたらしく，大正8年（1919）には55,000本の苗木を養成して，県内のみならず県外にも販売している．はじめは，苗木の育成を埼玉県北足立郡安行の中田作兵衛という種苗の専門家に委託し，その技術を学びとった．鳥居町の鈴木邸には今も原木が樹勢おとろえることなく繁り，その下に『庄内柿之原木』と彫った石柱が建っている（図10-9）．

5）カキの渋抜き - 原熙博士との出会い -

明治維新後において，欧米の近代的な園芸学と園芸産業を導入して普及した中心的な団体として「日本園芸会」という団体があったことが知られている（☞『観賞園芸学』，文永堂出版）．調良は明治40年（1907）に日本園芸会の山形県支会理事に就任した．明治42年11月に山形県主催の第2回園芸家禽品評会が山形市で開かれたとき，調良はカキの果実を出品した．そこに審査員として来ていた東京帝国大学農科大学園芸

図10-9　庄内柿の原木

学講座教授で日本園芸会理事であった原 熙(ひろし)に会った．その夜に開かれた慰労会で原熙から酒樽脱渋法について2時間にわたる指導を受けた．それから間もなく上京して原熙に会ったときに，'平核無'という命名を受けた．酒樽脱渋法は安定しなかったが，大正14年(1925)に木箱と紙袋を組み合わせた容器を用いて焼酎脱渋法を考案したことによって脱渋が安定し，販路が急速に拡大した．その方法は『新種平核ナシ柿の晒(さわ)シ方』(酒井調良著)にまとめられている．

原熙と調良と庄内地方との交流については，『日本園芸雑誌』(大正6年)掲載の「山形庄内地方の園芸雑観」(原熙著)と題する記事で見ることができる：さき頃，日本園芸会山形県支会理事・西田川郡袖浦村酒井調良君らの主唱により，同支会は当夏季を期して庄内地方園芸の進展に資せんがため実地指導及び講演の企画あり．すなわち7月22日より25日に亘る4日間，飽海郡本楯村(もとだて)，蕨岡村(わらびおか)，及び観音寺村の園芸実地指導並びに観音寺村にての講演(中略)履行を見たり．この企挙に対し同支会より理事，山形県農事試験場より技師2人，本会より小生都合3人が講師として，その実地指導及び講話を担当せり．これら各郡の町村は斯挙(しきょ)を協賛せられ，郡長を初め郡農会長，町村長並びに郡役所，町村役場員の厚き援助となり，しかも酒井理事らの熱誠なる斡旋尽力は至る所において支会々員は勿論，これら町村の園芸当業諸士の参集臨場となり，あるいは圃場において実地の指導をなし，あるいはその実況について講演をなす等，つとめて業務に適切なる行為を執られたり．(中略)しかして，これら諸郡の園芸に対する熱心はすこぶる旺盛にして，各会場ともに甚多なる参集あり．山添村(やまぞえ)催しの如き二百名に余る実地栽培家の集合を見たるは余の大に快とせしところなり．

6) 脱渋法の確立と産業としての発展

大正5年(1916)と大正6年には，大日本農会主催の農産品評会に'平核無'を出品して，カキの果実としては最高の二等賞を受賞した．調良は，その後も庄内柿の生産と普及に尽力して，大正14年(1925)には皇太子殿下に庄内柿を献上した．大正15年，山形県知事より表彰を受けたが，10月23日に療養中の湯田川温泉(ゆだがわ)で亡くなった．その後間もなく，調良の死亡記事が日本園芸会の機関誌に写真付きで掲載された．通常は，会長と副会長しか写真付きの死亡記事が掲載されなかったのであるから，破格の扱いであったことを物語っている．

8．前田正名と福羽逸人によるオリーブの導入と普及

　明治10年（1877），前田正名は7年間のフランス留学から帰国する際，ブドウの苗木の他，果樹や野菜などの種苗を多数持ち帰った．これらの種苗は内藤新宿試験場に仮植されたのち，三田培養地に移植された．三田培養地は三田育種場と命名され，前田正名自らが初代場長を務めた．明治12年（1979），三田育種場の支場として暖地植物栽培試験地が現在の神戸市中央区山本通に開設され，前田正名が明治11年のパリ万国博覧会の際に購入したオリーブ550本をはじめ，東京では生育がよくなかったオレンジ，レモン，ゴムノキ，ユーカリなどの暖地性植物が植栽された．その中でもオリーブは順調に結実し，明治15年（1882）には国内初のオリーブオイルと塩蔵品が製造されて，オリーブが栽培の中心になっていった．明治16年，オリーブの本格的な普及を目指して，借地であった園地を買収するとともに，明治17年には，苗木養成場として，山林局より，現在の中央区再度筋町にあった官林が借り上げられた．この年，三田育種場が大日本農会に管理委託されると，オリーブ園は農商務省樹藝課直属となり，名称も神戸阿利襪園（オリーブ）と改称されて，苗木の増殖やオリーブ製品の試作が重ねられた．

　福羽逸人は明治12年，三田育種場詰・植物御苑掛となり，ブドウ栽培とワイン・ブランデー醸造の試験地の選定のために西日本を巡視した．明治13年，内務省御雇の片寄俊らとともに兵庫県加古郡稲美町に三田育種場からの苗木を植栽し，播州葡萄園が開設された．明治15年（1882），福羽逸人は播州葡萄園在勤（副園長）となり，栽培試験やわが国の湿潤な気候に適した欧州種ブドウの選抜を行った．月に1回程度暖地植物栽培試験地に出向し，オリーブの栽培管理も指導した．播州葡萄園には，明治17年に国内初のブドウ用ガラス温室が建てられ，6種類の欧州種ブドウが試植された．岡山での温室ブドウ栽培の創始者ともいうべき大森熊太郎と山内善男もたびたび訪れ，栽培技術の指導や苗木の分譲を受けた．明治18年には醸造場や蒸留場が建設され，ワインとブランデーが製造されたが，フィロキセラが発生して4,000本ものブドウ樹が焼却された．明治10年代は西南戦争後のインフレ収束のため，財政縮減政策として官営工場などが払い下げられたが，その後の経済は，松方正義大蔵卿の財政再建政策によって，

デフレに転じた．しかし，この状況下で疲弊していく地方産業を調査して「興業意見」を上奏していた前田正名は，興業銀行案などにおける対立の末，明治18年末に農商務省を非職となった．明治19年（1886），神戸阿利襪園と播州葡萄園は払下げを前提に，前田正名に管理委託された．神戸阿利襪園と播州葡萄園の園長であった福羽逸人も明治18年末に非職となり，翌春フランス，ドイツへ留学した．非職後の前田正名は神戸阿利襪園に移り住んで園の管理に携わり，明治21年（1888）に両園の払下げを受けたが，その年の6月に山梨県知事に赴任し，神戸をあとにした．その後，片寄俊らが両園の経営に当たったが，播州葡萄園はフィロキセラの蔓延で栽培が困難になり，明治29年頃に閉園した．福羽逸人はフランスのヴェルサイユ園芸学校で学び，明治22年に約3年7ヵ月の留学を終えて，カリフォルニアのブドウ産地を巡回調査したのち，帰国した（帰国後の福羽逸人については『園芸学』（文永堂出版）参照）．

　福羽逸人は明治41年（1908）に武庫離宮（現在の神戸市立須磨離宮公園）の庭園を設計した．明治44年の武庫離宮の新営工事では，ヤマモモの巨木，オーストラリア産のアカシアやキョウチクトウ，南米産のアロカリアやレモン，台湾産の柑橘やインドスギなどの他，フランスから取り寄せた100本ものオリーブ苗木を植栽した．明治37年の日露戦争を契機に北方海域からの漁獲量が増すと，魚類の缶詰のためのオリーブオイルの需要が生じた．田中芳男は明治37年の神戸市農会の発足に際し，神戸阿利襪園の再興を勧め，市農会は官林に残っていたオリーブ樹の手入れを始めた．しかし，外国人居留地から貿易都市として発展していた神戸では農地の減少で市農会が存続できず，間もなくオリーブ園の管理も中止になった．このため，農商務省は明治41年，アメリカから新たにオリーブの苗木を取り寄せ，鹿児島，三重，香川の3県に試験栽培を委託した．香川県農業試験場の初代場長であった福家梅太郎はこの苗木を携えて小豆島に渡り，土質などを調べて栽培化の途を開いた．福羽逸人は農商務省の要請を受けて大正3年に小豆島において，神戸阿利襪園の経験とフランス留学で学んだ栽培法やオイルなどの製造技術を指導し，武庫離宮庭園のためにフランスから取り寄せたオリーブも移譲した．これらは現在も香川県農業試験場小豆オリーブ研究所に保存されている．明治12年に前田正名がフランスから導入し，神戸阿利襪園に由来すると見られるオリーブの樹は，神戸の湊川神社と加古川の宝蔵寺に現存している．

9. 佐野常民と田中芳男をとりまく人々

『日本園藝雑誌』(1942)には田中芳男の功績の1つとして次のような記事が掲載されている：「オリーブは西洋の産にして慶応年間，林洞海の発意により西洋より取寄せ博物館庭に移植せしも，今は1株すら存在せざるを以て佐野常民の注意により田中芳男氏明治8年1月多数のオリーブ苗を取寄せ，紀伊その他の地方に分配し之が栽培に尽力したり」．文中にある田中芳男と佐野常民の園芸学との関わりについては『観賞園芸学』(文永堂出版)で解説した通りである．林洞海と園芸学との関わりについては不明の点が多いものの，概略として次のようなことが知られている．

　林　洞海（1813～1895）…豊前国小倉藩士．小倉藩医，幕府奥医師などを歴任し，明治維新後，大阪医学校（大阪大学医学部の前身）校長などを勤めた人である．林洞海の長男・研海（のちに紀と改名）は，文久2年9月（1862）に長崎を出航してオランダへ留学した，幕府派遣の公式留学生の1人である．そのときの留学生は，他に，榎本武揚，赤松則良，西周，内田恒次郎，沢太郎左衛門，伊東玄伯，津田真道らである（図10-10）．これらの中で，榎本武揚（幕臣）は，安政2年（1855）に幕府が開設した長崎海軍伝習所において第2期生として航海術と造船術を学んだ人である（第1期生は勝海舟（幕臣），五代友厚（薩摩藩），佐野常民（佐賀藩）ら）．第3期生は林洞海の妻・つるの弟・松本良順（将軍侍医，幕府陸軍軍医），赤松大三郎（のちに則良と改名，幕臣，蕃書調所勤務），内田恒次郎（のちに正雄と改名，幕臣），沢太郎左衛門（幕臣）らである．

　榎本武揚は，函館戦争（1868～1869）の指揮官として，林洞海の妻・つるの弟・林董，沢太郎左衛門，文久3年の遣欧使節に随行したり慶応3年のパリ万国博覧会幕府代表団の通訳として随行した山内堤雲らとともに，新政府軍参謀の黒田清隆らと戦った人として有名である．山内堤雲は，林洞海の妻・つるの従兄弟である．函館戦争で敗軍の将となった榎本武揚は，のちに総理大臣となる黒田清隆の助命嘆願によって処分を免れて新政府に仕え，明治維新後は逓信大臣，文部大臣，外務大臣，農商務大臣を歴任した人である．榎本武揚は，禄を失って窮乏している旧幕臣とその子弟を教育する目的で徳川育英会育英黌（東京農業大学の前

第 10 章　果樹園芸学の発展に多大な貢献をした人々

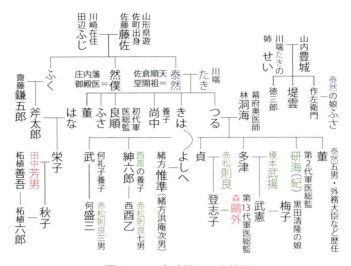

図 10-10　森鷗外と田中芳男
緑文字は，文久 2 年〜慶応 3 年に幕府から派遣されたオランダ留学生の一員.

身）を創設したり，日本園藝会設立の賛成者の 1 人として加わって，近代園芸学の発展に大きく貢献した人として知られている．

　ところで，林洞海の長女・多津は榎本武揚夫人，次女・貞はのちに男爵となる赤松則良夫人という関係にある．また，赤松則良の長女・登志子は，森鷗外の叔父に当たる西周の媒酌で，明治 21 年 9 月（1888）に 4 年間のドイツ留学から帰国した直後の森鷗外と明治 22 年 3 月に結婚したという関係にあるし，林洞海の六男・紳六郎は西周の養子になったという関係にもある．一方，林洞海の妻・つるは佐藤泰然の長女で，佐藤泰然の五男（すなわち，つるの弟）・董を養子に迎えている．佐藤泰然の次男は，のちに外務大臣や初代陸軍軍医総監となる松本良順であるから，林董は松本良順の弟ということになる．ちなみに，第 2 代軍医総監は林研海で，第 13 代軍医総監が森鷗外である．

　佐藤泰然（1804 〜 1872）…父は庄内藩遊佐（現在の山形県遊佐町）の出身で，藤佐(とうすけ)という人である．佐藤泰然は佐藤藤佐の子として，現在でいえば神奈川県川崎市で生まれ，のちに佐倉藩医に採用されて，順天堂大学の基礎となる佐倉順天堂を開いた人である．順天堂の第 2 代堂主は，佐藤泰然の養嗣子・尚中(たかなか)である．佐藤尚中は，森鷗外も学んだ大学東校（東京大学医学部の前身）初代校長に就任

した人である．また，佐藤泰然の妹・ふくには栄子という孫がいて，田中芳男夫人となっている．すなわち，田中芳男は，佐藤泰然の父・藤佐を介して，森鷗外と姻戚関係にあったということになる．また，田中芳男と栄子の間に生まれた四女・秋子は柘植六郎の夫人となっている（『田中芳男傳』，1983）．

柘植六郎（1875～1944）…久留米藩最初の欧米留学生であった柘植善吾の長男として，明治8年に生まれた人である．明治32年に東京帝国大学農科大学に入学して明治35年に卒業し，茨城県農事試験場に採用された．柘植六郎は農科大学に入学する前から田中芳男にたいへん気に入られ，卒業後間もなくの明治36年3月には田中芳男の四女・秋子と結婚している（久留米市立中央図書館調べ．柘植盛男：『古夢累々之記（下）』，1992）．明治39年には盛岡高等農林学校（岩手大学農学部の前身）に採用されて，農学科第一部（のちの農学科）において園芸学や農場実習などを担当していた．明治39～42年に講師，明治43年～大正14年に教授を務め，その間に1年間アメリカに留学した（岩手大学農業教育資料館調べ）．のちに農芸化学科となる盛岡高等農林学校第二部の生徒として宮沢賢治が在学していた当時（大正4年4月～7年3月）の様子を表した宮沢賢治の詩が，大正11年に詠んだ「習作」（……　すぎなを麦の間作ですか　柘植さんが　ひやかしに云ってゐるやうな　そんな口調がちゃんとひとり　私の中に棲んでゐる　……）であるといわれている．柘植六郎はその後，兵庫県立農業補習学校教員養成所（神戸大学教育学部の前身）所長（大正14年～昭和5年）や，秋田県立鷹巣農林学校校長（昭和5～13年）を勤めている．

柘植六郎が盛岡在勤時代に出版した図書に『實驗果樹園藝新書』（1908）と『實驗蔬菜園藝新書』（1910）がある．このとき，イチゴは草苺という名称で『實驗果樹園藝新書』に含まれていたのは興味深い．このことと直接関係するわけではないが，宮沢賢治が盛岡高等農林学校に入学して最初に詠んだ詩が「苺畑の柘植先生」（大正4年）であるらしい．柘植六郎はこの他にも，『園藝果樹教科書』（明治45年），『園藝蔬菜教科書』（大正7年），『最新果樹園藝』（大正14年）を著して，果樹園芸学のみならず蔬菜園芸学の教育にも多大な貢献をした人である．ところで，上記の『實驗果樹園藝新書』は，明治35年（1902）にわが国最初の官立高等農林学校として設立された盛岡高等農林学校の初代校長・玉利喜造（任期は明治36年1月～明治42年5月）の校閲を受けて執筆したものである．

玉利喜造（1856〜1931）…薩摩藩出身．福羽逸人と同じ安政3年（1856）に生まれ，19歳のときに上京して津田仙の学農社農学校で学び，明治10年（1877）に農商務省所管の駒場農学校（東京大学農学部の前身）に入学し，第1期生として明治13年3月（1880）に，日本園藝会の第2代会長・大隈重信のときに副会長となる牛村一氏らとともに卒業した人である．玉利喜造は，卒業後間もなくの明治15年5月に駒場農学校の助教に採用されて，明治18年8月〜明治20年7月にアメリカに留学している．明治20年12月に帰国後に農商務省所管の東京農林学校教授に任ぜられたのち，明治23年（1890）に文部省所管の農科大学助教授，明治24年に農科大学教授に任ぜられて，明治26年に畜産学講座と園芸学講座を担任したが，明治29年（1896）に園芸学講座専任の担当となって，明治32年に農学博士の第一号として学位を授与されている．そして，福羽逸人が園芸学の講師嘱託として採用された明治36年（1903）に退職して，文部省所管の盛岡高等農林学校初代校長に就任したという経歴の人である．

玉利喜造は，明治42年（1909）に郷里に設立された鹿児島高等農林学校（鹿児島大学農学部の前身）の初代校長に転任している．玉利喜造は新宿御苑の福羽逸人や，福羽逸人に大きな影響を与えた薩摩出身の前田正名の他，越後でブドウの大規模露地栽培をいち早く始めた川上善兵衛や，田中芳男から植物学を学んで日本園藝会の発足に多大な貢献をした薩摩出身の田代安定とも親しく交流していたことが知られているし，駒場時代には，のちに京都大学の果樹園芸学講座初代教授となる菊池秋雄を指導し，弘前でリンゴ園をいち早く経営していた菊池秋雄の父とも面識があったことが知られている（『玉利喜造先生伝』，1974）．

柘植善吾（1842〜1903）…明治22年の日本園藝会設立に大きく貢献した1人として知られている佐野常民が，慶応3年に佐賀藩のパリ万国博覧会派遣団の団長として派遣されたとき，久留米藩士・柘植善吾が，のちに日本園藝会の初代会長となる岡山藩士・花房義質とともに同行したことが知られている（☞『観賞園芸学』，文永堂出版）．柘植善吾と花房義質はともに，佐賀藩が大隈重信を責任者として長崎に開設してフルベッキを校長に迎えていた英学塾「致遠館」で英語を学んだ同塾生である．柘植善吾と花房義質の欧米留学の様子は『為郷外遊記』（1929）と『柘植善吾畧伝』（1931）で詳しく紹介されているが，それを要約すると次のように表される：長崎に居たアメリカ人商人のフレンチ氏に伴われ

て，アメリカのセントルイス博覧会に出品するという名目で古美術品や武具などを久留米藩から託されたことが海外渡航の始まりである．これを聞いた花房義質が同じ方法で同行を願い出たことから，2人でフレンチ氏の荷物の中に箱詰めされて密航したということのようである．したがって，パリは10日間，ロンドンは18日間という短期間滞在しただけで，長崎出航から3ヵ月後の慶応3年6月15日にボストンに到着している．セントルイス博覧会が実際にあったかどうか，その博覧会に古美術品などが出品されたかどうか不明であるが，携行した古美術品などはフレンチ氏によって安価に売却されたためにアメリカでの留学生活が窮乏を極めたらしい．そのような過酷な条件の中でも，法律，農業の勉学を重ねて，花房義質は明治元年10月（1868）に帰国し，柘植善吾はボストンで1年8ヵ月の留学生活を送ってから明治2年3月（1869）に帰国している．

　柘植善吾は帰国後間もなく久留米の洋学校校長として働いたのち，明治11年（1878）に上京して田中芳男の世話で明治12年3月に農商務省に入省した．明治10年12月に実施された入学試験に合格して（駒場の）農学校第一期生として明治11年1月に入学した玉利喜造や牛村一氏（石川県）らが明治13年3月（1880）に卒業したあとの，明治14年4月に柘植善吾が農学校の校長補兼幹事として採用され，明治15年5月（1882）には駒場農学校と改称したときに玉利喜造が助教に採用されたという経緯が知られている．この頃に駒場農学校の一員として活躍した表れの1つとして，明治14年4月に設立された大日本農会において，池田謙蔵，田中芳男，玉利喜造，津田仙らとともに，柘植善吾も特別会員として参加していたことがあげられる．

　農商務省所管の駒場農学校と東京山林学校が統合して東京農林学校が明治19年に設立されるとき，文部省所管の大学昇格運動に関係したことから，農商務省所管の東京農林学校が設立されたときに前田正名の兄の前田献吉が初代校長として着任し，その翌日に柘植善吾が東京農林学校を非職になった．このとき非職になった旧駒場農学校の教職員は，幹事・助教3人，助教兼舎監1人，専任舎監1人，助教補2人，書記6人であったらしい（『農学事始め』，1964）．柘植善吾はその後，福井県遠敷郡の郡長として9年間過ごしながら，ともに第2回パリ万国博覧会に参加した花房義質や田中芳男と交流を続けていたが，明治32年に久留米に帰郷して，柘植六郎が秋子と結婚した直後の明治36年8月に亡くなった．

10. 森鷗外と福羽逸人をとりまく人々

　森鷗外と福羽逸人の交流…森鷗外と福羽逸人は，2人の郷里である島根県津和野の旧藩主・亀井家が明治維新後に伯爵に任ぜられたことから，当時の華族制度に基づいて設けられた家政相談人という役職で，東京に移り住んだ亀井家の邸や森鷗外宅で頻繁に会っていたことが森鷗外の日記で次のように著されている．

　明治41年3月22日…午後2時，亀井茲常(これつね)伯爵邸に会す．新たに家政相談人となりたる西伸六郎（林洞海の六男で，西周(あまね)の養子）ら来会す．福羽逸人子爵と予（森鷗外）とを加えて4人となる．

　明治42年1月23日…福羽逸人子爵の娘・千代が（名古屋好生館病院長）北川乙治郎に嫁する式を行うべき日なり．午後1時，日比谷大神宮に徃く．

　明治42年4月4日…新宿御苑に福羽逸人子爵に招かれて徃く．北川乙治郎が東京に来しによりて，晩餐会を開けるなり．相客は（森鷗外の上司に当たる）石黒忠悳(ただのり)男爵，(東京帝大耳鼻咽喉科学教室初代教授）岡田和一郎（の）夫人なりき．

　明治43年3月5日…亀井茲常伯爵(と)，福羽逸人子爵の洋行を送りに，横濱にゆく（5月にロンドンで開かれる日英博覧会を観覧する目的の亀井茲常のお供で福羽逸人が洋行したことを指す)．

　明治44年4月2日…寺内正毅(まさたけ)大臣の娘，福羽（逸人の長男）眞城(まさき)に嫁したるにより，披露会を華族会館に催さる．予も徃く．

　大正6年10月14日…福羽逸人子爵の父・美静(よししず)の葬儀に行く．

　大正10年5月20日…福羽逸人子爵が昨夕亡くなったと聞く．

　大正10年5月23日…福羽逸人子爵の告別式で泣く．

参考までに紹介すると，森鷗外が亡くなったのは，それから1年ほど後で，園芸学会が設立される1年ほど前の大正11年7月9日のことである．

　森鷗外の日記には，次のような記録も見られる（『鷗外全集』，1989）．

　明治43年6月21日…亀井茲常伯爵の長男生まる．

　明治43年6月23日…亀井茲常伯爵の長男を茲建と名づく．これたけなり．

　上記の茲建(これたけ)とは茲常の長男で，亀井家第15代当主に当たる．日本興業銀行を経て，仙台市に本社を置いていた国策会社・東北開発（株）の第3代総裁とし

て昭和45年から昭和53年（1970～1978）まで勤めた人である．夫人・正子（みちこ）は，久留米藩第15代当主で日本園藝会の第4代会長に就任した有馬頼寧の四女である．亀井茲建が東北開発（株）総裁として仙台に滞在していた当時は，森鷗外の長男・於菟（おと）（1890～1967）の次男・富（とむ）（1921～2007）が東北大学医学部教授（1961～1985）として勤務していた時代である．東北開発（株）の本社も総裁邸も東北大学医学部キャンパスと比較的近い距離にあったので，藩政時代の藩主と御殿医の子孫という関係にあった2人が，郷里の津和野から遠く離れた仙台で同じ時期に滞在していたという偶然があったのである．

森鷗外と川上善兵衛および牧野富太郎との交流…森鷗外（1862～1922）の日記では，果樹園芸学との関連が深い川上善兵衛（1868～1944）や牧野富太郎（1862～1957）についての記述も見られる．川上善兵衛が森鷗外を訪問した記録は，特に明治44年から大正10年の間に多く見られる．訪問の用件とは，川上善兵衛が師と仰ぐ越後のある思想家について伝記を森鷗外に執筆してもらうためであったらしいが，それが実現する前に森鷗外が亡くなってしまったことのようである．森鷗外には伝記の著作もいくつかあって，例えば，叔父であり媒酌人でもあった西周の伝記『西周伝』や，日本園藝会第4代会長・有馬頼寧の妻・貞子の父で，大日本農会の初代会頭などを努めた北白川宮能久（よしひさ）親王の伝記『能久親王事蹟』という作品がある．

　一方，牧野富太郎についても，大正2年から大正10年の間に森鷗外の日記でいくつかの記述が見られる．牧野富太郎は昭和の中頃まで活躍し，『牧野新日本植物図鑑』（北隆館，1996）などを通して今日において学ぶ機会の多い人であるから，森鷗外と同じ年に生まれたというのは意外な印象を受けるかもしれない．森鷗外を訪問した牧野富太郎の用件とは，日本園藝会の会長が大隈重信であったときに副会長を務めた渡辺千秋宮内大臣（1910～1914）が福羽逸人に命じて，学名や英名だけで呼ばれていた洋ランに和名を付けさせたことが始まりのようである．そのときに牧野富太郎が付けた和名の一例が'翡翠（ひすい）蘭'や'日の出蘭'などである．渡辺大臣が退任したときに，牧野富太郎も新宿御苑を退いたといわれている（『実際園芸』，1937）．そのような縁があってから，牧野富太郎がベニヒガンザクラの学名に *Prunus* × *subhirtella* Miq. var. *fukubai* Makino と，福羽逸人の名前を用いたということが知られている．

まとめ…明治時代の園芸について著された資料を読むと，江戸時代よりも衰退したというような記述を見ることがある．ある面においてはそのようなこともあったが，今日的観点から見れば多くの面においてはそうでなかったことがわかる．すなわち，江戸時代の園芸とは，主に，寺社や大名などの限られた人々が所有していた大庭園の維持管理に関わった造園家の技術や園芸文化，いい換えれば，植木屋家業といわれることもある園芸であったといえる．したがって，ほとんどの大名庭園が閉鎖あるいは取り壊された明治時代においては，それまでのような園芸産業や園芸文化が衰退したのは当然の成行きであったのである．これに対して，明治時代に取り組まれた園芸とは，果樹や野菜や花卉などの生産技術や生理生態について科学的に取り組み，それらを大量生産して消費者に提供し，一般国民の健康と生活を豊かにすることを目的とする生産園芸の概念が欧米から導入されるとともに，近代的な技術や機器も導入されて試行錯誤的に始められた生産園芸だったのである．すなわち，園芸という言葉の意味と手法がかわったのである．

果樹園芸について見ると，江戸時代にすでに大規模生産と輸送園芸が発達していた紀州蜜柑や一部の果樹を除くと，和りんごや柿などは水菓子と呼ばれて子供らの食べるものとの認識が強く，今日のように一般国民が嗜好食品や栄養食品として積極的に食べる物という認識が乏しかった時代である．明治維新期に欧米に派遣され，あるいは留学した人々が，欧米における果実の生産と消費の重要性を認識してから，わが国においても今日的な意味での果樹園芸生産と消費の取組みが始まったのである．特に，慶応3年のパリ万国博覧会参加を初めとして，フランスの宮廷園芸に触れてからの影響がその後のわが国の園芸の発展方向を決定づけたことについては，『園芸学』や『観賞園芸学』（文永堂出版）で何度も紹介した通りである．野菜生産についても，花卉生産についても，同じである．そのような取組みに関わった人々の努力を評価し伝えていくのは，園芸学に限らず，科学の発展において重要なことである．「科学の歴史を正確に知るためには，その始まりを詳細に明らかにすることから始めるのが常である」とはゲーテの格言であるが，このことは園芸学の歴史においても当てはまる．本書では限られたページ数の中で限られた人しか紹介できなかったが，この他にも，近代園芸学の発展に大きく貢献した人々がたくさんいたので，多様な人脈を関連づけてさまざまな視点から調べると，さらに大きな発見につながるものと期待される．

参考図書

和　　書

岩堀修一・門屋一臣（編）：カンキツ総論，養賢堂，1999．

岩政正男：柑橘の品種，静岡県柑橘農業協同組合連合会，1976．

鵜飼保雄・大澤　良（編）：品種改良の日本史 - 作物と日本人の歴史物語，悠書館，2013．

大垣智昭ら：果樹園芸，文永堂出版，1987．

恩田重孝：フリュイ（果物）の香り　農学者　恩田鉄弥の生涯，エース出版，2002．

梶浦一郎：日本果物史年表，養賢堂，2008．

金浜耕基（編）：園芸学，文永堂出版，2009．

金浜耕基（編）：観賞園芸学，文永堂出版，2013．

金浜耕基（編）：野菜園芸学，文永堂出版，2007．

菊池秋雄：果樹園芸学，養堅堂，1948．

菊池卓郎・塩崎雄之輔：せん定を科学する - 樹形と枝づくりの原理と実際 -，農山漁村文化協会，2005．

木島　章：川上善兵衛伝，サントリー博物館文庫，1991．

北川博敏：カキの栽培と利用，養賢堂，1970．

小林　章：改訂果樹園芸大要，養賢堂，1972．

小林　章：文化と果物　果樹園芸の源流を探る，養賢堂，1990．

塩崎雄之輔：図解リンゴの整枝せん定と栽培，農山漁村文化協会，2012．

志村　勲ら：果樹園芸　第2版，文永堂出版，1999．

杉浦　明（編）：果実の事典，朝倉書店，2009．

杉浦　明（編）：新編果樹園芸ハンドブック，養賢堂，1991．

傍島善次：柿と人生，明玄書房，1980．

田村文男ら：ナシをつくりこなす，農山漁村文化協会，2010．

辻村農園 辻村山林代表・辻村百樹氏と神奈川農総研元研究員・林勇氏の未公開資料.

外崎克之：エリザ・シドモアの愛した日本 ポトマックの桜秘史，トツプロ，1996.

中川昌一（監修）：日本ブドウ学，養賢堂，1996.

新居直佑：果実の成長と発育，朝倉書店，1998.

日本果樹種苗協会（編）：特産のくだもの - ブルーベリー -，日本果樹種苗協会，2001.

根角博久：柑橘類，NHK出版，2002.

農山漁村文化協会（編）：果樹園芸大百科6 カキ，農山漁村文化協会，2000.

農山漁村文化協会（編）：農業技術体系・果樹編，農山漁村文化協会，1989〜2012.

林　真二：梨，朝倉書店，1960.

原　襄：植物形態学，朝倉書店，1994.

伴野　潔ら：果樹園芸学の基礎，農文協，2013.

平野　暁・菊池卓郎（編）：果樹の物質生産と収量，農山漁村文化協会，1989.

富士田金輔：リンゴの歩んだ道，農山漁村文化協会，2012.

松井弘之ら：果樹，実教出版，2014.

水谷房雄ら：最新果樹園芸学，朝倉書店，2002.

山木昭平（編）：園芸生理学，文永堂出版，2007.

吉田義雄ら（編）：最新果樹園芸技術ハンドブック，朝倉書店，1991.

米山寛一：梨の来た道，鳥取二十世紀梨記念館，2001.

洋　　書

Badenes, M. L. and Byrne, D. H. (eds.)：Fruit Breeding, Springer, 2012.

Ferree, D. C. and Warrington, I. J. (eds.)：Apples: botany, production and uses, CABI Publishing, 2003.

Galletta, G. J. and Himelrick, D. G. (eds.)：Small Fruit Crop Management, Prentice-Hall, 1989.

Reuther, W. et al (eds.)：The Citrus Industry Vol.1, University of California, 1967.

索　引

あ

青木一直　102
赤星朝暉　268
秋　果　227
アクチニジン　235
淺見與七　274
アスコルビン酸　46，81，258，264
アセトアルデヒド　213，214，215
アブシシン酸　112，138，208
油処理法　231
雨除け　96，120，173，242
雨除け栽培　124，173，183
アミグダリン　174
アルコール脱渋　210，215
アルベド　39，44
アントシアニン　63，116，170，241，244
アントシアニン系色素　249

い

イースト・モーリング試験場　65
毬　222
池田正元　163
イセリアカイガラムシ　280
1-アミノシクロプロパン-1-カルボン酸　150
1-MCP　211
1次機能　1
イチジク状果　229
1心皮雌蕊　5
一文字整枝　107，230
一文字整枝法　236
忌　地　90
忌地現象　174

隠頭花序　226，229
陰葉化　155

う

ウインドマシン　48
植原正蔵　101
植原宣紘　101
浮き皮　30，49

え

えい（裔）芽　255
H字形整枝　107，166
AK毒素　131，158
ACS　150
ACC　150
ACC合成酵素　21，150
ACC酸化酵素　21
腋花芽　72，140
腋花芽着生型　154
S-アデノシルメチオニン　21，22，150
S-RNase　77，132，144，181
S遺伝子　14，76，144，181
S遺伝子型　15，77，132，143，181
S遺伝子座　143
SAM　150
S字型成長曲線　77，148
S_4^{sm}遺伝子　147
枝変わり　14，30，32，69，101，131，188，243
エチレン　21，42，78，130，150，161，208，210，231，235，236，244，253，256
X字形自然形整枝　108
X字形整枝　107，230
エテホン　156，173，183，256

エピカテキン 211
エピガロカテキン 212
F-box タンパク質 144
MA貯蔵 22
MA包装 152
M.9 65
M.9EMLA 65
園藝學會 268
円錐花序 260

お

大隈重信 268，282
大槻只之助 68
オールバック整枝 107
岡田康男 26，277
小倉長蔵 190
小澤善平 98，283
汚損果 191
鬼皮 223
親花 141
オレイン酸 252

か

塊茎芽 255
改植障害 90
開心形 70，178，231，253，259
開心自然形 53，70，165，215，250
開張形 254
開張性 251，257
改良マンソン仕立て 108，236
夏季剪定 82，154，244
垣根形 259
垣根仕立て 107，178，245，265
萼窪部 77
殻果 6
隔年結果 3，38，68，199，224，253
隔年結果性 68
隔年交互結実法 44
核割れ 173
芽座 109
果実的野菜 1，6
花床 72，136

芽条変異 27，69
果序軸 6
花序軸 5
果叢 149
花叢 76，136，141，178
花（果）叢 72
果叢葉 136
花叢葉 85
果台 72
果台枝 72
果台枝葉 85
花托 5，72，136
花柱側突然変異体 146
合掌仕立て 265
褐斑 186
カテキン 172
果点 72
果点コルク 157
花筒 72
果肉先熟現象 46
果盤 41
花盤 38，111，242
株仕立て 109，246
カプリ系 227
カプリフィケーション 227
花穂整形 110
CAM型 255
カラーセンサー 86
カラーチャート 151
カラムナー性 18
カラムナータイプ 71
仮種皮 263
仮雄蕊 233
カリバリル剤 84
カロテノイド系色素 206，249
冠芽 255
還元糖 45
還元配偶子 191
環状剥皮 83，237
間続性巻きひげ 106
寛皮性 26

き

偽果 5, 6
菊池秋雄 130
岐肩 103, 110, 114
偽頂芽 198
キナ酸 235
機能的雄花 110
機能的雌花 110
紀伊國屋文左衛門 30
吸芽 255
吸枝 241, 243
偽雄蕊 196
休眠枝挿し 243, 246
休眠打破剤 112, 216
強制休眠 197
強勢台木 20
巨大花粉 192
切り返し剪定 55, 82, 215
切り接ぎ 228, 248, 251
切り戻し剪定 216
近交弱勢 189

く

偶発実生 130
クエン酸 45, 79, 172, 235, 261
熊谷八十三 281
クライマクテリック型 150
クライマクテリック型果実 21, 55, 78, 171, 208, 233, 241, 244, 249, 252, 261
クライマクテリック上昇 171, 209
クライマクテリックピーク 208
クリタマバチ 220, 225
クリプトキサンチン 206
グルコース 45, 79, 116, 149, 171, 197, 235, 261, 264
クロロゲン酸 81, 172

け

結果枝 71, 134, 154
結果母枝 55, 71, 107, 198, 230, 237, 244, 265

血清アルブミン 212
ゲノミックセレクション 18, 19
ゲノムDNA 145
堅果 6

こ

梗窪部 77, 88
硬核期 115, 170, 181
後期落果 41, 78, 85
光合成光量子束密度 118
光合成有効光量子束密度 75
交雑不和合 143
交雑不和合性 14
交雑和合性 143
高しょう系 29
交信撹乱剤 89
合成フェロモン剤 89
神戸阿利襪園 295
厚壁異形細胞 137
狐臭 93
COP10 13
ゴム質 161
子持ち花 141
コルクスポット 89
コルドン仕立て 108
根域制限栽培 20, 108, 217, 250
混合花芽 3, 72, 113, 136, 139, 198, 229, 233, 243, 248, 251
コンテナ栽培 20, 217, 259
根頭がん腫病 218

さ

座 224
最適葉面積指数 205
細胞壁分解酵素 42
挿し木 21
砂じょう 39
佐藤栄助 176
佐藤泰然 298
さび 88
散形花序 257
3次機能 1

三重 S 字型成長曲線　234
サンペドロ系　228
散房花序　178, 244

し

シアナミド剤　112, 156, 173, 183, 216
CA 貯蔵　22, 86
CX 剤　216
CTSD 脱渋　192, 214
シードル　59
CBD　13
シーボルト　277
直　花　37
自家不結実性　42
自家不和合性　5, 13, 14, 30, 60, 143, 180, 223
自家和合性　5, 40, 132, 146, 169, 241, 264
支　梗　110, 114
舌接ぎ　248
自発休眠　4, 74, 112, 137, 138, 167, 179, 197, 231
渋　皮　220, 223
子房下位花　72, 136, 255
子房周位　179
子房周囲花　166
子房上位　258
子房上位果　196
子房上位花　194, 263
斜立主幹形　165
斜立棚仕立て　71
種　衣　263
重イオンビーム　69
雌雄異株　92, 195, 233, 260
雌雄異熟現象　252
周縁キメラ　131, 243
集合果　5
集散花序　222, 244, 251
重量センサー　86
ジューンドロップ　78, 169
主幹形　53, 70, 135, 165, 182, 215, 259
主幹形整枝　265
宿存萼　240
種子形成力　200
主枝双方二分整枝　107
珠心胚　31, 40
珠心胚実生　15, 26
酒石酸　79, 116
主働遺伝子　129, 220
純正花芽　3, 166, 180, 241, 246, 248, 251
ジョイント仕立て　135, 215
ジョイント接ぎ木栽培　217
小核果　243
ショウガ芽　140
小石果　243
じょうのう　33, 39
除　芽　147
ジョン・インネス試験場　65
真　果　5, 39
仁果類　6
シンク　2, 44

す

ス上がり　48
水平棚仕立て　135
Swingle, W. T.　25, 275
スクロース　4, 45, 79, 116, 150, 171, 182, 197, 204, 235, 249, 256, 261, 264
スクロース合成酵素　150
スクロースリン酸合成酵素　150
スタンダード形　259
ストレプトマイシン　120
スパータイプ　71
スミルナ系　227
スレンダースピンドル　71

せ

ゼアキサンチン　208
盛果期　3, 19, 81, 113, 179
清耕法　50, 87

成熟相　12
生殖的隔離　125
精製花粉　146
成木期　73
成木相　139
精油　36
生理的落花（果）　41
石細胞　137
積算温度　48, 76
石松子　83, 145
折衷式棚仕立て　135
潜芽　71
選果機　86
先祖戻り　32
鮮度保持フィルム　116

そ

早期落果　67, 114
早期落花（果）　41
総状花序　25, 109, 240, 244, 248
草生法　50, 87
層積法　19
双胚果　173
ソース　2, 44, 203
粗花粉　145
側生花芽　3, 113, 166, 229, 233, 243, 246
側膜胎座　263
ソルビトール　4, 79, 149, 171, 182

た

台勝ち　222
帯雌花穂　222
台負け　222
多花果　229
他家受粉　258
他家不和合性　181, 223
田草川利幸　163
立ち木仕立て　70, 134, 165, 215
脱渋　186
脱粒　98, 123
棚仕立て　70, 107, 165, 178, 215, 265
多胚性　27, 40
多胚性品種　31, 248
他発休眠　4, 74, 137, 197
他発休眠期　119
玉回し　85
玉利喜造　300
単為結果　39, 121, 122, 200, 201, 259
単為結果性　27, 142, 255
単為結果力　200
単芽　168
短果枝　71, 134, 168
短果枝花芽着生型　154
短果枝頂花芽　140
短花柱雌花　226
タンゴール　26
炭酸ガス脱渋　214
短梢剪定仕立て　107
タンゼロ　26
タンニン　64, 111, 174, 188, 211, 213
単胚　30
単胚性　32

ち

虫えい　94, 225
中果枝　71, 134, 168
中間台木　20, 133
中軸胎座　39, 72, 136, 223
頂花芽　141
長果枝　71, 134, 168
長花柱雌花　226
頂芽優勢　74, 137, 183
頂芽優勢性　53
長梢剪定仕立て　107
頂生花芽　3, 72
頂側生花芽　3, 198, 241, 248, 251
超低木仕立て　250
頂部優勢　74, 167, 178, 216
チルユニット　75
チルユニット（CU）モデル　138

つ

追熟 21, 79, 150, 152, 233, 249, 252, 256, 261
接ぎ木親和性 134
接ぎ木不親和 20
柘植善吾 300
柘植六郎 299
つる割れ 88

て

DNAマーカー 16, 66, 220
TFL1遺伝子 142
T字形整枝 107, 265
Tバー仕立て 236
DVIモデル 138
低樹高仕立て 259, 261
低しょう系 29
摘果 3
摘花（果） 76
摘果剤 43
適合物質 132
摘心 117
摘房 110
摘蕾 147
摘粒 115
デコポン 33, 57
デハードニング 183
テルペン類 46
テンシオメーター 53

と

冬季剪定 82, 244
糖酸比 45
糖度センサー 22, 86
徒長枝 3, 71, 134, 172, 205
共台 20, 65, 132, 164, 193
ドリフト 19
トンネル棚仕立て 265

な

ナイアシン 264
内部褐変 89
夏果 227
斜め仕立て 261
鍋島直映 268, 282
ナリンギン 46

に

西岡伸一 163
2次機能 1
二次心皮 28
二次成長 74
二重S字型成長曲線 115, 170, 182, 202, 230, 234, 241, 244
二重果 28
二出集散花序 222
日本園藝會 268
乳管細胞 230

ね

ねむり病 123
粘核 161

は

ハードエンド 157
配偶体型自家不和合性 14, 181
杯状形 231, 250
胚培養 16
パクロブトラゾール 173, 250
発育枝 71, 134, 180, 241
発熱 197
花束状短果枝 180
花振るい 98, 114, 115
パパイン 261
林洞海 297
パラダイス 64, 272
腹接ぎ 228, 248
原熙 268, 282, 294
春果 227
半高木性 226
反射シート 85, 173
播州葡萄園 295

ひ

PPFD 75

光センサー　86, 151, 171
光センサー選果機　56
非還元花粉　192
非還元糖　45
非還元配偶子　191
非クライマクテリック型　150
非クライマクテリック型果実　21, 116, 182, 231, 256
尾状花序　222
ビターピット　89
皮　層　136
氷　温　152
平棚仕立て　135, 166, 236
ヒリュウ　35
広田盛正　100

ふ

V字形整枝　107
V字形2本主枝整枝法　236
V字仕立て　178
フィシン　230
フィロキセラ　94, 124, 295
フェロモントラップ　174
フェンス仕立て　236
複　芽　168
複合果　6, 229
副　梢　72, 134, 180, 230
複対立遺伝子　143
藤波言忠　268
双子果　179, 184
不溶質　161
フラベト　39
フラボノイド　81, 211
フルクトース　45, 79, 116, 149, 171, 182, 204, 235, 249, 261, 264
プルナシン　174
プロアントシアニジン　172
26Sプロテアソーム　144
プロヘキサジオンカルシウム剤　83
ブロメライン　256
不和合性　132

不和合性遺伝子　76

へ

β-カロテン　208
β-クリプトキサンチン　208
ペクチン　80, 150
ベダリアテントウ　280
ヘミセルロース　80, 150
ベレゾーン　116
ベンジルアミノプリン　183
変則主幹形　70, 178, 215
偏父性不和合性　144

ほ

訪花昆虫　83, 181, 201, 236, 240, 250, 253, 265
防ガ灯　158
胞子体型自家不和合性　14
棒仕立て　109
防霜ファン　87
補光栽培　117
ポジティブリスト　19
細型紡錘形　82
ボックス栽培　20, 217
ポリガラクツロナーゼ　42
ポリナイザー　83
ポリフェノール　81, 116, 171, 212, 241
ポリユビキチン化　144
ホルクロルフェニュロン　120, 237

ま

巻きひげ　106
負け枝現象　236
マスカット香　96
松本次郎吉　190
間引き剪定　55, 82, 215
マルチ法　50, 87
マルドリ栽培　52
マルドリ方式　47

み

実　肥　51, 52

三田育種場　295
みつ症　88, 151, 156
宮川謙吉　32, 277

む

無核小粒果　98
無限総状花序　136, 249
武庫離宮　296
無能花粉　169
無葉花序　251

め

メチオニン　21
メピコートクロリド　122

も

盲芽　141

や

やけ　89

ゆ

雄花穂　222
有岐円錐形　103
有岐円筒形　104
有限総状花序　136
U字形整枝　107
雄性不稔性　33
UPOV条約　17
有葉花　37
ゆず肌症　157
ユビキチン化　144
油胞　36

よ

葉芽　134
葉芽原基　136, 139, 166, 233
葉果比　3, 43, 149, 206
溶質　161
幼若期　3, 12, 73, 113, 167
幼若性　3, 13, 31, 73, 139
幼若相　12, 113

幼樹開花　12
幼木相　139
葉面散布　52, 89, 123
ヨード反応指数　151
予措　22, 56
予冷　22, 152

ら

ライフサイクル　2
酪酸　264
ラクトン類　172
ラテックスアレルギー　252

り

$LYFY$遺伝子　142
離核　161
リコペン　207
離層　42
リナロール　261
リボヌクレアーゼ　15, 77
リモニン　46
リモネン　46
両性花株　260
量的形質遺伝子座　18
緑枝挿し　243, 246
リンゴ酸　45, 66, 116, 149, 172, 193, 235, 261, 264

れ

礼肥　51
レチノール　206
連続性巻きひげ　106

ろ

漏斗状棚仕立て　135

わ

矮化栽培　20, 71, 134
Y字形仕立て　215
矮性台木　20, 64, 164, 194
割接ぎ　248

果樹園芸学	定価（本体 4,800 円＋税）

2015 年 3 月 31 日　第 1 版第 1 刷発行　　　　　　　　　　　＜検印省略＞
2018 年 3 月 31 日　第 1 版第 2 刷発行

編集者　金　浜　耕　基
発行者　福　　　　　毅
印　刷　㈱ 平 河 工 業 社
製　本　㈱ 新 里 製 本 所

発　行　文 永 堂 出 版 株 式 会 社
〒 113-0033　東京都文京区本郷 2-27-18
TEL　03-3814-3321　FAX　03-3814-9407
振替　00100-8-114601 番

Ⓒ 2015　金浜 耕基

ISBN 978-4-8300-4129-7

文永堂出版の農学書

書名	著編者	価格
植物生産学概論	星川清親	¥4,000+税 〒520
植物生産技術学	秋田・塩谷 編	¥4,000+税 〒520
作物学	今井・平沢 編	¥4,800+税 〒520
緑地環境学	小林・福山 編	¥4,000+税 〒520
植物育種学 第4版	西尾・吉村 他著	¥4,800+税 〒520
植物病理学	眞山・難波 編	¥5,200+税 〒520
植物感染生理学	西村・大内 編	¥4,660+税 〒520
園芸学	金浜耕基 編	¥4,800+税 〒520
園芸生理学 分子生物学とバイオテクノロジー	山木昭平 編	¥4,000+税 〒520
果樹園芸学	金浜耕基 編	¥4,800+税 〒520
野菜園芸学	金浜耕基 編	¥4,800+税 〒520
観賞園芸学	金浜耕基 編	¥4,800+税 〒520
"家畜"のサイエンス	森田・酒井・唐澤・近藤 共著	¥3,400+税 〒520
畜産学入門	唐澤・大谷・菅原 編	¥4,800+税 〒520
動物生産学概論	大久保・豊田・会田 編	¥4,000+税 〒520
畜産物利用学	齋藤・根岸・八田 著	¥4,800+税 〒520
動物資源利用学	伊藤・渡邊・伊藤 編	¥4,000+税 〒520
動物生産生命工学	村松達夫 編	¥4,800+税 〒520
家畜の生体機構	石橋武彦 編	¥7,000+税 〒630
動物の栄養 第2版	唐澤・菅原 編	¥4,400+税 〒520
動物の飼料 第2版	唐澤・菅原・神 編	¥4,800+税 〒520
動物の衛生	鎌田・清水・永幡 編	¥4,000+税 〒520
動物の飼育管理	鎌田・佐藤・祐森・安江 編	¥4,400+税 〒520
農産食品プロセス工学	豊田・内野・北村 編	¥4,400+税 〒520
農地環境工学 第2版	塩沢・山路・吉田 編	¥4,000+税 〒520
農業水利学	緒形・片岡 他著	¥3,200+税 〒520
農業機械学 第3版	池田・笈田・梅田 編	¥4,000+税 〒520
生物環境気象学	浦野慎一 他著	¥4,000+税 〒520
植物栄養学 第2版	間藤・馬・藤原 編	¥4,800+税 〒520
土壌サイエンス入門 第2版	木村・南條 編	¥4,000+税 〒520
応用微生物学 第3版	横田・大西・小川 編	¥5,000+税 〒520
農産食品 ―科学と利用―	坂村・小林 他著	¥3,680+税 〒520

食品の科学シリーズ

書名	著編者	価格
食品栄養学	木村・吉田 編	¥4,000+税 〒520
食品微生物学	児玉・熊谷 編	¥4,000+税 〒520
食品保蔵学	加藤・倉田 編	¥4,000+税 〒520

森林科学

書名	著編者	価格
森林科学	佐々木・木平・鈴木 編	¥4,800+税 〒520
森林遺伝育種学	井出・白石 編	¥4,800+税 〒520
林政学	半田良一 編	¥4,300+税 〒520
森林風致計画学	伊藤精晤 編	¥3,980+税 〒520
林業機械学	大河原昭二 編	¥4,000+税 〒520
森林水文学	塚本良則 編	¥4,300+税 〒520
砂防工学	武居有恒 編	¥4,200+税 〒520
林産経済学	森田 学 編	¥4,000+税 〒520
森林生態学	岩坪五郎 編	¥4,000+税 〒520
樹木環境生理学	永田・佐々木 編	¥4,000+税 〒520

木材の科学・木材の利用・木質生命科学

書名	著編者	価格
木質の構造	日本木材学会 編	¥4,000+税 〒520
木質の物理	日本木材学会 編	¥4,000+税 〒520
木質の化学	日本木材学会 編	¥4,000+税 〒520
木材の加工	日本木材学会 編	¥3,980+税 〒520
木材の工学	日本木材学会 編	¥3,980+税 〒520
木質分子生物学	樋口隆昌 編	¥4,000+税 〒520
木質科学実験マニュアル	日本木材学会 編	¥4,000+税 〒520
木材切削加工用語辞典	社団法人 日本木材加工技術協会 製材・機械加工部会 編	¥3,200+税 〒520

文永堂出版
〒113-0033 東京都文京区本郷 2-27-18
URL https://buneido-shuppan.com
TEL 03-3814-3321
FAX 03-3814-9407